PRODUCTION TECHNOLOGY of
**LOW SULFUR
MARINE FUEL OIL**

低硫船用燃料油
生产技术

王刚　主编

中国石化出版社
·北京·

内 容 提 要

　　本书分析了低硫船用燃料油国内外生产和需求现状，介绍了国内外低硫船用燃料油相关标准及重要指标的意义。基于低硫船用燃料油规模化生产中需要解决的难题，详细介绍了固定床及沸腾床渣油加氢技术在低硫船用燃料油生产中的应用，介绍了催化油浆过滤、催化油浆选择性加氢脱硫、低硫船用燃料油优化调合、稳定性评价、有害物质检测等低硫船用燃料油生产中的关键技术，并结合低硫船用燃料油发展趋势，分析了绿色船用燃料油研究进展及未来发展趋势。

　　本书适合从事低硫船用燃料油研究和生产的科研人员和生产技术人员阅读。

图书在版编目（CIP）数据

低硫船用燃料油生产技术 / 王刚主编 . -- 北京：中国石化出版社，2024. 12. -- ISBN 978-7-5114-7788-0

Ⅰ. TE626.2

中国国家版本馆 CIP 数据核字第 20250XJ371 号

中国石化出版社出版发行

地址：北京市东城区安定门外大街 58 号
邮编：100011　电话：（010）57512500
发行部电话：（010）57512575
http://www.sinopec-press.com
E-mail：press@sinopec.com
北京艾普海德印刷有限公司
全国各地新华书店经销

＊

710 毫米 × 1000 毫米　16 开本　20.5 印张　327 千字
2024 年 12 月第 1 版　2024 年 12 月第 1 次印刷
定价：298.00 元

《低硫船用燃料油生产技术》
编审人员名单

主　　编　王　刚

编写人员　（按照姓氏笔画排序）

丁　凯	王　刚	王　欣	王　超	王　鑫
王少军	王姝凡	仝玉军	朱慧红	刘　玲
刘文洁	刘全杰	刘名瑞	刘纾言	刘铁斌
关月明	杨　刚	杨　涛	李　雪	李安琪
李佳宜	李洪广	李遵照	肖　彬	肖文涛
宋永一	张　成	张　熙	张庆军	张雁玲
陈宇航	孟兆会	袁胜华	耿新国	翁延博
隋宝宽	葛海龙	韩照明	薛　倩	

审稿人员　曹东学　曾榕辉　刘继华　张忠清　张会成

王晓霖　刘　平　吴　曦　张桂臣

前言
PREFACE

　　随着全球环境问题的不断加剧，2010 年以来，国内外相继出台了环保法规对船用燃料油的硫含量进行限制。国际海事组织（IMO）要求自 2012 年 1 月 1 日起行驶在普通区域的船舶使用燃料油的硫含量不高于 3.5%（之前为 4.5%），自 2020 年 1 月 1 日起船用燃料油硫含量上限降低至 0.5%。

　　针对船用燃料油低硫化的趋势，一般认为船商有四个应对措施：①低硫重质船用燃料油替代方案；②低硫轻质船用燃料油替代方案；③采用 LNG 燃料；④安装废气清洗系统（EGC）。其中低硫重质船用燃料油成为主要的解决方案，也是船商的首选方案，在市场将占有较大比例，但因全球供应受资源限制形成了市场缺口。

　　国家战略需求层面，我国目前造船业造船能力全球第一，港口规模也全球居首，此外，国家"一带一路"规划舟山港对标新加坡建设自贸港，也需要大量"船加油"业务支撑。从炼油行业发展需求层面，利用船用燃料油低硫化契机，以科技创新为引领，大规模供应低硫重质船用燃料油，不仅能调整炼油产品结构、消化炼油富余产能，同时为炼化企业重质组分（如催化油浆）的利用提供有效途径，还能联手打造中国石化全球"船加油"品牌，促进中国石化"车加油"与"船加油"业务协同发展，发挥全球加油终端网络优势，努力成为全球低硫船用燃料油市场引领者。

因此，开发规模化自主低硫船用燃料油生产技术是中国石化的国企责任也是发展机遇。当然，低硫船用燃料油开发也面临着诸多挑战。其中渣油经济高效脱硫技术、催化油浆脱固技术、低硫船用燃料油调合生产技术、船用燃料油相容性和稳定性测定方法、船用燃料油中有害物质检测方法等技术领域还有很多难题需要攻关解决。

2016 年 12 月，曹湘洪院士向中国石化集团公司党组提出"研究 2020 年船用燃料油低硫化对中石化的影响和机遇"的建议，中国石化党组十分重视该项工作，批示组织开展低硫船用燃料油生产供应筹备工作。2017 年 3 月 20 日，中国石化炼油事业部召集中石化石油化工科学研究院有限公司、中石化（大连）石油化工研究院有限公司（历史沿革中曾用名：中国石化抚顺石油化工研究院、中国石化大连石油化工研究院，以下均简称大连石油化工研究院）、中国石化集团经济技术研究院有限公司、中国石化燃料油销售有限公司以及相关炼化企业开展低硫船用燃料油市场及技术调研，并组建低硫船用燃料油技术研究团队。低硫船用燃料油生产技术研究和应用工作充分发挥了中国石化一体化优势，产品研发、生产工艺开发和储运销体系建设等工作同步攻关，仅两年就开发并生产出了高质量的低硫重质船用燃料油产品，并通过了台架试验和行船试验的一系列测试。2019 年 4 月率先公开发布低硫的相关研究结果。自此，中国石化低硫船用燃料油规模化生产技术实现了从无到有，产能于2021 年底达到千万吨级，市场份额跃居国内第一。

大连石油化工研究院在中国石化集团公司党组的领导下，秉承中国石化抚顺石油化工研究院在重油加氢改质和重油利用领域研发经验，积极参与低硫船用燃料油生产技术研究。在中国石化科技部和中国石化炼油事业部等部门支持下，组建了包括渣油加氢脱硫、船用燃料油调合、油浆过滤、稳定性评价、有害物质检测等研发领域的攻关团队，团队研究成果为中国石化低硫船用燃料油生产提供了技术支撑。为总结低硫船用燃料油生产技术研究和应用成果，在中国石化科技部、中国石化炼油事业部、中国石化出版社有限公司等单位的支持下，大连石油化工研究院组织相关专家和科研人员编写了本书，希望本书能够为中国石化乃至国内石油石化行业低硫船用燃料油生产提供一定帮助。

参与本书编写的同志及分工如下：王刚、李遵照、丁凯、刘名瑞、薛倩负责编写第 1 章，王刚、袁胜华、刘铁斌、耿新国、翁延博、杨刚、关月明、李洪广、李佳宜、张成、隋宝宽、李安琪负责编写第 2 章，王刚、杨涛、葛海龙、孟兆会、刘玲、朱慧红、张熙、陈宇航、全玉军负责编写第 3 章，刘全杰、王鑫、刘纾言负责编写第 4 章，宋永一、袁胜华、张庆军、王超、肖彬、张成、刘文洁、王欣负责编写第 5 章，刘名瑞、王晓霖、李雪负责编写第 6 章，薛倩、张会成、李遵照、肖文涛负责编写第 7 章，张雁玲、王姝凡、张会成、王少军负责编写第 8 章，丁凯、韩照明负责编写第 9 章。全书由李遵照统稿。

本书编写过程中，得到了中国石化集团公司首席专家曹东学、中国石化集团公司高级专家曾榕辉、中国石化集团公司高级专家刘继华、大连石油化工研究院高级专家刘平、上海海事大学张桂臣等领导和专家的大力支持，还得到了中国石化出版社王瑾瑜、张正威等同志的大力协助。

另外，本书借鉴和参考了一些前人研究和生产实践成果，虽然尽可能在每章节后的参考文献中列出，但肯定会存在挂一漏万的情况。在此一并表示感谢和致歉。

王　刚

2024 年 12 月

目　录
CONTENTS

第1章

低硫船用燃料油及产品标准

1.1　低硫船用燃料油简介 …………………………………………… 002

　　1.1.1　什么是燃料油 ………………………………………… 002

　　1.1.2　燃料油在石化产业链中的位置 ……………………… 003

　　1.1.3　国际海事组织 2020 限硫令及其影响 ……………… 009

　　1.1.4　世界船用燃料油需求现状 …………………………… 011

　　1.1.5　我国船用燃料油需求现状 …………………………… 011

　　1.1.6　我国保税低硫船用燃料油发展概况 ……………… 012

1.2　低硫船用燃料油产品标准 …………………………………… 013

　　1.2.1　ISO 8217 ……………………………………………… 014

　　1.2.2　GB 17411 ……………………………………………… 016

1.3　低硫船用燃料油主要指标及意义 …………………………… 018

　　1.3.1　燃料油主要指标介绍 ………………………………… 018

　　1.3.2　硫含量 …………………………………………………… 018

　　1.3.3　酸值 ……………………………………………………… 019

　　1.3.4　残炭和灰分 …………………………………………… 019

　　1.3.5　倾点 ……………………………………………………… 019

　　1.3.6　运动黏度 ……………………………………………… 019

　　1.3.7　闪点 ……………………………………………………… 020

　　1.3.8　密度 ……………………………………………………… 020

1.4 低硫船用燃料油使用中存在的问题 ················· 021

    1.4.1 黏度及润滑性问题 ································ 021

    1.4.2 催化剂颗粒问题 ································· 021

    1.4.3 稳定性和兼容性问题 ··························· 021

    1.4.4 低硫燃料油质量问题 ··························· 021

    1.4.5 燃料油转换故障 ······························· 022

1.5 船用燃料油生产工艺 ····························· 022

    1.5.1 传统船用燃料油生产工艺 ····················· 022

    1.5.2 低硫船用燃料油生产工艺 ····················· 023

参考文献 ··· 024

第 2 章

固定床渣油加氢生产低硫船用燃料油组分油技术

2.1 固定床渣油加氢脱硫技术简介 ····················· 028

    2.1.1 固定床渣油加氢脱硫技术的发展 ··············· 029

    2.1.2 固定床渣油加氢脱硫技术特点 ················· 033

    2.1.3 渣油加氢系列催化剂及特点 ··················· 036

    2.1.4 FZC 系列高性能渣油加氢脱硫催化剂研发 ········· 047

2.2 渣油加氢过程的化学反应 ························· 051

    2.2.1 加氢脱金属反应 ······························· 051

    2.2.2 加氢脱硫反应 ································· 054

    2.2.3 加氢脱氮反应 ································· 055

    2.2.4 加氢脱残炭（芳烃饱和）反应 ················· 056

    2.2.5 稠环芳烃缩合反应 ····························· 057

2.3 固定床渣油加氢催化剂级配技术 ··················· 058

    2.3.1 催化剂级配与原料性质的关系 ················· 058

    2.3.2 催化剂级配的原则 ····························· 060

    2.3.3 催化剂级配与运转周期的关系 ················· 060

    2.3.4 渣油加氢催化剂级配与装置操作 ··············· 066

2.4 固定床渣油加氢生产船用燃料油技术及应用 ········· 071

    2.4.1 高硫高金属类原料生产船用燃料油工业应用 ······· 072

2.4.2 高氮高镍/钒类原料生产船用燃料油工业应用 …………… 075

2.4.3 高硫高氮类原料生产船用燃料油工业应用 …………… 079

2.4.4 高硫高苛刻度工况生产船用燃料油工业应用 …………… 083

2.4.5 低硫高苛刻度工况生产船用燃料油工业应用 …………… 085

2.4.6 渣油加氢生产 RMG180 船用燃料油工业应用 …………… 089

参考文献 ……………………………………………………………… 093

第3章

沸腾床渣油加氢生产低硫船用燃料油组分油技术

3.1 概述 ………………………………………………………………… 100

3.2 沸腾床渣油加氢反应机理 ……………………………………… 100

3.3 国外沸腾床渣油加氢技术 ……………………………………… 102

3.4 国内沸腾床渣油加氢技术 ……………………………………… 103

3.4.1 STRONG 沸腾床渣油加氢技术研发 …………………… 103

3.4.2 STRONG 沸腾床渣油加氢技术特点 …………………… 106

3.4.3 STRONG 沸腾床渣油加氢技术平台 …………………… 110

3.5 沸腾床加氢生产低硫船用燃料油技术 ………………………… 115

3.5.1 高脱硫活性催化剂研制 ………………………………… 116

3.5.2 沸腾床选择性加氢脱硫技术工艺研发 ………………… 118

3.6 沸腾床渣油加氢生产低硫船用燃料油的工业示范 ………… 127

3.7 沸-固复合床生产低硫船用燃料油展望 …………………… 129

参考文献 ……………………………………………………………… 130

第4章

催化油浆净化技术

4.1 催化油浆性质和特点 ………………………………………… 136

4.1.1 催化油浆的来源 ………………………………………… 136

4.1.2 催化油浆的性质及组成 ………………………………… 137

4.2 催化油浆常用净化技术 ………………………………………… 138

    4.2.1　沉降分离技术 ………………………………………… 138

    4.2.2　电磁分离技术 ………………………………………… 139

    4.2.3　离心分离技术 ………………………………………… 140

    4.2.4　过滤技术 ……………………………………………… 141

    4.2.5　其他技术 ……………………………………………… 143

4.3　催化油浆无机膜错流过滤技术工艺和设备 ……………… 144

    4.3.1　无机膜材料的特点 …………………………………… 144

    4.3.2　无机膜过滤技术原理 ………………………………… 148

    4.3.3　无机膜过滤工艺流程 ………………………………… 149

    4.3.4　催化油浆无机膜过滤应用情况 ……………………… 150

4.4　应用案例 …………………………………………………… 151

参考文献 …………………………………………………………… 153

第5章

净化油浆选择性加氢脱硫技术

5.1　技术简介 …………………………………………………… 156

5.2　油浆选择性加氢脱硫中的化学反应 ……………………… 156

5.3　油浆选择性加氢脱硫中的催化剂级配技术 ……………… 157

    5.3.1　保护剂的开发 ………………………………………… 158

    5.3.2　高选择性加氢脱硫催化剂的开发 …………………… 169

    5.3.3　高选择性加氢脱硫催化剂体系（HSDS）的反应性能 …… 178

    5.3.4　结论 …………………………………………………… 182

5.4　油浆选择性加氢脱硫技术研究 …………………………… 183

5.5　36万 t/a 催化油浆选择性加氢脱硫技术工业应用 ……… 186

参考文献 …………………………………………………………… 189

第6章

低硫船用燃料油调合生产技术

6.1　调合工艺 …………………………………………………… 194

6.1.1　间歇调合工艺 ……………………………………… 194
6.1.2　连续调合工艺 ……………………………………… 196
6.1.3　两种调合工艺的比较 ……………………………… 198
6.2　调合设备与仪表 ……………………………………… 200
6.2.1　调合设备 ……………………………………………… 200
6.2.2　连续调合常用在线质量分析仪表 ………………… 203
6.3　调合指标预测方法 …………………………………… 206
6.3.1　指标模型 ……………………………………………… 206
6.3.2　智能模型 ……………………………………………… 212
6.4　低成本优化调合方法 ………………………………… 219
6.4.1　线性优化 ……………………………………………… 219
6.4.2　智能优化 ……………………………………………… 221
6.5　调合软件 ……………………………………………… 224
6.5.1　国外调合软件 ………………………………………… 224
6.5.2　国内调合软件 ………………………………………… 231
6.5.3　中国石化低硫船用燃料油优化调合软件 ………… 233
6.6　典型低硫船用燃料油调合方案 ……………………… 236
6.6.1　高硫原油生产低硫船用燃料油技术路线 ………… 236
6.6.2　含硫原油生产低硫船用燃料油技术路线 ………… 237
6.6.3　低硫原油生产低硫船用燃料油技术路线 ………… 237
参考文献 …………………………………………………… 238

第7章

船用燃料油相容性及稳定性评价方法

7.1　船用燃料油稳定性要求 ……………………………… 242
7.1.1　油品稳定性机理 …………………………………… 242
7.1.2　稳定性评价方法 …………………………………… 243
7.2　稳定性评价标准 ……………………………………… 246
7.2.1　SH/T 0702 …………………………………………… 246
7.2.2　ASTM D7060–12（2014）…………………………… 247

V

  7.2.3 ASTM D7061 ·· 248
  7.2.4 ASTM D4740-04 ·· 249
7.3 梯度性质法的评价探索 ·· 251
  7.3.1 油品梯度性质 ·· 251
  7.3.2 梯度性质法简介 ·· 251
  7.3.3 梯度性质法应用 ·· 252
参考文献 ·· 254

第8章

船用燃料油中有害物质及其检测方法

8.1 船用燃料油中有害物质 ·· 259
  8.1.1 硫 ·· 259
  8.1.2 无机元素 ·· 261
  8.1.3 酸性化合物 ·· 264
  8.1.4 生物产品和脂肪酸甲酯 ·· 265
  8.1.5 水分 ·· 266
8.2 船用燃料油中有害物质的检测方法 ·· 267
  8.2.1 硫的检测方法 ·· 267
  8.2.2 无机元素的检测方法 ·· 271
  8.2.3 酸性化合物的检测方法 ·· 274
  8.2.4 脂肪酸甲酯的检测方法 ·· 277
  8.2.5 水分的检测方法 ·· 278
参考文献 ·· 280

第9章

船用替代燃料展望

9.1 绿色甲醇船用燃料技术 ·· 284
  9.1.1 甲醇的燃料特性 ·· 284

9.1.2　船舶应用形式 ……………………………………… 284

9.1.3　船用甲醇存在的问题 ………………………………… 286

9.2　LNG 船用燃料技术 ……………………………………… 286

9.2.1　LNG 的燃料特性 ……………………………………… 286

9.2.2　LNG 船舶应用形式 …………………………………… 287

9.2.3　LNG 动力燃料面临的难题 …………………………… 287

9.2.4　LNG 动力燃料未来发展的建议 ……………………… 288

9.3　液氨船用燃料技术 ……………………………………… 289

9.3.1　氨的燃料特性及来源 ………………………………… 289

9.3.2　氨的储运与供应 ……………………………………… 289

9.3.3　氨的应用形式 ………………………………………… 290

9.3.4　船用氨面临的问题 …………………………………… 291

9.4　船用氢燃料技术 ………………………………………… 291

9.4.1　氢的燃料特性 ………………………………………… 291

9.4.2　氢燃料应用形式 ……………………………………… 292

9.4.3　船用氢燃料面临的问题 ……………………………… 293

参考文献 ………………………………………………………… 294

附录　"低硫船用燃料油优化调合系统"软件使用手册 …………… 296

第 1 章

低硫船用燃料油及产品标准

1.1 低硫船用燃料油简介

1.1.1 什么是燃料油

燃料油（Fuel oil）的概念有广义和狭义之分，广义上说，所有可用作燃料的油品都可以称为燃料油。狭义上是指从原油中分离出汽油、煤油、柴油等轻组分油之后的重组分油，主要应用于船舶内燃机和炉子的燃料。根据《石油炼制辞典》中的定义，燃料油一般指石油加工过程中得到的比汽油、煤油、柴油重的剩余产物，主要包括催化裂化油浆和常压渣油或减压渣油，为黑褐色黏稠状可燃液体。在国际上不同地区对燃料油也有不同的解释。欧洲对燃料油的定义一般是指原油经蒸馏而留下的黑色黏稠残余物，或它与较轻组分调合而成的混合物。主要用作蒸汽锅炉及各种加热炉的燃料，或作为大型中、低速柴油机燃料及各种工业燃料。在美国则指任何闪点不低于37.8℃的可燃烧的液态或可液化的石油产品。它既可以是重质燃料油（Heavy Fuel Oil）或渣油型燃料油（Residual Fuel Oil），也可是馏分燃料油（Distillate Fuel Oil），后者包括煤油（Kerosine）和民用取暖油（Domestic Heating Oil）[1]。

本书中的"燃料油"是指原油加工生产的，广泛应用于炉子燃烧以及较大规模动力装置的重质燃料油。

燃料油作为炼油工艺过程中的较重组分，产品质量控制有着较强的特殊性，最终形成的燃料油产品受原油品种、加工工艺、加工深度等许多因素的影响。根据不同的标准，燃料油可以分成以下几种不同的类型。

①根据出厂时是否形成商品，可以将燃料油分为商品燃料油和自用燃料油。商品燃料油指按规格指标要求在出厂环节形成商品的燃料油；自用燃料油指用于企业自身生产的原料或燃料而未在出厂环节形成商品的燃料油。

②根据用途，可以将燃料油分为船用内燃机燃料油（简称船用燃料油）和炉用燃料油两大类，两类都包括馏分型燃料油和残渣型燃料油。馏分型燃料油一般是由直馏重油和一定比例的柴油混合而成，用于中速或高速船用柴油机和小型锅炉。残渣型燃料油主要是常（减）压渣油或裂化残油或二者的混合物，抑或调入适量裂化轻油制成的重质燃料油，供给低速

柴油机、部分中速柴油机、各种工业炉或锅炉作为燃料[1, 2]。

船用燃料油是大型低速柴油机的燃料油，其主要使用性能是要求燃料喷油雾化良好，以便燃烧完全，降低耗油量，减少积炭和发动机的磨损，因而燃料油应具有一定的黏度，以保证在预热温度下能达到高压油泵和喷油嘴所需要的黏度（为 $2.1 \times 10^{-5} \sim 2.7 \times 10^{-5} m^2/s$）。由于燃料油在使用时必须预热以降低黏度，为了确保使用安全，预热温度须比燃料油的闪点低约 20℃，燃料油的闪点一般在 70~150℃。

GB 17411—2015《船用燃料油》规定了由石油制取的船用燃料油的分类和代号、要求和试验方法、检验规则、包装、标志、运输、储存及安全[3]。该标准适用于海［洋］船用柴油机及其锅炉用燃料油。符合该标准的燃料油也适用于同样或类似制造的固定式柴油机和其他船舶用机械。该标准规定了用于船舶的 4 种馏分燃料油和 8 种残渣燃料油。根据 GB 17411—2015，可将船用燃料油分为 D 组（馏分燃料）和 R 组（残渣燃料）两大类。其中馏分燃料分为 DMX、DMA、DMZ 和 DMB 等 4 种；残渣燃料分为 RMA、RMB、RMD、RME、RMG 和 RMK 等 6 种。DM 系列馏分燃料按照硫含量分为Ⅰ、Ⅱ、Ⅲ三个等级；RMA 和 RMB 类残渣燃料按照硫含量分为Ⅰ、Ⅱ、Ⅲ三个等级，RMD、RME、RMG 和 RMK 残渣燃料分为两个等级。

⊃ 1.1.2 燃料油在石化产业链中的位置

（1）产业链

燃料油行业的上游是炼油行业，主要为燃料油原料的生产商与制造商；中游为燃料油供应企业；下游为燃料油产业终端用户。由于燃料油是原油炼制过程中的产物，燃料油行业主要受原油的供应数量与原油价格两方面影响。

根据加工工艺流程的不同，燃料油可分为常压重油、减压渣油、催化重油和混合重油。根据燃料油中硫含量高低可分为高硫燃料油和低硫燃料油。其中，高硫燃料油中的硫含量约为 3.5% 及以上，低硫燃料油硫含量不超过 0.5%。

燃料油凭借其特有的物理化学性质，在交通运输、冶金、石化、电力、轻工等领域有重要用途[1, 4, 5]。图 1.1 为燃料油在上述领域的部分用途。

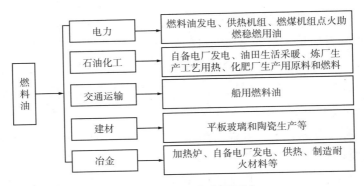

图 1.1　燃料油的应用领域

　　其中，电力行业的燃料油消费主要用于两个方面：一是燃料油发电、供热机组；二是燃煤发电机组的点火、助燃和稳燃用油。石油化工行业消耗的燃料油主要用于自备电厂的发电、油田生活采暖、炼厂生产工艺用热、化肥厂生产用原料和燃料以及其他化工生产。建材行业消耗的燃料油主要用于平板玻璃和陶瓷的生产。冶金行业消耗的燃料油主要用于加热炉、自备电厂发电供热和制造耐火材料等方面。交通运输业主要是船用燃料油[1]。

　　近年来，航运业的快速发展给环保带来了新的压力。为控制船舶排放污染，国际海事组织规定自 2020 年 1 月 1 日起，全球范围内船用燃料油硫含量占比由不超过 3.5%（质量分数）降为不超过 0.5%，波罗的海、北海、北美、加勒比海和地中海（将于 2025 年 5 月 1 日生效）等限排区（ECA）船用燃料油硫含量不超过 0.1%。而我国长三角、珠三角、环渤海等沿海沿江地区，船舶排放的硫氧化物已成为大气污染的重要来源之一。这一规定给我国乃至全球船用燃料油供应带来了重大挑战，也对炼化企业在低硫船用燃料油的生产方面提出了新的挑战[4, 5]。

　　（2）产量

　　近年来全球船用燃料油消费量达到 2.8 亿 t，其中亚太市场增长较快，占比超 45%，已成为全球最大船用燃料油消费市场。目前有四大船用燃料油市场，分别为亚洲、欧洲 ARA 地区、地中海和美洲。这四个地区航运贸易繁华，船用燃料油市场十分兴盛。

　　在我国，燃料油目前是石油及石油产品中市场化程度较高的品种，自 2001 年 10 月 15 日原国家计划委员会（现为国家发展和改革委员会）公布正式放开燃料油价格以来，燃料油的流通和价格完全由市场调节。随着我国原油加工量增长，燃料油产量呈波动增长态势，2018 年受消费税改革与环保政策的双重影响，燃料油产量整体下滑。从 2016 年开始，以中国石化为代表的我国石化企业以 2020 年船用燃料油低硫化为挑战和机遇，推动建立创新链与产业链联合攻关机制，攻克了低硫船用燃料油生产关键技术。打通了低硫船用燃料油生产、储运和销售等关键流程，低硫船用燃料油产量迅速提高。图 1.2 显示，从 2019 年到 2023 年，我国燃料油产量从 2469.7 万 t 增长至 5364.7 万 t。为保障国家能源供给提供了坚强技术支撑。

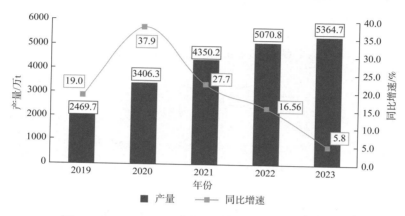

图 1.2　2019—2023 年我国燃料油产量及其同比增速

　　随着能源转型在世界范围内达成共识，石油产品作为燃料的需求将持续走弱。同时，全球中重质原油产量增长有限，加之石油消费量即将达峰，从源头限制了燃料油工艺的潜在增长空间。有研究预计未来十余年内，世界燃料油供应总量将呈年均下降趋势。预计 2050 年世界燃料油市场规模下降至 2.0 亿 t [5]。

　　根据智研咨询网的数据，2023 年中国燃料油产量大区分布不均衡，主要集中在华东、东北、华南地区；其中华东地区产量最高，特别是山东省贡献了最多产量（见图 1.3）。

　　我国炼厂生产低硫燃料油的产能较为集中，中国石化及中国石油两家头部企业占据了国内总产能的 82%。

（3）消费

　　近年来我国燃料油消费走势呈"V形"，如图 1.4 所示。从图 1.4 可以看出，2018 年受消费税改革影响，国内燃料油消费量为 2456.00 万 t，同比下降 16.49%，2019 年消费量有所回升，为 2834.05 万 t。2023 年我国燃料油消费量为 6216.93 万 t，消费量较同年产量多了 852.23 万 t，存在一定缺口。

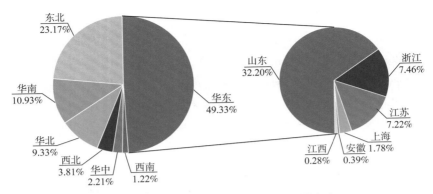

图 1.3 2023 年中国燃料油七大区产量占比

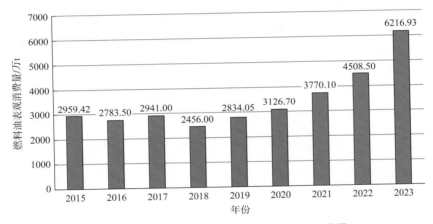

图 1.4 2015—2023 年我国燃料油表观消费量

我国燃料油消费主要集中在交通运输、石油加工、化工及建材等工业制造、电力和热力生产等四大行业领域。受相关行业发展、产业政策、环保政策等因素影响，我国燃料油消费结构存在巨大变动，大致可划分为两个阶段。

第一阶段（2005—2013 年），石油加工业和交通运输业需求量大幅攀升，电力、化工等行业燃料油消费量锐减（见图 1.5）。这主要是油价持续走高、节能减排压力、航运业快速发展、地方炼厂规模扩张等因素导致的。

第二阶段（2014 年至今），受替代原料发展等方面影响，石油加工领域消费量明显下降，化工、电力等领域消费量持续走低，交通运输业消费量占半数以上（见图 1.6）。

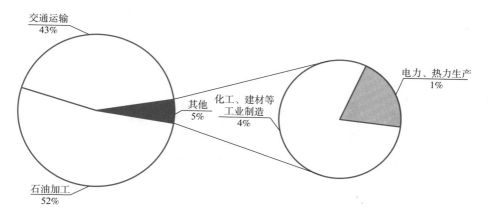

图 1.5　2005—2013 年燃料油下游需求结构

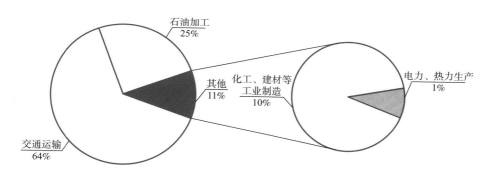

图 1.6　2014 年至今燃料油下游需求结构

交通运输业对燃料油的需求贡献度稳居第一，占比在 60% 以上，工业制造板块消费继续回暖，电力行业需求持续缩量。低硫燃料油价格走高令航运业成本压力加大、利润降低，接货能力有限。

（4）进出口

2015—2023 年中国燃料油进出口量变化情况如图 1.7 所示。从图中可以看出，近年来我国燃料油整体供求结构基本保持平稳，产量自 2018 年起呈逐年增长趋势，但国内燃料油产销存在一定消费缺口，因此，进口燃料油成为国内生产的重要补充。

进口方面，国产燃料油逐步集中于低硫燃料油，作为加工原料的燃料油有减少趋势。一方面，国内炼厂低硫燃料油产量大幅增长、国际低硫燃料油价格暴涨因素叠加，抑制了保税低硫船用燃料油的进口；另一方面，进口原料型燃料油保持稳定增长。因此燃料油进口量以小幅下滑为主。

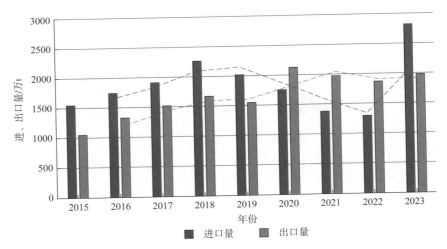

图 1.7　2015—2023 年中国燃料油进、出口量

从进口数据来看，受国内原油配额呈收紧态势、部分沥青征收消费税及加强配额监管的影响，燃料油作为原料需求相对稳定。海关数据显示，我国进口燃料油来源国主要为俄罗斯、马来西亚、韩国、阿曼和新加坡。其中马来西亚和新加坡是我国乃至亚洲的主要低硫燃料油中转地区。

在出口方面，燃料油出口量受多方面因素影响：

①原油价格走势。

原油是燃料油的最主要原材料时，原油变动是影响燃料油价格走势的重要因素，当原油指数价格持续上涨时，以原油为主要生产原料的燃料油的生产成本相应升高，因此，原油的价格走势与燃料油价格具有很强的正相关关系。

②燃料油供求关系。

自原国家计委公布正式放开燃料油价格以来，燃料油价格完全由市场调节，因此供求关系在很大程度上影响着燃料油定价情况。我国对能源需求在很大程度上取决于国内经济发展状况。国内燃料油的产量只能满足部分国内需求，另一部分需要通过进口补充，进口数量的增减也影响着燃料油的供给情况，进而影响燃料油的价格走势。

③产油国的生产政策。

原油价格对 OPEC（石油输出国组织）成员国的生产政策变动较为敏感，而原油价格变化会进一步影响燃料油的成本走势。受国际形势影响，原油生产在一定程度上受限，这与燃料油之后的价格波动也有一定关联。

④下游航运业发展景气度。

交通运输业特别是船舶燃料消耗所占比例最大，因此下游航运市场的景气程度极大影响燃料油的需求量，进而影响燃料油价格状况。

波罗的海干散货运价指数（BDI）、波罗的海好望角型船运价指数（BCI）、波罗的海巴拿马型运价指数（BPI）、波罗的海大灵便型船运价指数（BSI）、波罗的海小灵便型船运价指数（BHSI）的波动，影响全球航运业发展市场，对带动燃料油的需求量，进而影响燃料油的价格走势有很大影响。

⑤季节性变动。

燃料油作为能源类产品，其需求量对季节性变动较为敏感。随着北半球冬季到来，在冬季能源需求高峰到来之前，亚洲和欧洲能源需求非常强劲，全球煤炭、天然气库存偏低，价格高企，促使一些企业转向柴油和燃料油等产品，燃料油价格可能继续攀升。

⑥宏观经济状况。

燃料油与经济发展密切相关。衡量宏观经济发展主要有经济增长率（GDP）和工业生产增长率两个指标。当经济增长时，燃料油需求随之增长，带动燃料油价格上涨。因此，准确把握宏观经济演变，可以更好地掌握和预测燃料油价格的未来走势。

⑦相关市场。

国际上燃料油的交易一般以美元标价，因此国际燃料油价格势必受汇率影响。此外，利率政策是国家调控经济的重要手段，根据利率变化可以了解政府的经济政策，从而把握和预测经济发展情况，进而了解其对燃料油价格走势的影响。

➲ 1.1.3 国际海事组织 2020 限硫令及其影响

自 2005 年以来，国际海事组织通过《国际防止船舶造成污染公约》（又称《MARPOL 公约》）附件六，对船舶排放二氧化硫（SO_2）实行了越来越严格的规定。2008 年 IMO 作出将全球船舶燃料油含硫量上限降至 0.5% 的决定，并于 2016 年 10 月再次确认。通常称作 IMO2020 的法规是指 IMO 法规的最新版本。根据 MARPOL Ⅵ 4.1，允许采用等效措施达到要求。2017 年 7 月 3 日，MEPC（环境保护委员会）第 71 次会议再次确认 2020 年 1 月 1 日全球海域限硫 0.5%（质量分数）标准实施日期不变，国际控制排放区（ECA）仍然执行 0.1%（质量分数）的燃料油硫含量标准。

根据《MARPOL 公约》对于硫排放上限的要求，考虑当前的行业技术水平，目前船东基本有 3 种应对硫排放限制的方案[5-7]：①使用低硫燃料油；②使用船舶废气脱硫装置，俗称脱硫塔；③使用替代能源，例如 LNG（液化天然气）、甲醇、乙烷、LPG（液化石油气）、氢燃料等。这 3 种方案各有优缺点，如表 1.1 所示。

表 1.1 硫排放限值应对方案的优缺点比较

方　案	优　点	缺　点
低硫燃料油	简单易实施	排放限值区内燃料油成本增加约 40% 混合燃料油存在潜在风险
脱硫塔	可继续使用传统高硫燃料油 可以改装 减少 SOₓ 和颗粒物排放 对部分船型投资回报率有吸引力	初始投资高（200 万 ~1000 万美元） 占用空间大 闭式系统需要化学品 增加电力负荷 对稳定性和吨位可能有影响 要求持续监测
替代燃料	环境友好 可满足 NOₓ 排放 T3 要求 对 EEDI（船舶能效设计指数）有正面影响	初始投资高（300 万 ~3000 万美元） 改装费用高 LNG 燃料价格区域性差别大 甲烷泄漏问题

从表 1.1 中可以看出，使用低硫燃料油更具灵活性、便利性和可实施性，具有综合优势，更受大多数船东的青睐。目前，低硫燃料油已成为船用燃料油市场的主流产品。

根据 GB 17411—2015 市场上可选择和使用的低硫船用燃料油类型主要有 4 种：低硫残渣型燃料油、低硫馏分型燃料油、生物柴油和低硫调合油。低硫残渣型燃料油一般由低硫原油经蒸馏工艺加工后直接获得，硫含量在 0.3%~0.8%，生产这类燃料油的高品质原油在全世界只有五六个主要产区，可获得性非常有限，市场供应量不多。低硫馏分型燃料油是超低硫燃料油的主要来源，但其价格相对较高，且黏度极低，很难达到设备厂家要求的最低黏度，从而限制了其使用范围。调合生物柴油是 ISO 8217 在 2017 年新增的燃料油类型，主要指通过引入脂肪酸甲酯而得到的调合柴油。该类柴油在使用过程中存在易氧化、易沉积、易生长微生物等问题，目前还未大规模使用。低硫调合油则是由馏分油和重质组分油混合调制而成，两者调合后不但可使调合油硫含量满足指标要求，还解决了黏度低的问题，同时该类油品还具有成本较低的优势，已成为船用燃料油市场的主要产品。

⊃ 1.1.4　世界船用燃料油需求现状

目前，船运约占国际贸易物流方式 90% 的份额，船用燃料油消费量约为 3 亿 t/a。全球有四大船用油市场，分别是亚洲、欧洲 ARA（阿姆斯特丹、鹿特丹、安特卫普）、地中海及美洲。亚洲消费量占 43% 左右。其中，新加坡是全球最大的船加油港口，也是全球船用燃料油最大的消费地。

图 1.8 所示为世界各地区船用燃料油需求量占比，从图中可以看出，船用燃料油需求主要集中在亚太地区、欧洲、中东及北美主要港口。其中亚太地区受益于全球化经济成为新的经济增长重心，发展尤快，船用燃料油占比已达 50%，成为全球最大船用燃料油消费市场。

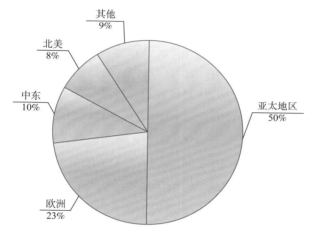

图 1.8　世界各地区船用燃料油需求量占比

⊃ 1.1.5　我国船用燃料油需求现状

随着我国进出口贸易的繁荣，我国在全球海运贸易中的地位日益重要，带动港口保税船供油需求快速增长。2020 年，我国保税油供应量增速为 37%，2021 年达 23%，首次突破 2000 万 t 大关，创历史最高纪录。

随着船舶向大型化和超大型化的转变，近海及江河部分船舶燃料油主要使用 180cSt。国际航线燃料油主要是 380cSt，部分使用 500cSt，甚至开始出现使用 700cSt 的船舶。

与港口吞吐量相比，我国港口船舶燃料油供应量偏低。与新加坡相比，我国船加油消费差距甚远。作为全球油品的集散地，新加坡凭借其港口优越的自然条件、超大罐容以及便捷的资金渠道和优惠的税率等优势，成为目前全球最大的船舶加油中心。按照国家统计局、海关总署数据口径，2023 年我国燃料油表观消费量达 6216 万 t，同比增加 36.9%。其中，国内船用燃料油、工业用燃料油等领域需求近年来规模基本持稳。除炼油再投入外，我国燃料油需求总体变化不大。

⮑ 1.1.6 我国保税低硫船用燃料油发展概况

保税油市场是一个国际流动、充分竞争的市场，船东选择加油港，需对整个航线进行综合测算，包括油价、运费、船期、绕航或停航加油成本等，其中油价是最重要的因素。燃料油是航运公司最大的变动成本，普遍占到运营成本的 20%~60%，在历史上油价最高的时候，可以占到70% 以上。

长期以来，中国外贸稳定向好，为燃料油出口进一步增长提供空间。截至 2023 年，我国作为国际贸易第一大国，港口货物和集装箱吞吐量已蝉联世界第一十余年，全球前 20 大集装箱吞吐港口中有 9 个来自中国。2023 年我国港口货物吞吐量 170 亿 t，同比增长 8.2%；2023 年我国港口集装箱吞吐量 3.1 亿 TEU，同比增长 4.9% 以上。同期，新加坡港外贸货物吞吐量 3109 万 TEU，约为我国的 1/8；而新加坡港船加油量近 5200 万 t，约为我国的 2.6 倍。因此，我国船加油总量较新加坡港仍有较大差距，与外贸货物规模尚不匹配。未来中国船用燃料油市场发展重点仍为保税船用燃料油。

自 2020 年起，IMO 的限硫政策正式实施，我国也适时推行燃料油出口退税政策，带动国内大量低硫燃料油产能投产。截至 2023 年，中国低硫燃料油产能已达 3200 万 t/a 以上。原先的保税油市场"大船进口、小船供应"的物流模式发生了根本性改变，资源渠道已经从海外进口转变为"国内炼厂出口＋海外燃料油进口＋期货交割＋燃料油混兑"四位一体的多元化供应模式，国产资源供应占比已经完全取代了海外进口，以往从海外进口燃料油导致船期延误引发的港口断供问题已经得到完全解决。近年来，国内炼厂不断加大低硫船用燃料油生产力度，相应地，储供油配套设施包括库容、管线、码头等物流设施也不断优化调整，中国石化、中国石油等主营炼化企业结合资源产地和需求港口的实际情况，不断优化现有物流模式，合理配置油库、驳船、码头等供应设施，不断降低燃料油损耗和物流成本，我国保税船供油市场供油作业效率稳步提升。

长三角地区是目前国内主要船用燃料油消费地，其中舟山、上海是国内前两大保税船用燃料油供应港。然而长久以来，我国保税船用燃料油供应价格相比新加坡等周边港口处于偏高的水平，船东一般以补油为主，很少大规模专程加油。但随着国内炼厂规模化、集约化、产业化生产低硫船用燃料油，供油成本迅速下降，保障能力大幅提升，竞争优势逐步显现。根据 PLATTS 数据，近几年来宁波舟山港保税低硫船用燃料油供应价格近半时间低于新加坡，基本与新加坡市场持平，价格竞争力和影响力快速提升，吸引了越来越多的国际航线船舶停靠我国港口加油。未来，在国际经济贸易进一步增长的大背景下，随着地缘政治与大国博弈的影响逐渐深化，全球货物结构与流向或将缓慢重构，全球海运运距与燃料需求持续提升，中国船加油市场或将迎来进一步发展。尽管下游航运市场易受诸多因素影响，但若在未来仍能保持上升势头，预计十余年内我国外贸船用燃料油市场规模有望突破 3000 万 t/a。

1.2 低硫船用燃料油产品标准

国际上比较常用的燃料油标准主要有 3 个[6-10]：国际标准化组织（ISO）发布的 ISO 8217，美国材料与试验协会（ASTM）发布的 ASTM D396 和中国发布的 GB/T 17411。其中最早公认的船用燃料油标准是由 ISO 于 1977 年制定的。目前 3 个标准所对应的最新版本分别为 ISO 8217：2024、ASTM D396—21 和 GB 17411—2015。3 个标准中关于燃料油的型号分类及硫含量要求见表 1.2。

表 1.2　船用燃料油现行标准对比

标　准	型　号	硫含量要求 /%
ISO 8217：2024	馏分和生物馏分型：DMX、DMA、DFA、DMZ、DFZ、DMB、DFB	法定要求
	硫含量不超过 0.50% 的残渣型：RME 180H、RMG 180H、RMG 380H、RMK 500H、RMK 700H	
	硫含量不高于 0.50% 的残渣型：RMA 20-0.5、RMA 20-0.1、RME 180-0.5、RME 180-0.1、RMG 380-0.5、RMG 380-0.1、RMK 500-0.5、RMK 500-0.1	最高 0.50 或法定要求，以较低者为准
	生物残渣型：RF 20、RF 80、RF 180、RF 380、RF 500	法定要求

标 准	型 号	硫含量要求 /%
ASTM D396—21	馏分型：1 号、2 号、B6~B20、4 号和 4 号轻质 残渣型：5 号轻质、5 号重质和 6 号	不高于 0.5
GB 17411—2015	类残渣型：所有牌号	不高于 3.5
	类馏分型：DMB	不高于 1.5
	Ⅰ类馏分型：DMX、DMA、DMZ	不高于 1.0
	Ⅱ类馏分型：DMX、DMA、DMZ、DMB	不高于 0.5
	Ⅱ类残渣型：所有牌号	
	Ⅲ类馏分型：DMX、DMA、DMZ、DMB	不高于 0.1
	Ⅲ类残渣型：RMA、RMB	
IMO 2020 限硫令	国际控制排放区（ECA）硫含量上限	0.1
	全球海域硫含量上限	0.5

由表 1.2 可见，现行的燃料油标准 GB 17411—2015 部分船用燃料油类型对硫含量的要求已无法满足 IMO 2020 限硫令的规定，因此，制定新一代燃料油质量标准已迫在眉睫。

1.2.1　ISO 8217

20 世纪七八十年代，随着世界经济的快速发展，船舶运输作为商业运输的主要方式，在全球范围内迅速崛起，船舶保有量不断刷新纪录，这一时期，我国也开始大量建造出口船。1986 年以前，全球还没有一个国际公认的船用燃料油产品标准，各国都按照各自的习惯对船用燃料油进行分类和命名，这就为世界贸易带来不便。为此，ISO 于 1986 年制定了第一个有关船用燃料油分类的标准，即 ISO 8216-1：1986《石油产品　燃料（F 类）分类　第 1 部分：船用燃料分类》。与此同时，为规范船用燃料油产品质量，提供统一的全球范围内的评价指标，规范、指导燃料油产品的制造和采购，ISO 以英国标准化协会 1979 年制定的船用燃料油标准草案为基础，开展全球范围的标准制定，于 1987 年诞生了第一个船用燃料油的产品标准，即 ISO 8217：1987《船用燃料油规范》。

迅猛增长的船舶保有量也带来了更加严重的大气污染，为控制船用燃料燃烧后的气体污染物排放，减少大气污染，国际社会对船用燃料油的硫含量日渐重视。ISO 分别于 1996 年、2005 年、2010 年、2012 年、2017 年和 2024 年，对 ISO 8217 进行了修订与完善，规范提高船用燃料油产品质量规定，尤其是硫含量限值逐步降低，形成现行有效的 ISO 8217：2024 版本，为全球范围内的国家所采用。

ISO 8217：2012《船用燃料油规范》主要规定了馏分型燃料油和残渣型燃料油的分类和代号、产品技术要求和试验方法等，标准对 4 种馏分型燃料油、6 种残渣型燃料油给出了具体的技术指标要求，包括：运动黏度、密度、十六烷指数、硫含量、闪点、硫化氢、酸值、总沉积物、氧化安定性、残炭、浊点、倾点、外观、水分、灰分、润滑性，以及残渣型燃料油的钒、钠、铝和硅含量等技术指标。此外，还明确规定了船用燃料油应是由石油获取的烃类均匀混合物，不排除为改善燃料油的某些性能和特点而加入的添加剂；燃料油应不含无机酸和使用过的润滑油；燃料油不应含有危及船舶安全或对机器性能产生不利影响的、损害人体健康的或增加空气污染的任何添加物或化学废料。ISO 8217 的 2012 年版与 2010 年版相比，仅增加了硫化氢的试验方法要求。

ISO 8217：2017 标准中的硫化氢、CCAI（计算碳芳香烃指数）、钠含量等指标在 ISO 8217：2005 中没有要求。以 RMG 380 燃料油为例，把硫化氢作为安全的重要指标，限制其在液相中不超过 2.0mg/kg，是为了保护船员、码头操作人员及检验人员；把 CCAI 作为评价残渣燃料油的发火性能的一个计算值，CCAI 对滞燃期、燃烧效率、废气排放物、燃烧部件温度有直接影响，CCAI 在 800~850 这一范围内，柴油机工作正常，而该值超过 850 后，柴油机工作将有困难，CCAI 选择不当会造成燃油机损坏及耗油量增加，进而增加发生不安全事件的概率；把钠含量作为燃料油脱盐效果的重要指标，将燃料油燃烧后的"灰分"中钠或钒的含量控制在一定比例下，且钠：钒避开 1：3，以降低产生"灰分"磨损和高温腐蚀的风险[6~8]。

ISO 8217：2024《船用燃料油规范》在之前版本的基础上重新定义了术语，其中包括定义最大含硫量为 0.10%（质量分数）的船用燃料油为超低硫燃料油 ULSFO（ultra low sulfur fuel oil），最大含硫量为 0.50%（质量分数）的船用燃料油为极低硫燃料油 VLSFO（very low sulfur fuel oil），最大含硫量超过 0.50% 的船用燃料油为高硫燃料油 HSFO（high sulfur fuel oil），同时还对脂肪酸甲酯（FAME）、生物燃料、生物残渣型船用燃料油等进行了定义。对馏分型燃料油中的原料组成重新进行了定义，其中 DF

级馏分型燃料油中脂肪酸甲酯（FAME）的含量最高值允许达到100%，此前为7%。同时消除了浊点和冷滤堵塞点的冬季和夏季品质差异；增加了DF级馏分型燃料油的净燃烧热的要求以及最低十六烷值要求和氧化稳定性的要求。增加了两个表格，分别为最大含硫量小于等于0.50%（质量分数）的残渣型船用燃料油特性和指标限值以及对应指标的检测方法和参考规范。同时增加了生物型残渣船用燃料油特性和指标限值以及对应指标的检测方法和参考规范。新标准在原有内容上进行了扩充，对由100%脂肪酸甲酯（FAME）或100%石蜡基柴油组成的船用燃料油提出了更高的要求，其中脂肪酸甲酯（FAME）应符合标准EN 14214或ASTM D 6751中的要求，石蜡基柴油应符合EN 15940标准。同时增加了一般适用要求和相关试验方法。增加了三个附录作为参考，分别为燃料的冷流特性、残渣型燃料的稳定性、残渣型船用燃料油的表征。

⊃ 1.2.2　GB 17411

我国可用于船舶柴油机燃料的质量标准有GB 17411—2015《船用燃料油》和GB 252《普通柴油》。其中，满足GB 17411—2015要求的燃料适用于船舶柴油机及其锅炉，包含馏分型和残渣型两大类。

馏分型：适用于中、高速船舶柴油机；

残渣型：适用于中、低速大马力船舶柴油机。

满足GB 252要求的普通柴油除适用于陆上拖拉机、工程机械等压燃式发动机外，还可用作内河高速船舶柴油机燃料。

20世纪70年代，我国制定了适用于中、低速柴油机的燃料油标准，即GB 445—77（88）《重柴油》，产品按照黏度分为10号、20号和30号3个牌号，现该标准已作废。

1998年，我国等效采用国际标准ISO 8217：1996《船用燃料油规范》，制定了推荐性国家标准GB/T 17411—1998《船用燃料油》，用于规范船用柴油机和锅炉用燃料油。GB/T 17411—1998标准给出了4种馏分型燃料油、15种残渣型燃料油的规格要求，其中，有2种残渣型燃料油没有规定密度限值。对于硫含量，馏分型燃料油限值规定为不大于1.5%~2.0%，残渣型燃料油限值规定为不大于3.5%~5.0%。

2012年，我国对GB/T 17411标准进行了第1次修订，即GB/T 17411—2012，于2013年7月1日实施。GB/T 17411标准从首次发布至第1次修订，间隔 14 年之久，时间较长。在此期间，ISO 8217 已经历了 2005 年版、2010 年版 2 次修订。GB/T 17411—2012 版采取重新起草法，修改采用 ISO 8217：2010《船用燃料油规格》，仍为推荐性标准，不仅仅做了结构性调整，更多的是技术性变化。

与 GB/T 17411—1998 标准相比，GB/T 17411—2012 标准对馏分型燃料油和残渣型燃料油的技术要求所做的修改如下。

①馏分型燃料油的主要变化：增加了硫化氢、酸值、氧化安定性和润滑性（只限硫含量低于 500mg/kg 的燃料）要求。十六烷值指标改为十六烷指数。

②残渣型燃料油的主要变化：运动黏度指标的基准温度由 100℃ 改为 50℃。删除 RMC、RMF、RMH 和 RML 共 4 类，品种由原来的 10 类减少到 6 类。其中 4 个种类的硫含量要求提高，由不大于 5.0% 和不大于 4.0% 降为均不大于 3.5%。金属含量中的钒、（铝 + 硅）指标，以及水含量指标、多类产品的灰分要求提高。增加了硫化氢、酸值、钠含量、碳芳香度指数要求。为防止燃料油中混入废发动机油影响船舶的使用，增加了含有使用过的润滑油的检测项目，规定只要项目检测结果同时满足"钙大于 30mg/kg 和锌大于 15mg/kg"或"钙大于 30mg/kg 和磷大于 15mg/kg"，即可判定燃料油中含有废发动机油。

由于我国船用燃料油市场缺乏强制性的统一标准，船用燃料油市场存在不规范和质量劣质化问题，既扰乱了市场秩序，又带来了严重的环境污染问题。尤其是调合燃料油组分来源复杂，"合标不合规"现象严重。鉴于此，我国于 2015 年 12 月发布了现行的强制性国家标准，即 GB 17411—2015《船用燃料油》，该标准已于 2016 年 7 月 1 日实施，其中将船用燃料油分为两类产品，分别为馏分型船用燃料（D 组）和残渣型船用燃料（R 组），每类产品分为 3 个等级，对每个等级的燃料油硫含量作出进一步限定。

GB 17411—2015《船用燃料油》将标准适用范围规定为"适用于海［洋］船用柴油机及其锅炉用燃料油"，这与 2012 年版标准有所不同。GB/T 17411—2012 标准的适用范围只定义为船用柴油机及锅炉用燃料油，并未强调区域范围。由于 2016 年 1 月 1 日起实施的《中华人民共和国大气污染防治法》（已于 2018 年修正）已将内河区域船舶用燃料油规定为普通柴油，因此，GB 17411—2015 适用范围只定位于海洋，不再涵盖内河区域[4, 9~10]。

1.3 低硫船用燃料油主要指标及意义

1.3.1 燃料油主要指标介绍

GB 17411—2015《船用燃料油》规定残渣型船用燃料油标准[11, 12]。

我国生产的低硫船用燃料油大多采用渣油和催化柴油进行调合生产，也有加入脱固油浆等组分。总体来说，在生产过程中，在 GB 17411—2015《船用燃料油》的检测指标中，主要关注和需要控制的是油品的黏度、密度、硫含量和闪点。这是由于在调合生产低硫船用燃料油时，主要采用渣油作为重组分，催化柴油作为轻组分，而催化柴油具有很好的稀释降黏作用，其添加比例浮动 1%，就会对调合产品的黏度产生 10~30mm²/s 的影响。因此，需要严格考察和控制催化柴油的添加比例。另外，催化柴油的添加量过大会影响调合油品的闪点，带来安全隐患。而密度一般在调合过程中可以得到很好控制，这是由于调合组分油大多来自加氢装置，其密度已得到有效降低。一般是在有脱固油浆加入时，为了降低脱固油浆带来的高密度影响而需要检测调合产品的密度，确定脱固油浆的添加量是否影响了调合产品的密度指标。而硫作为产品质量升级中最为关注的指标，对硫含量控制和检测的重要性显而易见。另外，酸值、残炭和灰分、倾点、闪点等指标也对船用燃料油的生产和使用具有重要的影响。

1.3.2 硫含量

硫含量是重要的环保指标，是船用燃料油产品检测的重要指标项目。硫含量项目是用于判断产品中含硫物质占比，产品的硫含量应符合标准中对应型号的指标要求，不同型号的船用燃料油有不同的限值要求。

按照国际海事组织制定的新规，自 2020 年 1 月 1 日起，船用燃料的硫含量上限从 3.5% 大幅降至 0.5%。至此，全球范围内使用硫含量不高于 0.5% 的燃料油。

硫不仅会对环境造成污染，也会影响设备使用寿命和油品本身的质量，燃烧过后产生的 SO_3 遇水生成 H_2SO_4，对易感元件产生强烈腐蚀。此外，硫也将降低油品比能（热值）数值。

⮑ 1.3.3 酸值

酸值可以体现出船用燃料油中含有的酸性物质的多少，高酸值燃料油会加速内燃机的损坏，但酸值对内燃机的腐蚀性与燃料油对内燃机的腐蚀性之间还没有明确的相关性。对于使用者来说，选择酸值较低的船用燃料油可以降低船舶内燃机被腐蚀的风险，延长设备使用寿命。

⮑ 1.3.4 残炭和灰分

残炭和灰分可反映出船用燃料油燃烧后的结焦趋势和残留物可能对设备的磨损情况。船用燃料油中的残炭较高，可能会造成气缸和活塞的磨损，长期使用残炭较高的船用燃料油可能造成活塞运转不畅。因此，应尽可能选择残炭较低的船用燃料油。灰分是船用燃料油充分燃烧灰化后产生的少量无机粉末状物质，会造成设备热传导变差，并且会造成设备磨损。船用燃料油的灰分主要来自炼制工艺中使用的金属催化剂和原料中携带的无机盐；也可能由储存运输过程中金属容器腐蚀生成。近年来，也发现将用过的润滑油掺入原料中，导致灰分增高的现象。所以一般情况下，船用燃料油中的灰分检测结果较高，相应地，金属元素检测结果也较高。

⮑ 1.3.5 倾点

倾点是船用燃料油的低温流动性指标。低温流动性在国外常用倾点指标表示，我国常用凝点表示，如车用柴油就是使用凝点作为牌号来分类的。船用燃料油以倾点作为低温流动性指标，可能是源于国外的船用燃料油标准。倾点是指船用燃料油在标准规定的试验条件下，船用燃料油通过特定的降温速率被冷却，这时试样达到的能够流动的最低温度。船用燃料油的倾点高低，决定了产品可以使用的环境温度高低，尤其在气温较低的地区使用时，应严格控制船用燃料油的倾点指标，使其至少不影响船用燃料油在设备内的泵送和使用。目前，越来越多的船舶通过配备燃料油箱升温系统，来降低在天气突然变化时对船用燃料油的影响。

⮑ 1.3.6 运动黏度

船用燃料油的运动黏度随着温度的变化而变化，船用燃料油标准中馏分型检测 40℃ 的运动黏度，而残渣型检测 50℃ 的运动黏度。运动黏度是体现船用燃料油流动性阻抗能力的指标。运动黏度越大，船用燃料油的流动性越差，需要做更多的功来将燃料泵送进内燃机；相应的雾化能力也越差，喷出的油束液滴较大，较难充分燃烧。但运动黏度过小，虽然船用燃料油的流动性较好，也不需要用较多的能量来将燃料泵送进内燃机，这时雾化较容易实现，但是黏度过小可能难以形成油膜或油膜容易裂开，导致燃料油运送时磨损加剧，同时也可能造成燃料的燃烧区域距离喷油嘴太近，导致局部燃烧。供油前，务必清楚了解船用柴油机许可使用的燃料油等级，高等级或低等级燃料油都可能会发生动力异常，将对柴油机产生伤害。

➲ 1.3.7 闪点

闪点（闭口）是船用燃料油的安全使用指标，一般认为闪点低于60℃的化合物或产品属于危险化学品。根据国家标准要求，船用燃料油闪点（闭口）的最小值为60℃。虽然鲜见关于船用燃料油闪点（闭口）与使用性能相关性的文献报道，但如果船用燃料油闪点（闭口）过低，那么，在储存和运输过程中发生火灾的风险将大幅提升。

➲ 1.3.8 密度

密度和运动黏度较为相似，体现的都是在某一温度下的结果。密度不能脱离温度单独存在，国外习惯采用密度（15℃）作为石油化工产品的标准密度，我国采用密度（20℃）作为石油化工产品的标准密度。密度是石油化工产品交易时的重要依据之一，因此，船用燃料油也将密度（20℃）或密度（15℃）列入产品标准中作为规定指标，为油品提供精确的贸易交割计重依据。180号燃料油或380号燃料油，15℃下密度最高限值为991.0kg/m³，20℃下密度最高限值为987.6kg/m³。标准密度乘以计量所得相同温度下的体积可以为油品提供精确的贸易交割计重依据。此外，密度还能间接反映船用燃料油组分，对于连续生产企业来说，通过密度可以直观反映批次之间的差异情况，密度变大则重质组分增多，可能造成热值降低。同样地，如果密度变小，则轻质馏分增多，虽然热值较多，但要注意是否会造成闪点（闭口）过低而导致产品不合格。密度与船用燃料油的油水分离性能也有关，在其他条件均相同的情况下，密度大的船用燃料油的油水分离能力较差，而密度小的船用燃料油油水分离能力较好。

1.4　低硫船用燃料油使用中存在的问题

低硫船用燃料油在替代常规高硫船用燃料油过程中，低硫燃料油会对常规燃油系统造成一些不利影响，主要有以下五点[13]，需要我们进行攻关解决。

⊃ 1.4.1　黏度及润滑性问题

通常情况下，馏分型低硫燃料油的黏度较低，致使燃油机管路泄漏风险上升，一旦发生泄漏，不仅增加了火灾风险，还会导致燃油系统压力降低。尤其是当燃油系统压力低于一定值时，燃料油经喷油嘴喷出后，将无法与空气均匀混合，从而发生不完全燃烧，造成主机功率下降及喷油嘴积炭。同时，黏度较低的低硫燃料油润滑性往往也较差，燃油机中的油泵若长期在低润滑环境中运行，则会加剧其磨损，引发机械故障。

⊃ 1.4.2　催化剂颗粒问题

在低硫船用燃料油生产过程中，为了降低船用燃料油生产成本或调合船用燃料油黏度，通常会将催化油浆作为调合组分。而催化油浆中催化剂颗粒的含量通常会较高。这些催化剂颗粒一般成分为铝、硅化合物，具有较高的硬度，其存在会加剧燃油泵、高压油泵、燃油喷油控制单元和喷油器等部件的磨损。

⊃ 1.4.3　稳定性和兼容性问题

低硫燃料油通常含有较高比例的石蜡基成分，当其在油舱内长期存放时，其中的悬浮态沥青质会聚合沉淀生成油泥或油渣，造成油路、分油机和滤器堵塞。而以调合方式制备的新型低硫燃料油，由于调合比例和成分的差异，会经常引发兼容性问题。即便新型低硫燃料油达到 ISO 要求的稳定性标准，当与其他的燃料油混合后，也存在沉淀分层风险。

⊃ 1.4.4　低硫燃料油质量问题

某燃料油质量检测公司在世界范围内统计了 7000 余次低硫燃料油的

测试结果，发现其中有约 8% 的油样无法达到 ISO 标准要求。问题主要集中在沉积物含量偏高、硫含量超标和含水量过高等方面，这些质量问题在一定程度上增加了船东面临监管部门罚款的风险。

⊃ 1.4.5 燃料油转换故障

馏分型低硫燃料油具有流动性好、杂质少等特点，长期燃烧重质燃料油的发动机在转用低硫燃料油时，会导致高压油泵、喷油器等设备拉伤、卡死。残渣型低硫燃料油的物理性质和常规燃料油差别不大，但由于受原油来源和炼制工艺的影响，油品的化学成分会有明显差异。不同成分的燃料油在互相切换时，难免会出现油料混用现象，从而产生分层、沉淀等问题，增加发动机故障的风险。

1.5 船用燃料油生产工艺

⊃ 1.5.1 传统船用燃料油生产工艺

IMO 限硫令实施以前，国际市场上普遍使用的重质船用燃料油平均硫含量 1.5%~3.5% 左右。我国船用燃料油主要来自国内调合生产和国外成品油进口，生产厂家主要集中在华南、环渤海、华中、山东和辽宁等地，其硫含量为 0.5%~2.0%；而进口油硫含量普遍为 1.5%~3.5%[14-16]。

传统船用燃料油生产主要有两种方式：一种是采用两种或者多种组分油调合生产，主要由重质组分油（常压或减压渣油、减黏渣油等）与催化油浆、低品质的二次加工馏分油（如催化循环油、催化柴油、焦化蜡油、乙烯焦油）等非理想副产物调合获得。这也是国内最常用的生产方式。另一种是由常压渣油或者低硫减压渣油直接作为船用燃料油。由于国内原油资源较为紧缺，中国石化、中国石油等国有石化企业从充分利用原油资源"吃干榨净"角度，很少采用此方式进行加工生产船用燃料油。表 1.3 为国内船用燃料油典型的调合方案和主要性质。表 1.4 为典型的高硫船用燃料油控制指标。表 1.5 为典型进口重质船用燃料油 180cSt 的性质指标。

表 1.3　国内船用燃料油典型调合方案及主要性质

项 目	催化油浆	焦化蜡油	渣油	页岩油
运动黏度（50℃）/（mm²/s）	376	28	8996	11.25
密度（20℃）/（kg/m³）	982	938	998	908.7
凝点 /℃	5	26	13	—
灰分 /%	0.035	0.4	0.18	0.002
闪点（开口）/℃	248	116	160	101
机械杂质	0.63	0.02	0.22	0.01

表 1.4　船用燃料油内部控制指标

项 目	某炼油化工厂质量标准	某石化总厂质量标准	上海期货交易所燃料油标准
运动黏度（50℃）/（mm²/s）	不高于 120	不高于 180	不高于 180
凝点 /℃	不高于 24	不高于 20	不高于 24
闪点（开口）/℃	不低于 80	不低于 66	不低于 66
灰分 /%	不高于 0.1	不高于 0.3	不高于 0.1
硫含量 /%	不高于 1.0	1.02~3.50	不高于 3.5
水分含量 /%	不高于 0.5	不高于 0.5	不高于 0.5
机械杂质	不高于 0.2	不高于 12	不高于 0.10
密度（20℃）/（kg/m³）	实测	不高于 980	不高于 0.985（15℃）

表 1.5　某进口燃料油 180cSt 的品质数据均值

项 目	密度（15℃）/（kg/m³）	运动黏度（50℃）/（mm²/s）	硫含量 /%	闪点 /℃	倾点 /℃	灰分 /%	残炭 /%	沉淀物 /%
180cSt	964.7	163.2	2.87	101	−7.1	0.027	9.85	0.0115

⊃ 1.5.2　低硫船用燃料油生产工艺

国内低硫原油资源较为贫乏，以中国石化为代表的很多炼化企业主要进口中东高硫原油为原料进行深加工。因此，国内炼厂提供的用于生产低硫重质船用燃料油的组分油资源的硫含量普遍较高[17, 18]。国内炼化企业生产低硫船用燃料油主要采用以下两种方式。一是由高硫或含硫渣油（常压或减压渣油、减黏渣油等）经加氢脱硫后，再与催化油浆、低品质的二次加工馏分油（如催化循环油、催化柴油、焦化蜡油）等非理想副产物调合获得。上述提到的催化油浆由于含有较高含量的催化剂粉末等需要进行脱固处理。另一种是由低硫常压渣油或者低硫减压渣油直接作为船用燃料油，或者调合一定比例轻质油品生产低硫船用燃料油。一般具有低硫原油资源的炼化企业可以采用这种方式生产船用燃料油。

　　总结起来，低硫船用燃料油生产中，需要解决渣油、催化油浆等的脱硫、脱固和净化问题。另外，在低硫船用燃料油生产、储运和使用过程中，低硫船用燃料油的调合、稳定性测定、有害物质检测等方面也有需要攻关和解决的难题。本书编者力图系统回答上述问题。本书第 2 章和第 3 章将系统介绍固定床渣油加氢、沸腾床渣油加氢生产低硫船用燃料油组分油技术，第 4 章和第 5 章将系统介绍催化油浆净化技术和选择性加氢技术，第 6 章将系统介绍调合生产技术，第 7 章将系统介绍船用燃料油相容性及稳定性评价方法，第 8 章将系统介绍船用燃料油中有害物质及其检测方法，第 9 章对船用替代燃料进行了展望。

参 考 文 献

［1］夏世祥. 重质燃料油基础知识与应用［M］. 北京：中国石化出版社，2009.

［2］丁凯，刘名瑞，王佩弦，等. 船用燃料油现状及未来发展分析［J］. 当代化工，2023，52（6）：1453-1457.

［3］龙化骊，项晓敏，忻时威，等. GB 17411—2015 船用燃料油［S］. 北京：中国标准出版社，2016，1：20.

［4］梁晓霏. 船用燃料油市场现状及未来发展趋势分析［J］. 石油化工技术与经济，2022，38（5）：5-13.

［5］王天翮，马俊睿，王若瑾，等. 燃料油市场现状与未来发展分析［J］. 石油石化绿色低碳，2024，9（1）：8-12.

［6］朱元宝，辛靖，侯章贵. 船用燃料油标准变化背景下的挑战与机遇［J］. 无机盐工业，2019，51（11）：1-5.

［7］苟英迪. 浅谈国际海事组织 2020 年限硫令的影响及对策［J］. 船舶物资与市场，2019（8）：79-82.

［8］宋艳媛，杨全茂. 船用燃料油及其标准分析［J］. 船舶标准化与质量，2015（2）：23-25.

[9] 付子文，陈光.船用燃料油相关国际法规及标准的分析［J］.世界海运，2007（4）：48-49.

[10] 项晓敏，龙化骊.GB 17411—2015《船用燃料油》标准解读［J］.石油商技，2016，34（3）：56-60.

[11] 项晓敏.船用低硫燃料油的发展及应用分析［J］.石油商技，2015，33（3）：14-19.

[12] 王硕.GB 17411—2015 船用燃料油的检验项目解析［J］.中国石油和化工标准与质量，2021，41（10）：65-66.

[13] 安伟，郭鹏，张庆范，等.IMO 2020 限硫令下船用燃料油使用分析［J］.航海工程，2021，50（3）：135-137.

[14] 张红兵.重质船用燃料油调合试验［J］.中国石油和化工标准与质量，2011（10）：268.

[15] 刘美，赵德智.调合制备船用燃料油研究［J］.应用化工，2010，39（11）：1718-1721.

[16] 李勇，姚树艳.180# 船用燃料油的调合制备［J］.当代化工，2013，42（8）：1150-1151.

[17] 王天潇.典型炼油企业低硫重质船用燃料油生产方案研究［J］.当代石油石化，2019，27（12）：27-34.

[18] 牟明仁，郑建国，林立，等.对部分进口 180cSt 燃料油的质量分析［J］.河南石油，2006，20（3）：104-106.

第 2 章

固定床渣油加氢生产低硫
船用燃料油组分油技术

当今世界炼油工业面临石油资源短缺、劣质化及油品质量要求日趋严格的严峻挑战，同时也处于高效利用非常规石油资源的重要时期。作为实现渣油高效清洁利用的重要技术手段，渣油加氢技术是应对挑战、抓住机遇的关键，是炼油工业绿色可持续发展的必然选择。从长远来看，世界原油质量劣质化的趋势将不断加剧，重劣质原油的加工比例会越来越大，因而迫切需要增加重劣质原油的加工能力，尤其是渣油加工能力[1]。渣油加氢技术依据原料转化水平和生产目的分为加氢处理和加氢裂化两种，而按照反应器类型划分主要分为固定床、沸腾床[2-5]和悬浮床。渣油固定床加氢处理技术是目前工业应用最多的渣油加氢技术，可以加工处理高硫渣油。在未来相当长的时期内，固定床渣油加氢技术仍将会是很多炼化企业的主要加工路线。因此，对于低硫船用燃料油生产技术的研究重点在于如何进一步处理劣质渣油原料[6]。

2.1　固定床渣油加氢脱硫技术简介

最早的渣油固定床加氢工艺技术始于 20 世纪 50 年代，先采用含硫或高硫原油的减压馏分油加氢脱硫，然后与减压渣油混兑以生产硫含量大于 1% 的燃料油，此过程称为间接脱硫过程。至 60 年代时该技术已较为成熟，广泛应用于工业生产，典型间接脱硫工艺技术的特点有：①技术成熟、操作条件缓和、氢耗低、装置投资和操作费用低，但对于渣油而言，脱硫率低，一般在 35%~55%；② 70 年代的间接脱硫装置采用了保护反应器、催化剂密相装填技术、滴流床反应器技术及使用高活性和稳定性的催化剂，使加氢过程的脱硫率进一步提高，装置的操作压力和化学氢耗也进一步降低；③间接脱硫过程只能脱除减压馏分油中的硫，而不能脱除渣油中的硫，所以以间接脱硫过程不能生产低硫燃料油。

20 世纪 70 年代后，由于环保法的要求日益严格，世界各国对燃料油的硫含量限制也越来越严格。一般要求燃料油的硫含量小于 1%，高度工业化地区则要求小于 0.7%。使用间接脱硫技术已不能满足生产低硫燃料油的要求，由此推动了固定床渣油直接加氢脱硫技术的开发及工业化应用[7]。

○ 2.1.1 固定床渣油加氢脱硫技术的发展

固定床渣油加氢技术是 20 世纪 60 年代在馏分油加氢技术基础上发展起来的[8]。世界上第一套固定床渣油加氢脱硫装置由 UOP 公司设计，于 1967 年 10 月在日本出光兴产公司千叶炼油厂建成投产，至 2022 年全球建成了约 70 套渣油加氢脱硫装置。固定床加氢工艺又分为常压渣油加氢处理工艺（ARDS）和减压渣油加氢处理工艺（VRDS）。典型的固定床加氢工艺主要有 Chevron 公司的 RDS 和 VRDS 工艺，UOP 公司的 RDS 工艺，Exxon 公司的 Residfining 工艺，Shell 公司的 HDS 工艺等[9, 10]。

20 世纪 80 年代以前的固定床渣油加氢处理装置，主要是以生产低硫燃料油为目的，渣油加氢转化率低，残炭和金属等杂质脱除率也相对较低。进入 80 年代以后，由于催化剂及工艺等技术水平的提高，渣油加氢转化率高，金属、硫、氮及残炭等杂质脱除率较高，不仅可以为下游的催化裂化装置提供高质量的原料油，改善催化裂化装置的产品分布和产品质量，同时在渣油加氢过程中能够生产部分高质量的柴油馏分和石脑油馏分。我国在固定床渣油加氢技术研究和技术工程化应用方面起步较晚，但发展较快。1992 年，中国石化齐鲁分公司（以下简称齐鲁石化）引进 RDS-VRDS 技术建成投产了我国第一套渣油加氢装置，之后又改扩建引进了上流式反应器（UFR）专利技术，建成了世界首套采用 UFR-VRDS 联合技术的渣油加氢装置。经过几代科技工作者的努力，中国石化集团公司成功开发了具有自主知识产权的 S-RHT/RHT 固定床渣油加氢处理成套技术[11]，并已有自主设计、建设大型固定床渣油加氢装置的能力和业绩。1999 年，我国自主开发、自主设计的首套国产 200 万 t/a S-RHT 装置在中国石化茂名分公司（以下简称茂名石化）投产运行。

固定床渣油加氢技术经过几十年的发展，装备制造业和电气化水平快速进步，整体技术水平已经日臻成熟。渣油加氢技术在重质油加工中的份额逐渐增大，固定床渣油加氢装置大型化已经成为渣油加氢技术发展的主要趋势[12]。中国石化金陵分公司（以下简称金陵石化）2017 年采用 S-RHT 技术新建投产的一套固定床渣油加氢装置反应器内径达到了 5.6m，单系列装置加工能力达到 200 万 t/a。中国石化天津分公司（以下简称天津石化）和中国石化洛阳分公司（以下简称洛阳石化）2020 年分别采用 S-RHT 技术新建单系列加工能力达到 260 万 t/a 装置。到目前为止，中国内地在产的渣油加氢装置 30 套，加工规模达 8030 万 t/a（见表 2.1）。

表 2.1　中国内地固定床渣油加氢装置一览

集团名称	企业名称	规模 /（万 t/a）	投产年份	采用技术设计
中国石化	安庆石化	200	2013	RIPP
	海南炼化	310	2006	FRIPP
	金陵石化 1#	180	2012	FRIPP
	金陵石化 2#	200	2017	FRIPP
	九江石化	170	2015	RIPP
	茂名石化	200	1999	FRIPP
	齐鲁石化	150	1992	CLG
	上海石化	390	2012	RIPP
	荆门石化	200	2017	RIPP
	石家庄炼化	150	2014	FRIPP
	扬子石化 1#	200	2014	FRIPP
	长岭炼化	170	2011	RIPP
	天津石化	260	2020	FRIPP
	洛阳石化	260	2020	FRIPP
	中科（广东）炼化	440	2020	RIPP
	扬子石化 2#	260	2024	RIPP
	小计	3740		
中国石油	大连石化	300	2008	CLG
	大连西太平洋	200	1997	UOP
	广西石化	400	2014	CLG
	辽阳石化	240	2018	FRIPP
	四川石化	300	2013	CLG
	云南石化	400	2016	CLG
	华北石化	340	2018	UOP
	小计	2180		
中化集团	泉州石化	330	2014	CLG
中国海油	惠州炼化	400	2017	CLG
独立炼厂	山东利华益	260	2015	FRIPP
	山东神驰化工	160	2014	CLG
	浙江石化	500	2019	CLG
	盘锦北燃	200	2021	—
	山东利华益	260	2023	FRIPP
	小计	1380		
	总计	8030		

在中国渣油加氢技术发展的不同时期，大连石油化工研究院先后开发研制出 FZC 系列渣油固定床加氢处理催化剂四大类 60 多个牌号，并在齐鲁石化 84 万 t/a VRDS 装置（2001 年扩能为 150 万 t/a UFR-VRDS）、大连西太平洋石油化工有限公司 200 万 t/a ARDS 渣油加氢处理装置、茂名石化 200 万 t/a S-RHT 渣油加氢处理装置、海南炼化 310 万 t/a RFCC 原料预处理装置、金陵石化 180/200 万 t/a 渣油加氢装置、扬子石化 200 万 t/a S-RHT 渣油加氢处理装置和石家庄炼化 150 万 t/a S-RHT 渣油加氢处理装置，以及中国石油四川石化、辽阳石化、云南石化和中化泉州石化的渣油加氢装置上进行了百余套次的工业应用，为企业带来较好的经济效益。

大连石油化工研究院拥有三十余年渣油加氢处理技术开发和工业应用实践经验[13-15]，根据现有工业装置和原料油性质的特点，有针对性地开发了新型固定床渣油加氢处理催化剂体系及配套催化剂级配技术。新技术的开发及应用较好地顺应了当前渣油加氢技术发展的新形势，解决了渣油加工过程面临的诸多难题。多年来，大连石油化工研究院不断地完善渣油加氢技术理念，在催化剂开发方面继续强化催化剂必须更好适应渣油原料劣质化加剧的情况[16]；工艺技术开发方面也始终在尝试突破原有固定床渣油加氢工艺技术思维模式，从渣油加氢技术本质出发，通过固定床渣油加氢技术平台，积极开展非常规渣油加氢技术研究，最终实现催化剂性能与长周期运转之间的平衡[17]。

固定床渣油加氢技术未来的发展趋势：一是开发更高性能的催化剂、优化的加工工艺及低成本的催化剂制备技术，适应原料油的重质化和劣质化，为下游装置提供更优质的原料并进一步延长装置运转周期；二是开发装置单系列大型化工程技术，降低能耗、节省投资；三是开发渣油加氢和催化裂化等组合技术，提高轻质油收率，使经济效益最大化。

固定床渣油加氢技术取得的显著进步主要体现在：①催化剂制备技术的创新，具有双峰形孔道结构载体及活性缓释功能等特点，催化剂容金属能力、活性稳定性及原料适应性进一步增强。②针对固定床加氢装置保护反应器容易出现床层堵塞、长周期运行困难等问题进行了工艺创新。雪佛龙-鲁姆斯公司开发了 UFR 工艺，UFR 工艺是一种上流式固定床加氢技术，反应物流自下而上，通过上流式反应器使催化剂床层处于微膨胀状态，能够有效解决常规固定床反应器存在的初末期压降变化较大的难题[18, 19]；法国石油研究院（IFP）开发了可切换反应器技术[20]，该专利技术能够降低反应压降、延长运行周期、减少催化剂装填量[21]；中国石化开发了采用非对称轮换式保护反应器的固定床渣油加氢技术[22]。③组合工艺的开发：渣油加氢的主要目的之一是为下游的催化裂化装置提供优质原料，渣油加氢 – 催化裂化的高效组合能够有效改善两套装置的整体运行水平。中国石化石油化工科学研究院、大连石油化工研究院分别开发了渣油加氢与催化裂化双向组合新技术（RICP）、SFI渣油加氢与催化裂化深度组合系列技术[23, 24]。

固定床渣油加氢技术在工程上的进展主要体现在：①发展催化剂级配装填技术和密相装填技术。为了提高催化剂的利用率和床层空隙率，同时降低床层的压降，可以根据催化剂的物理性状、大小和催化反应功能的不同，顺序装填顶层催化剂，以解决顶层堵塞问题[25]。②在装置大型化上取得重要进展。出于投资方面的考虑，单系列最大加工能力是各专利商的追求目标。单系列最大处理能力取决于工艺流程设置、高压静设备机加工水平和装置能耗指标。③固定床内构件入口扩散器、气液分配盘、积垢篮筐、冷氢箱、出口收集器、催化剂支撑和液体再分配盘等技术不断完善。反应器大型化之后，内构件的先进性和适用性更加重要，各大石油公司近年在加氢反应器内构件改进优化方面均取得了进展。Shell公司开发了能够提高装置处理能力30%~40%的加氢反应器内构件，高效HD分配盘使反应器床层顶部物流分布均匀性由10%~20%提高到80%；超平流挡板（UFQ）占用空间小，可以使反应温度分布更均匀。UOP公司开发的加氢反应器内构件UltraMix™，降低了床层径向温差，降低了对床层水平度的要求，保证气液分布均匀，降低内构件高度及提高催化剂利用率和装填量；CLG公司开发的新型ISOMIX®系列反应器内构件[26]采用设计独特的混合箱，能够使催化剂床层之间的物料更加完全地混合和急冷平衡，防止温度分布不均匀。高效喷嘴可在催化剂表面形成更加均一的气液分布，在气液喷雾状态良好的条件下，催化剂达到完全浸湿所需的床层厚度有所减小，催化剂利用率提高，同时增强了分配盘的耐用性，避免其在运行过程中出现非正常状况。

固定床渣油加氢技术未来的发展方向主要有：开发新型的内构件及开发单系列大型反应器等工程技术，进一步降低能耗和节省投资。随着加氢技术的日益成熟、加氢催化剂的不断改进和创新，加氢反应器设计水平的不断提升成为加氢技术发展的主要方向。单系列大型化无疑会降低能耗和节省投资，以在建的某厂 200 万 t/a 渣油加氢装置为例，采用单系列比采用双系列至少节省投资 1.5 亿元[27]。固定床渣油加氢催化剂发展的方向为开发性能更高、成本更低的催化剂[28]，①载体形状设计、载体制备技术的改进与应用；② Al$_2$O$_3$ 载体扩孔技术及大孔容与载体强度匹配技术；③活性组分负载技术开发；④抑制结焦技术；⑤降低催化剂的生产成本。催化剂主要研发方向是：提高催化剂的活性和稳定性，减少催化剂用量和延长开工周期。催化剂研发的主要难点是：平衡好催化剂的使用寿命与活性（催化剂级配技术），增强催化剂的脱残炭能力、抗结焦能力及容金属能力，提高沥青质的加氢转化率，避免活性中心的过快中毒失活，防止反应器出现压降和热点[29]；根据加工原料油的性质特点，开展与其他工艺的组合优化技术研究，从而实现不同装置之间协同优化，提高目标产品收率；开发装置快速开停工技术。固定床渣油加氢装置催化剂一般 18 个月左右就要更换一次，而炼厂大检修停工周期通常为 3~4 年，如何缩短渣油加氢装置开停工时间，以减少对其他装置的影响成为一项重要任务。通过对装置的操作模式、开停工方案、催化剂装卸步骤、催化剂预硫化方法、催化剂失活机理等进行规律性总结、技术论证及经济评价等，开展压缩装置开停工时间及减少装卸剂时间的优化研究，并且加强各节点之间的过渡衔接，提高装置的在线率。

提高石油利用率的关键是渣油的深度转化，渣油加氢技术是实现渣油清洁高效转化利用的关键技术，已经成为炼厂最主要的渣油加工技术手段。在渣油加氢工艺技术中，固定床技术无疑是最成熟、最可靠及应用最广泛的工艺。在可预见的未来，仍将是渣油加氢的主流工艺技术。

⊃ 2.1.2　固定床渣油加氢脱硫技术特点

固定床渣油加氢技术是比较成熟的渣油加工技术。渣油加氢处理催化剂是固定床渣油加氢处理技术的核心技术之一。由于渣油的成分复杂，加氢反应类型众多，不同的渣油加氢反应要采用不同孔结构和不同性能的催化剂。为了延长催化剂的使用寿命和装置的运转周期，固定床渣油加氢处理一般采用"催化剂组合装填技术"。即按照反应的要求把性能不同的催化剂组合装填。催化剂组合体系包括保护剂、脱金属催化剂、脱硫催化剂、脱氮/残炭催化剂等。对各类催化剂的要求因其所起的作用不同而有一定的差异，所以，了解加氢过程不同原料的特点，深入认识各种杂质脱除反应的化学过程，是设计催化剂，使其具有高性能且相互匹配、保证装置长周期运转的关键。

渣油（常压渣油、减压渣油）是原油一次加工（常、减压蒸馏）后剩余的最重部分。原油中绝大部分的杂质如硫、氮、金属镍、金属钒、沥青质等都集中在渣油中。与轻质馏分油相比，渣油组成复杂，平均相对分子质量大，黏度高，密度大，氢碳比低，残炭值高，含有大量的硫、氮、残炭、金属及胶质、沥青质等有害元素和非理想组分，加氢难度较大。渣油加氢过程通常在高温、高压和较低体积空速的苛刻条件下进行。

渣油的组成特点决定了传质扩散是渣油加氢过程的关键影响因素。对于轻质原料油来说，扩散限制问题并不重要，催化剂更注重化学组成和比表面积等理化性质。但对于渣油等重质原料油来说，扩散限制决不能忽视。一般情况下，渣油加氢过程的控制步骤是内扩散。因此，对渣油催化剂而言，其孔结构性质尤为重要[30]。此外，在加氢处理过程中，渣油会生成较多的积炭和金属硫化物等固体物，这些固体物在催化剂表面和内部的大量沉积是渣油加氢催化剂失活的主要原因[31]。故，渣油催化剂还要有足够的孔隙率和空隙率，容纳金属硫化物和积炭的沉积，延长催化剂的使用寿命。

目前，固定床渣油加氢的目的是脱除原料中大部分硫化物、重金属、降低残炭值。通常固定床渣油加氢装置进料为减压渣油掺兑一定比例（30%~40%）的稀释油，如蜡油、催化循环油等，混合后的原料一般硫含量为 1.0%~5.0%，残炭值为 10%~15%，金属（Ni+V）含量为 80~150μg/g，加氢后的常压渣油（>350℃）硫含量为 0.30%~0.45%，运动黏度（50℃）为 100~300mm²/s，可直接作为低硫船用燃料油，也可以与催化油浆、催化柴油等低附加值组分调合生产低硫船用燃料油。

大连石油化工研究院结合各企业全厂流程，为企业提供了低成本调合配方及成套技术支撑，如催化油浆无机膜脱固技术、催化油浆加氢脱硫技术等。为了降低低硫船用燃料油生产成本，针对现有技术路线大连石油化工研究院提出了加氢常渣深拔调合生产低硫船用燃料油技术路线，对于有条件进行加氢常渣深拔的企业或规划新建固定床渣油加氢的企业，建议对固定床渣油加氢常渣进行深拔，深拔后的加氢渣油黏度大幅度提高、硫含量略有上升，更有助于调入更多的催化油浆与催化柴油实现低硫船用燃料油低成本化。目前固定床加氢常渣一般切割温度为 350℃，通过切割方案优化，可以深拔至 400℃、450℃甚至更高温度，切割深度要根据切割后加氢重油性质及其他调合组分油性质进行测算，在满足低硫船用燃料油调合指标要求下尽量深拔。

目前生产硫含量低于 0.5% 的残渣型船用燃料油的主要途径包括：①采用低硫的直馏渣油调合生产。但由于低硫原油资源有限且价格较高，将会大幅度提高残渣型船用燃料油的生产成本，该路线不宜用于生产价值较低的残渣型船用燃料油。②对高硫渣油进行脱硫处理，采用二次加工生产的低硫渣油调合生产残渣型船用燃料油。由此，通过采集目前的调合组分直接生产硫含量低于 0.5% 的残渣型船用燃料油比较困难，通过渣油加氢脱硫处理生产低硫残渣型船用燃料油或作为调合组分是主要技术路线。

在固定床低成本生产低硫船用燃料油方案方面，大连石油化工研究院开发了固定床低成本生产低硫船用燃料油技术，该技术分为两种工况：一种是通过提高掺渣比，提高原料的劣质化程度，用低附加值的催化柴油、回炼油、催化油浆等组分代替 VGO，以降低原料成本，加氢后的重油作为低硫船用燃料油或调合组分；另一种是针对典型渣油加氢装置进料，在保证加氢脱硫率的前提下，通过优化催化剂级配体系，减少氮化物的脱除、减少芳烃饱和，降低反应的耗氢以节约加工成本。固定床渣油加氢脱硫工艺技术成熟，设备简单，投资费用少，操作稳定，产品收率高、质量好，可以加工世界上大多数含硫原油和高硫原油的渣油，主要对金属和残炭含量有严格的要求，对硫含量和氮含量的要求相对不严格[32]。渣油原料的硫含量通常在 2%~5%，氮含量在 0.2%~0.8%，残炭值小于 15%，金属（Ni+V）含量小于 150μg/g，均可选择固定床渣油加氢处理工艺技术。

（1）原料油

固定床渣油加氢装置的原料油可以是常压渣油，也可以是减压渣油。已工业化的渣油加氢装置多数是加工常压渣油或掺兑部分减压馏分油的半减压渣油原料，加工纯减压渣油的装置很少。固定床渣油加氢装置的原料油为原油中最重的部分，原油中 60%~90% 的硫、氮、残炭和金属等杂质均富集在渣油原料中，此外，渣油原料中含有高相对分子质量的大分子胶质和沥青质组分，加氢过程化学反应受扩散限制。

（2）操作条件

由于渣油含有大量的杂质和非理想组分，其平均相对分子质量大，黏度高，导致反应性能低，催化剂易失活，因此渣油加氢处理过程操作条件苛刻，装置反应温度高，操作压力高，体积空速低。

（3）反应过程

不同反应床层或同一床层的不同部位存在差别。①加氢处理反应为放热反应，在工业反应器中，床层存在温升，即床层下部反应温度较高；②易反应物质首先在床层上部或第一床层反应，而难反应的物质在床层下部或后继床层反应；③床层上部反应物浓度较高，而床层下部反应物浓度较低，即床层上部反应转化率较高，负荷较大；④渣油在固定床加氢处理过程中生成较多的焦炭和金属硫化物等固体物，这些固体物在床层中的沉积将引起床层压差增加直至设计极限，装置将被迫停工。

（4）催化剂

①催化剂品种：渣油加氢过程催化剂一般有四大类，分别是加氢保护剂、脱金属催化剂、脱硫催化剂和脱氮催化剂。其中，保护剂一般有 3~5 种，脱金属催化剂有 1~3 种，脱硫催化剂和脱氮催化剂一般各有 1~3 种。级配体系中催化剂品种达十余种。

②物化性质：与馏分油加氢催化剂相比，固定床渣油加氢过程催化剂具有更大的孔容和孔径。在渣油加氢系列催化剂中，脱金属催化剂具有最大的孔容和孔径，以容纳金属杂质沉积。脱硫催化剂的孔容和孔径在脱金属催化剂和脱氮催化剂之间。

③催化剂装填及使用周期：渣油加氢处理装置必须采用催化剂组合装填技术，通过合理的级配方案使金属等杂质均匀沉积在催化剂各床层，最大限度地发挥各类催化剂的性能，降低装置的操作成本以增加经济效益，同时延长装置的运行周期。渣油加氢催化剂的使用周期较短，一般为 12~18 个月，而且催化剂不能再生使用，所以催化剂的成本对渣油加氢过程总成本影响较大，应最大限度地发挥催化剂的性能。

（5）清洁生产过程

由于渣油加氢过程的脱硫率达 90% 以上，脱氮率也达到 60%~70%，渣油原料中大量的硫和氮在加氢过程中被脱除，进一步转化和回收，减少原料对大气的污染，有利于改善环境，能产生巨大的生态效益和环境社会效益。渣油加氢过程没有对环境造成污染，属于清洁生产过程。

⊃ 2.1.3 渣油加氢系列催化剂及特点

固定床渣油加氢处理技术开发的关键之一是各类催化剂的研制。在设计催化剂时，应了解渣油加氢处理过程中的主要反应，然后根据这些反应的特点对催化剂提出物化性质方面的要求。

（1）加氢保护催化剂

①定义：将装填在第一床层顶部的主要用于脱铁和垢物的催化剂称为保护剂。并且，为了防止反应器床层底部支撑网上因高温而结焦，可以在床层底部装填具有一定加氢活性及抗结焦的保护剂，也称活性支撑剂，并统称为保护剂。

②保护催化剂的作用：由于渣油中的可溶性有机铁易在催化剂表面反应，生成硫化铁沉积在床层空隙中，因此保护剂主要用来脱除进料中的铁和垢物；保护剂还可以使渣油中易结焦的物质适度地加氢以延缓其结焦，并且还能够在强化反应物流分配的同时，保护下游的脱金属催化剂。

③保护催化剂的特点：较大的孔容，比表面积适中，表面呈弱碱性或弱酸性，磨耗低、强度大，碱金属流失量少。

（2）加氢脱金属催化剂

①脱金属催化剂的作用：

渣油中的金属镍和钒主要以沥青质和卟啉化合物的形式存在，这两种化合物的结构十分复杂，其中卟啉的相对分子质量大约在 300~600，而沥青质的相对分子质量则可达 40 万，并且富含多环芳香环。据文献报道，用于脱除金属铁和钙的催化剂几乎无须加氢活性，其化学反应主要是热裂化机理。而镍和钒的化合物在反应中主要是通过加氢和氢解反应，最后以金属硫化物形式沉积在催化剂颗粒的外表面和内部[33]。

对于由非贵金属（如 Mo、Ni、Co、V、Cr 等）和 Al_2O_3 构成的单组分催化剂，在加氢脱镍反应中，Mo 催化剂活性最高；在加氢脱钒反应中，Mo 和 Ni 催化剂活性最高[34]，工业加氢脱金属催化剂的活性金属通常是 Mo、Co、Ni 等。研究表明，金属有机化合物分子向催化剂内部的扩散过程是加氢脱金属反应的控制步骤。脱金属催化剂的作用就是脱除进料中的大部分重金属，同时脱除部分容易反应的硫化物，以保护下游的脱硫催化剂和脱氮催化剂。

②脱金属催化剂的特点：

渣油加氢脱金属催化剂的设计特点是由渣油的性质及其反应特点决定的。对于加氢脱金属催化剂，合理的载体孔结构能够有效改善渣油反应物大分子的扩散，从而更好地容纳脱除的金属[35]。与其他加氢反应的催化剂相比，脱金属催化剂有以下特点：A. 催化剂具有较大的孔径，平均孔直径大于15.0nm，以有利于反应物的内扩散及能够延缓孔口被固体沉积物堵塞，一般来说，具有15nm以上孔结构的催化剂对提高渣油脱沥青质和脱金属能力有利，而同时具有孔径10~20nm的中孔，以及100~500nm的超大孔的双峰形催化剂适用于沥青质含量高的渣油体系[36]；B.适中的比表面积和较大的孔容，可有利于反应物及生成物的内扩散和提高催化剂的容金属能力；C.具有较弱的表面固体酸性，因为脱金属催化剂表面酸性强将加剧生焦反应，进而导致催化剂失活加速；D.脱金属催化剂失活速率较快，如何延长催化剂使用周期是关键，因此要具有适中的活性和稳定性[37]。

（3）加氢脱硫催化剂

①脱硫催化剂的作用：

渣油原料经过加氢脱金属催化剂后，大部分重金属化合物如镍和钒等被脱除，一部分容易反应的硫化物也随反应被除去。加氢脱硫催化剂的作用是：A.进一步脱除未反应的残留金属化合物；B.进一步脱除进料中更难反应的硫化物；C.脱除一部分容易反应的含氮化合物；D.进行一部分的加氢裂化反应，降低进料中残炭、芳烃、胶质和沥青质的含量；E.保护下游的加氢脱氮催化剂，以延长装置运转周期[38]。

②脱硫催化剂的特点：

A.催化剂含有适量的粗孔，孔径约为100~500nm，这种粗孔有利于反应物向颗粒内部扩散，但过多的孔会使催化剂比表面积大幅度降低[39]；B.催化剂的酸性强度要比脱金属催化剂强，比脱氮催化剂弱。这样适中的酸强度既能够促进裂化反应和脱硫反应，又可以抑制生焦反应[40]；C.由于催化剂使用周期短，难再生，因此要求控制催化剂的成本。

（4）加氢脱氮催化剂

①脱氮催化剂的作用：

渣油原料经过加氢脱金属和加氢脱硫催化剂后，大部分易反应的杂质如重金属、含硫、含氮化合物及胶质、残炭等已经被脱除。脱氮催化剂的作用是：A.进一步脱除反应物中残存的少量金属化合物，降低加氢生成油的金属含量；B.进一步脱除反应物中的硫化物，降低加氢生成油中的硫含量；C.主要脱除反应物中的氮化物，降低加氢生成油中的氮含量；D.降低加氢生成油中的残炭含量。

②脱氮催化剂的特点：

与脱硫催化剂相比，加氢脱氮催化剂的基本特点是反应活性更高，因为难反应的杂质都要在脱氮催化剂上反应，因此在物化性质方面，脱氮催化剂的特点是具有较大的比表面积、较强的酸性及较高的活性金属含量[41]。

渣油加氢脱氮催化剂需要具备良好的抗结焦性能，因为渣油中含有大量易结焦的胶质和沥青质，所以，脱氮催化剂应含有在高温下能够吸收氢的少量镍铝尖晶石。并且，与脱硫催化剂相似，脱氮催化剂用量大且难再生，故要求低使用成本。

综合本小节所述，渣油原料在物理性质上看，相对分子质量、密度及黏度都很大，沸点非常高；从化学组成上讲，渣油中的杂质种类多、含量高，硫、氮、金属等多种杂质并存，这些因素都给渣油加氢处理过程增加了难度。因此对于固定床渣油加氢，需要采用不同类型的具有不同性能的催化剂，并且通过合理地调整催化剂的级配，来实现良好的反应效果和长期稳定的运转水平。

目前，固定床渣油加氢处理技术的催化剂专利商主要有 ART（Advanced Refining Technologies）、Albemarle、Axens、Criterion、Haldor Topsøe 及 SINOPEC（中国石化）等。

（1）ART 公司

Chevron 和 Grace 一起在 2001 组成了 ART。ART 公司推出 ICR 系列固定床渣油加氢处理催化剂。该系列催化剂的特点：①催化剂载体孔分布和酸分布集中；②主催化剂的颗粒较小，可减小反应物的扩散阻力，提高反应活性。截至 2020 年底，ART 推出新型脱硫（过渡）剂 ICR197 及脱残炭剂 ICR192，其中 ICR197 具有较高的金属转化活性剂能力，以及中等的 HDS 活性。最新的脱残炭催化剂 ICR192 可用于脱除非常高的硫、氮和残炭，与上一代脱残炭催化剂 ICR173 相比，ICR192 具有更高的 HDS 及 HDCCR 活性，从而达到了降低反应温度的效果。ICR192 与 ICR173 结合使用可以进一步优化催化剂系统以实现加氢渣油中 5.2% 的残炭剩余。ICR 系列催化剂的性质如表 2.2 所示。

表 2.2　ART 公司渣油加氢精制 ICR 系列催化剂一览

催化剂牌号	类　型	功　能
ICR122	保护剂	HDM
ICR132	脱金属剂	高 HDM，容金属能力强
ICR133	脱金属剂	高 HDM，容金属能力强
ICR161	脱金属剂	高 HDM，容金属能力强

催化剂牌号	类 型	功 能
ICR135	脱硫（过渡）剂	HDS，HDM
ICR131	脱硫（过渡）剂	高 HDS，HDCCR，HDM
ICR137	脱硫（过渡）剂	高 HDM，HDS，容金属能力强
ICR167	脱硫（过渡）剂	高 HDM，HDS，容金属能力强
ICR138	脱硫（过渡）剂	高 HDM
ICR182	脱硫（过渡）剂	高 HDM
ICR170	脱硫（过渡）剂	中等 HDM，高 HDS
ICR181	脱硫（过渡）剂	高 HDM，HDCCR，容金属能力强
ICR186	脱硫（过渡）剂	高 HDM，HDCCR，容金属能力强
ICR197	脱硫（过渡）剂	HDM，中等 HDS
ICR125	脱残炭剂	高 HDS，HDCCR
ICR130	脱残炭剂	高 HDS，HDCCR
ICR153	脱残炭剂	高 HDS，HDCCR
ICR171	脱残炭剂	深度 HDS，HDCCR
ICR173	脱残炭剂	深度 HDS，HDCCR
ICR192	脱残炭剂	超高 HDS、HDN 及 HDCCR

（2）Albemarle 公司

Albemarle 公司和日本凯金公司合作，拥有独特的固定床渣油加氢处理催化剂专利技术，开发了 KFR 系列催化剂。

KFR 系列催化剂注重孔结构和表面活性的设计，可根据原料性质、操作条件、周期长度和产品性质要求等条件，选择不同催化剂进行合理级配。表 2.3 列出了 Albemarle 公司开发渣油加氢催化剂的牌号和功能。

表 2.3　Albemarle 公司渣油加氢精制系列催化剂一览

催化剂牌号	类 型	形 状	功 能
KG 55	保护剂	五角环形	除垢
KF 542	保护剂	环形	HDM
KG 1	保护剂	球形	除垢 / 捕铁，脱铁剂
KG 5	保护剂	环形	除垢 / 捕铁，脱铁剂
KG 3	保护剂	环形	除垢 / 捕铁，脱铁剂
KFR10	脱金属剂	四叶菱形	高 HDM，容金属能力强
KFR11	脱金属剂	四叶菱形	极高 HDM，容金属能力强

催化剂牌号	类 型	形 状	功 能
KFR15	脱金属剂	四叶菱形	高 HDM，容金属能力强
KFR20	脱金属剂	四叶菱形	高 HDM，中等 HDS，适用于中低压过程
KFR22	脱金属剂	四叶菱形	高 HDM，适用于高压过程
KFR23	脱金属剂	四叶菱形	HDM，容金属能力强，适用于高压过程
KFR30	脱金属、脱硫双功能催化剂	四叶菱形	中等 HDM，HDS
KFR33	脱金属、脱硫双功能催化剂	四叶菱形	容金属能力强
KFR53	脱金属、脱硫双功能催化剂	四叶菱形	HDS，容金属能力强
KFR50	脱硫剂	四叶菱形	高 HDS，高 HDN
KFR70	脱硫剂	四叶菱形	高 HDS，高 HDN 及高 HDCCR
KFR70B	脱硫剂	四叶菱形	高 HDS，高 HDN 及高 HDCCR
KFR72	脱硫剂	四叶菱形	高 HDS，高 HDN，高 HDCCR，容金属能力较强
KFR93	脱硫剂	四叶菱形	高 HDS，高 HDN，高 HDCCR

（3）Axens 公司

法国 Axens 公司为 IFP 公司和 Procatalyse 公司炼制催化剂分部的合资企业，开发了 HM/HMC/HT/HF 系列常压及减压渣油加氢精制催化剂，如表 2.4 所示。

表 2.4　Axens 公司渣油加氢精制系列催化剂一览

催化剂牌号	活性组分	形 状	功 能
HMC868	NiCoMo	球形	脱金属剂
HF858	NiCoMo	三叶草	脱金属剂
HF454	NiCoMo	三叶草	脱金属剂
HM848	NiCoMo	三叶草	过渡剂
HT404	NiCoMo	三叶草	精制剂
HT438	NiCoMo	三叶草	精制剂
HT454	NiCoMo	三叶草	精制剂

Axens 的催化剂技术核心是：脱金属剂必须优先转化胶质和沥青质（因为大部分金属存在于其中），并且容纳金属的能力要远远大于精制催化剂，其金属沉积量应高于 60%。

采用 HMC868/HF858/HM848/HT438 组合催化剂体系，可以防止催化

041

剂因金属中毒而失活。同时最大限度地脱除金属及沥青质，获得最低硫、氮及残炭含量的渣油产品，并延长运转周期。

（4）Criterion 公司

Criterion 公司生产的固定床渣油加氢处理催化剂主要为 RM/RN 系列，该系列催化剂组合较简单，并注重催化剂的孔分布，催化剂单位装填体积的孔容和比表面积较大。

Criterion 公司认为，适用于不同的原料性质是催化剂有效使用的关键。此外，操作条件、反应过程的制约因素和配制方式，会对固定床渣油加氢处理深度产生影响。

Criterion 公司开发的 RM/RN 系列固定床渣油加氢催化剂，如图 2.1 和表 2.5 所示。

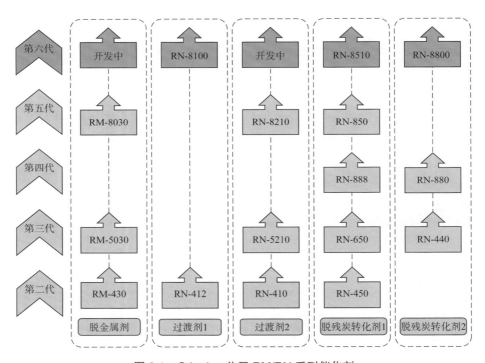

图 2.1　Criterion 公司 RM/RN 系列催化剂

其中 RM-430、RN-412 和 RN-450 属于第二代催化剂，RM-5030、RN-5210、RN-650、RN-440 属于第三代催化剂，RN-888、RN-880 属于第四代催化剂，RM-8030、RN-8210、RN-850 属于第五代催化剂，RN-8100、RN-8510 及 RN-8800 为最新一代固定床渣油加氢催化剂。

表 2.5　Criterion 公司渣油加氢精制系列催化剂一览

催化剂牌号	类型 / 功能	形 状
Opti Trap MD（16.0）	保护剂	齿球
Opti Trap MR（8.0）	保护剂	四叶草
RM-5030（5.6）	HDM	四叶草
RM-8030（2.5）	HDM	三叶草
RM-8030（1.3）	HDM	三叶草
RN-440	渣油转化	圆柱形
RN-650	HDS	圆柱形
RN-5210	高 HDM、HDS，容金属能力好	圆柱形

（5）Haldor Topsøe 公司

丹麦的 Haldor Topsøe 公司拥有 150 多种催化剂，并广泛应用于加氢处理、加氢裂化、合成氨等领域。Topsøe 提供了一系列固定床渣油加氢催化剂。Topsøe 认为该公司出品的加氢脱金属催化剂和加氢脱硫催化剂，具有卓越的容金属能力和加氢活性，可以延长循环时间和最大限度保护下游催化剂。该公司开发的第二代，也是最新一代固定床渣油加氢催化剂共有 5 个牌号，分别是 TK-719、TK-733、TK-743、TK-753、TK-773。

（6）中国石化集团公司

国内固定床渣油加氢催化剂的研发单位主要有中国石化两家研究院：大连石油化工研究院和石油化工科学研究院有限公司。石油化工科学研究院有限公司成立较晚，目前开发的系列渣油加氢处理催化剂也已经进行了工业应用。

大连石油化工研究院是国内最早进行催化剂研发的[42]，1986 年开始研发。1996 年，第一代减压渣油加氢处理系列催化剂在齐鲁石化 VRDS 装置上进行工业应用试验，其工业应用性能与国外同类催化剂先进技术水平相当，填补了国内空白。继减压渣油加氢处理系列催化剂成功工业应用，大连石油化工研究院又成功研制开发了第一代常压渣油加氢处理系列催化剂，并于 1999 年 10 月在大连西太平洋石油化工有限公司 200 万 t/a ARDS 装置上首次成功工业应用。大连石油化工研究院开发的第一代减渣系列催化剂和第一代常渣系列催化剂分别列于表 2.6 和表 2.7[43]。在第一代催化剂的基础上，通过对催化剂形状、孔性质以及床层空隙率等方面进行改进优化，2001 年，大连石油化工研究院开发的第二代减渣系列催化剂，之后陆续在茂名石化、齐鲁石化、海南炼化等装置成功工业应用[44]。2002 年，大连石油化工研究院又开发了的第二代常渣系列催化剂，在大连西太平洋石油化工有限公司 ARDS 装置上成功工业应用。第二代减渣系列催化剂和第二代常渣系列催化剂分别列于表 2.8 和表 2.9。

表 2.6　大连石油化工研究院开发的第一代减压渣油系列
加氢处理催化剂种类、牌号和主要功能

牌　号	种　类	形　状	特　点
FZC-10	保护剂	椭球形	支撑、防止结焦
FZC-11	保护剂	椭球形	脱钙、铁及垢物，防止结焦
FZC-12	保护剂	球形	脱钙、铁及垢物，防止结焦
FZC-13	保护剂	球形	低活性脱镍、钒
FZC-14	保护剂	椭球形	中等活性脱镍、钒
FZC-15	保护剂	球形	脱钙、铁及垢物，粒度过渡
FZC-16	保护剂	球形	低活性脱镍、钒，粒度过渡
FZC-17	保护剂	椭球形	较高活性脱镍、钒
FZC-18	保护剂	椭球形	较高活性脱镍、钒
FZC-20	脱金属剂	圆柱	较高脱金属活性
FZC-21	脱金属剂	圆柱	高脱金属活性
FZC-22	脱金属剂	三叶草	活性支撑剂
FZC-30	脱硫剂	圆柱	高活性脱硫催化剂
FZC-31	脱硫剂	圆柱	高活性脱硫催化剂
FZC-32	脱硫剂	三叶草	活性支撑剂
FZC-40	脱氮剂	圆柱	最高活性脱硫 / 脱氮催化剂

表 2.7　大连石油化工研究院开发的第一代常压渣油系列
加氢处理催化剂种类、牌号和主要功能

牌　号	种　类	形　状	特　点
FZC-100	保护剂	惰性七孔球	容垢、改善物流分布，脱除 Fe 和 Ca
FZC-101	保护剂	惰性七孔球	容垢、改善物流分布，脱除 Fe 和 Ca
FZC-102	保护剂	拉西环	容垢、高活性脱镍、钒
FZC-103	保护剂	拉西环	容垢、高活性脱镍、钒
FZC-200	脱金属剂	四叶草	较高的脱金属活性和良好的活性稳定性

牌 号	种 类	形 状	特 点
FZC–201	脱金属剂	四叶草	更高的脱金属杂质活性和容金属杂质能力
FZC–301	脱硫剂	四叶草	高活性脱硫催化剂

表 2.8　大连石油化工研究院开发的第二代减压渣油系列
加氢处理催化剂种类、牌号和主要功能

牌 号	种 类	形 状	特 点
FZC–11Q	保护剂	四叶轮	脱钙、铁及垢物，低活性脱镍、钒
FZC–11A	保护剂	四叶轮	脱钙、铁及垢物，低活性脱镍、钒
FZC–12Q	保护剂	四叶轮	脱钙、铁及垢物，低活性脱镍、钒
FZC–12A	保护剂	四叶轮	脱钙、铁及垢物，低活性脱镍、钒
FZC–13Q	保护剂	四叶草	较高活性脱镍、钒
FZC–13A	保护剂	四叶草	较高活性脱镍、钒
FZC–14Q	保护剂	四叶草	较高活性脱镍、钒
FZC–14A	保护剂	四叶草	较高活性脱镍、钒
FZC–10U	上流式保护剂	球形	高的容镍和钒的能力
FZC–11U	上流式保护剂	球形	高的容镍和钒的能力
FZC–23	脱金属剂	四叶草	较高的脱金属活性和良好的活性稳定性
FZC–24	脱金属剂	四叶草	较高的脱金属活性和良好的活性稳定性
FZC–24A	脱金属剂	四叶草	较高的脱金属活性和良好的活性稳定性
FZC–25	脱金属剂	四叶草	更高脱金属活性
FZC–26	脱金属剂	四叶草	更高脱金属活性
FZC–27	脱金属剂	四叶草	更高脱金属活性
FZC–28	脱金属剂	四叶草	更高脱金属活性
FZC–33	脱金属 / 脱硫过渡型	四叶草	适中的脱硫活性和脱金属活性
FZC–34	脱硫剂	四叶草	高活性脱硫催化剂
FZC–34A	脱硫剂	四叶草	高活性脱硫催化剂
FZC–35	脱硫剂	圆柱	高活性脱硫催化剂
FZC–36	脱硫剂	三叶草	活性支撑剂
FZC–41	脱氮剂	圆柱 / 四叶草	最高活性脱硫 / 脱氮催化剂
FZC–41A	脱氮剂	圆柱 / 四叶草	最高活性脱硫 / 脱氮催化剂

表 2.9　大连石油化工研究院开发的第二代常压渣油系列
加氢处理催化剂种类、牌号和主要功能

牌　号	种　类	形　状	特　点
FZC–102A	保护剂	拉西环	容垢、高活性脱镍、钒
FZC–103A	保护剂	拉西环	容垢、高活性脱镍、钒
FZC–202	脱金属剂	四叶草	较高的脱金属活性和良好的活性稳定性
FZC–203	脱金属剂	四叶草	高脱金属杂质活性和容金属杂质能力
FZC–204	脱金属剂	四叶草	高脱金属杂质活性和容金属杂质能力
FZC–302	脱金属 / 脱硫过渡型	四叶草	适中的脱硫活性和脱金属活性
FZC–303	脱硫剂	四叶草	高活性脱硫催化剂

在总结前几代催化剂应用经验基础上，大连石油化工研究院开发了新一代的低成本、高性能、原料适应性强的渣油加氢催化剂——新型 FZC 系列渣油催化剂。新型 FZC 系列渣油催化剂从改善原料内扩散入手，注重渣油进料中的杂质在催化剂体系中"进得去，脱得下、容得下"。注重加氢性能的提升和胶质、沥青质的高效转化，具有高的容金属能力和抗结焦能力，最终实现催化剂性能与长周期运转之间的平衡。表 2.10 列出了大连石油化工研究院开发的新一代渣油催化剂类型、牌号和主要功能。

表 2.10　大连石油化工研究院新一代渣油催化剂类型、牌号和主要功能

催化剂牌号	类　型	形　状	特　点
FGF–01	保护剂	圆片柱状	高的容铁钙能力，改善物流分布，空隙率高
FZC–100B	保护剂	四叶轮	高的容铁钙能力，一定的胶质、沥青质转化能力
FZC–12B	保护剂	四叶轮	高的容镍和钒的能力，一定的沥青质转化能力
FZC–103D	保护剂	四叶轮	高的容镍和钒的能力，一定的沥青质转化能力
FZC–103E	保护 / 脱金属剂	四叶草	高的容镍和钒的能力，较强的沥青质转化能力
FZC–13B	保护 / 脱金属剂	四叶草	高的容镍和钒的能力，强的沥青质转化能力
FZC–1MN	上流式脱金属剂	五齿球	高的容镍和钒的能力，强的沥青质转化能力
FZC–2MN	上流式脱金属剂	五齿球	高的容镍和钒的能力，强的沥青质转化能力
FZC–3MN	上流式脱金属剂	五齿球	高的容镍和钒的能力，强的沥青质转化能力
FZC–28A	脱金属剂	四叶草	高的容金属能力，强的沥青质转化能力
FZC–28	脱金属剂	四叶草	高的容金属能力，较强的脱金属和脱硫能力
FZC–204A	脱金属剂	四叶草	脱金属能力强，脱硫活性和脱残炭性能较好
FZC–33BT	脱金属 / 脱硫剂	三叶草	具有高金属承载能力和良好的脱硫活性的脱金属 / 脱硫（过渡）剂

催化剂牌号	类 型	形 状	特 点
FZC-34BT	脱硫剂	三叶草	高活性脱硫/脱残炭催化剂
FZC-41BT	脱残炭剂	三叶草	最高活性脱硫/脱残炭催化剂
FZC-12B-3	支撑剂/粒度过渡	齿球形	粒度过渡，具有高的脱金属活性和一定的脱硫活性
FZC-12B-6	支撑剂/粒度过渡	齿球形	粒度过渡，具有高的脱金属活性和一定的脱硫活性

⊃ 2.1.4　FZC 系列高性能渣油加氢脱硫催化剂研发

　　新型固定床渣油加氢系列催化剂的开发目标是适应装置长周期稳定运转，并具有更高性价比，进而合理降低装置换剂频率。催化剂的开发本着"高效、稳定、低成本"的科学思想和理念，主要包含了催化材料创新、载体制备技术创新、活性金属组分负载技术创新及新的催化剂级配技术创新，并对催化剂工业生产技术进行了革新和优化，提高了催化剂工业生产过程和产品质量的稳定性。

　　开发新型渣油加氢处理催化剂选择的主要技术路线有以下几点：

　　①具有大孔径、大孔容，孔分布集中的载体制备技术[45]。系列催化剂中载体的孔性质的优化，有利于渣油大分子在催化剂颗粒内部扩散，从而提高催化剂利用率，达到系列催化剂扩散性与活性之间的平衡[46]。

　　②对催化剂颗粒形状进行优化设计。前段大颗粒催化剂采用四叶轮设计，后段高活性脱硫/脱残炭催化剂颗粒采用新的三叶草形设计方案。催化剂床层空隙率大幅度提高，有利于缓解装置床层压降上升。

　　③采用新的活性组分负载技术，其中系列催化剂前部保护段大颗粒催化剂采用了不均匀分布负载技术，使得含 Fe、Ca、V 等高反应活性物种有更多机会进入颗粒内部反应并沉积在孔道内部，从而达到充分利用催化剂内部空间的目的。后段高活性脱硫/脱残炭催化剂通过添加有机络合剂，增加活性中心物种的品质及数量，提高了催化剂活性金属利用率，并优化了活性金属负载量，达到系列催化剂活性与成本之间的平衡。

　　④新的载体制备及活性组分负载技术的开发，使得后段高活性催化剂的堆积密度大幅度降低，从而降低催化剂装填量，减少用户催化剂采购成本。

　　⑤针对高氮类难加工进料，通过优化催化剂体系整体性能，提高其对胶质和沥青质的转化能力和对含氮化合物的 C—N 键的开环氢解能力，提

升催化剂的芳烃饱和能力。

⑥结合催化剂体系中各催化剂性能的提升，提出新的催化剂体系级配技术。通过对渣油加氢过程的充分认识及工业应用实践总结，为每套固定床渣油加氢装置设计出最适合的催化剂级配方案。在满足装置在运转周期内稳定运转的同时，也能够保证产品质量满足下游装置的进料要求。达到催化剂活性与稳定性之间的平衡。

基于渣油原料的反应特性，渣油加氢反应过程是受扩散控制的反应，较大的孔径有利于渣油分子在催化剂颗粒内的扩散传质，有利于渣油分子扩散到催化剂颗粒内部进行反应，使更多的活性位与渣油分子接触并发生加氢反应。同时，催化剂具有较集中的孔分布有利于提高催化剂孔道利用率。因此，渣油进料中的杂质在催化剂体系中"进得去、脱得下、容得下"，是实现渣油加氢装置高效稳定运转的技术关键。

（1）增强型保护剂／脱金属剂体系

加氢保护剂组合体系是固定床加氢的关键技术之一。长期的实践证明，采用加氢保护剂组合体系解决反应器压降问题是有效手段。根据杂质过滤沉积和加氢反应机理，在保护剂形状、粒度、孔结构和活性等方面取得了显著的成果，总结出了一套有效的保护剂组合体系的应用原则。加氢保护剂床层要尽量转化胶质和沥青质，容纳较多的杂质沉积物，并持续维持物流分布均匀，减缓床层压降的上升速度，避免热点生成，有效保护主催化剂的加氢活性，延长装置的开工周期。

因此，大连石油化工研究院开发了加氢保护剂 S-Fitrap 体系，如图 2.2 所示，其将单一保护剂的性能与保护剂体系有机结合起来，充分发挥体系中每个催化剂的性能优势。S-Fitrap 体系包含了物理过滤功能和化学沉积复合功能，真正使催化剂孔道实现了微米级—百纳米级—几十纳米级保护剂体系组合。对渣油进料进行了有效的脱杂和适当加氢转化，有效保护了下游催化剂。S-Fitrap 体系的开发和应用，实现了扩散性—活性—稳定性之间的平衡。S-Fitrap 体系包括：

①泡沫陶瓷材料。具有超过 85% 的高孔隙率、高外表面积的特点，组成颗粒骨架的筋脉曲折连通，在制备过程中通过调节骨料浆液的表面张力，筋脉间形成随机分布的膜体，维持块体高均匀通过性的同时，进一步改善对机械杂质的过滤能力，提高机械强度。成功制备有利于物流分配和过滤杂质的能力的高效保护剂 FGF-01 和 FGF-02。

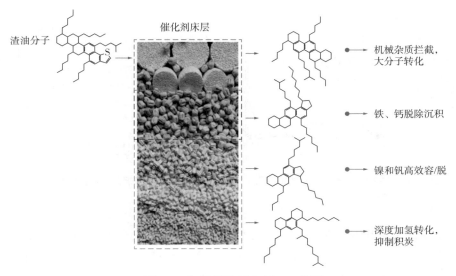

渣油分子

催化剂床层

机械杂质拦截，大分子转化

铁、钙脱除沉积

镍和钒高效容/脱

深度加氢转化，抑制积炭

图 2.2　加氢保护剂 S-Fitrap 体系

②脱铁/钙专门催化剂。脱铁/钙专门催化剂 FZC-100B 具有微米级孔道结构的高孔隙率的特点。选择特种氧化铝为原料制备成载体。FZC-100B 的存在进一步完善了保护剂体系。FZC-100B 具有高脱、容铁和钙能力的同时，强化了胶质和沥青质转化能力。

渣油中胶质及沥青质是具有稠环芳烃组成、三维结构的大分子，相对分子质量高达 40 万，分子尺寸较大。因此，渣油加氢处理反应更注重反应效率，即各类催化剂孔道结构尽可能缓解大分子内扩散阻力大带来的负面影响。

对于保护剂，有针对性地设计开发了专门用于捕集铁、钙等物种的保护剂。由于含铁、钙物种反应活性较高，通常倾向于沉积在催化剂颗粒表面及近表面，甚至颗粒间，装置运转至一定时间后，金属及焦炭沉积导致催化剂孔口堵塞，催化剂表观活性下降，并且引起催化剂床层堵塞，最终导致压力降上升。

③增强型保护剂/脱金属剂（HG/HDM）。新催化剂具有明显的大孔径和多大孔的特点，并且小于 10nm 范围内的孔明显少于参比剂，大孔比例显著增加，孔结构优于工业参比保护剂孔结构。图 2.3 为新开发保护剂孔结构（压汞法测试）。较大孔道能够为反应物提供更持久的扩散通道，从而实现胶质及沥青质扩散与反应的平衡，使大颗粒催化剂利用率得到提升。新型保护剂实验室评价数据如图 2.4 所示。

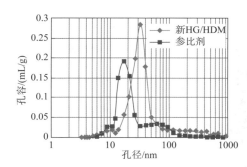

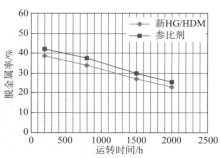

图 2.3　增强型保护剂 / 脱金属剂孔　　图 2.4　增强型保护剂 / 脱金属剂性能对比
　　　　结构（压汞法）

增强型保护剂 / 脱金属剂因其孔道更加开放，适宜的孔结构和具有更多高品质反应活性中心，该催化剂在实验室活性评价实验中表现出较好的综合反应性能。增强型保护剂 / 脱金属剂强化了脱金属镍、钒能力，在残炭转化方面亦表现出更好的稳定性。这种特点对于充分发挥保护剂脱金属剂的作用尤为重要。

（2）提升高活性脱硫 / 脱残炭转化催化剂效率

为了强化催化剂颗粒使用效率，对催化剂颗粒形状和孔性质进行了针对性设计，将二者有机结合起来，实现扩散与反应表面之间的平衡。对于高活性的脱硫和脱残炭转化催化剂而言，其主要功能是在硫、氮、金属杂质深度脱除的同时，对胶质和沥青质等重组分进行适度加氢转化。在确保反应器出口生成油杂质含量满足指标要求的前提下，生成油体系结构稳定。

催化剂孔径分布集中在 6~15nm 范围内，能够提供更多有利于脱硫反应空间。增加孔径大于 15nm 孔道，有利于提高胶质、沥青质大分子加氢反应效率。新型催化剂小孔比例的大幅度减少，有利于提高活性金属利用率（减少过多活性金属在小孔中负载）。图 2.5 分析结果显示，脱硫催化剂孔道中含有孔径为百纳米级孔道，为反应物向催化剂颗粒内部扩散提供了必要的"高速公路"，从而实现了扩散与反应之间的平衡。大连石油化工研究院在前期工作基础上，进一步开发了新的渣油加氢脱硫 / 脱残炭催化剂载体。其

图 2.5　脱硫剂 SEM 孔结构

特点是孔结构更加合理，容／抗金属能力进一步得到提升。

2.2 渣油加氢过程的化学反应

在渣油加氢处理过程中，所发生的化学反应很多，也非常复杂，其中最基本的化学反应有：加氢脱金属反应、加氢脱硫反应、加氢脱氮反应、加氢脱残炭（芳烃饱和）反应和稠环芳烃缩合反应等。下面分别简要描述渣油加氢过程的化学反应。

⊃ 2.2.1 加氢脱金属反应

原油中的金属绝大部分存在于渣油中，渣油中金属（主要是镍、钒等）含量虽然很少，只有 10^{-6} 量级，但很容易使加氢脱硫催化剂、加氢脱氮催化剂和催化裂化催化剂永久性中毒失活。因此，必须将渣油原料中微量的金属化合物脱除。

渣油加氢脱金属反应是渣油加氢处理过程中所发生的最重要化学反应之一。在催化剂的作用下，各种金属化合物与硫化氢反应生成金属硫化物，生成的金属硫化物随后沉积在催化剂上，从而得到脱除[47]。

渣油中的金属镍和钒主要以卟啉类化合物和沥青质的形式存在（见图 2.6），这两种化合物结构相当复杂，在这种大分子结构中，不仅含有金属，还含有硫和氮等杂质。镍和钒的化合物在加氢反应中主要是通过加氢和氢解，最终以金属硫化物的形式沉积在催化剂颗粒上，金属镍的硫化物穿透催化剂颗粒能力强，在催化剂颗粒内部和外表面沉积相对均匀，而金属钒的硫化物穿透催化剂颗粒能力较弱，主要沉积在催化剂颗粒的孔口附近和外表面[48]。

卟啉镍与卟啉钒通常占钒和镍总量的 10%~55%。在镍卟啉络合物中，镍是以 Ni^{2+} 形式存在，而在钒卟啉络合物中，钒是以 VO^{2+} 形式存在。镍和钒的卟啉化合物通常是直角四面体，镍和氧钒基配位于四个氮原子上，由于其具有四吡咯芳香结构，与沥青质中的稠环芳烃相似，故很容易混进沥青质胶束中，如图 2.7 所示。可见，沥青质中的稠环芳烃是通过硫桥键、脂肪键及金属卟啉结构相连接。这就表明，渣油的加氢脱金属反应常与沥青质的裂解反应紧密相连。

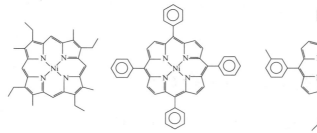

初卟啉镍：Ni-Etio (Ni-EP)　　四苯基卟啉镍：Ni-TPP　　四(3-甲苯基)卟啉镍：Ni-T$_3$MPP

(a)卟啉镍络合物结构

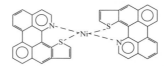

(b)非卟啉镍络合物结构

图 2.6　金属卟啉化合物和非卟啉金属化合物的结构

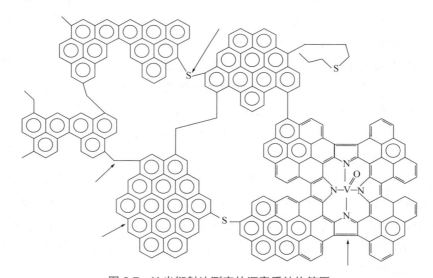

图 2.7　X 光衍射法测定的沥青质结构简图

关于加氢脱金属反应过程，目前有两种论点。

第一种论点认为，硫可以作为供电原子，把钒和镍紧紧地结合起来。因此，在氢气和硫化氢存在下，可使共价金属与氮键削弱，以图 2.8 所示的方式进行脱金属反应。

$$2V\!=\!O + 2H_2S \longrightarrow 2VS^{2+} + H_2O$$

图 2.8　渣油加氢脱金属反应过程

第二种论点基于对模型化合物的试验结果，认为脱金属反应是按顺序机理进行，首先从吡咯环的加氢开始，生成物最终氢解反应使镍沉积在催化剂表面上。以 Ni-T$_3$MPP 为例，首先在 Ni-T$_3$MPP 大环的相邻吡咯环处被连续可逆加氢生成 Ni-PH$_2$ 和 Ni-PH$_4$；Ni-PH$_4$ 通过两条途径进行反应：一是镍在催化剂表面上的直接沉积，二是生成稳定的中间物 Ni-X，它亦可进一步反应使 Ni 沉积在催化剂表面上。Ni-T$_3$MPP 的加氢脱金属反应网络可用图 2.9 简要表示。

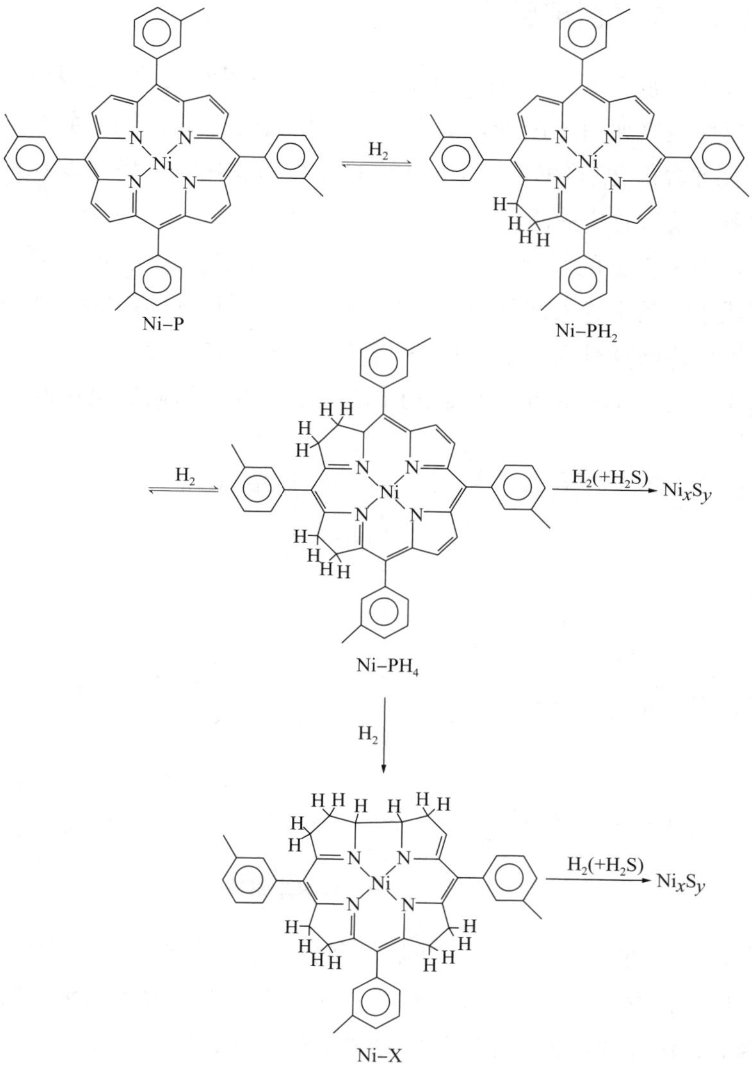

图 2.9　Ni-T$_3$MPP 加氢脱金属反应网络

当金属硫化物沉积在催化剂颗粒内部时，将产生两方面的负作用：一是使催化剂活性中心中毒，但这一中毒效果并不如我们估计的那么严重；二是使催化剂微孔孔口堵塞，限制反应物向微孔内扩散，从而导致表观反应活性降低。

当金属硫化物在催化剂外表面沉积时，一方面堵塞催化剂微孔孔口，另一方面使催化剂床层空隙率降低，最终导致床层压差升高。当金属硫化物在床层空间分布不均匀时，床层压差升高速度加快[49]。

⮞ 2.2.2 加氢脱硫反应

渣油加氢脱硫反应是渣油加氢处理过程中所发生的最主要的化学反应，其反应网络如图 2.10 所示。在催化剂和氢气的作用下，通过加氢脱硫反应，各种含硫化合物转化为不含硫的烃类和硫化氢。烃类留在产品中，而硫化氢从反应物中脱除。

原油中大部分的硫存在于渣油中，渣油中的硫主要分布在芳烃、胶质和沥青质中，其中绝大部分的硫以五元环的噻吩和噻吩衍生物的形式存在。通过氢解反应将这种大分子的 C—S 键断开，使硫转化为硫化氢。以烷基取代的噻吩、二苯并噻吩和一种大分子硫醚为例，加氢脱硫反应式为：

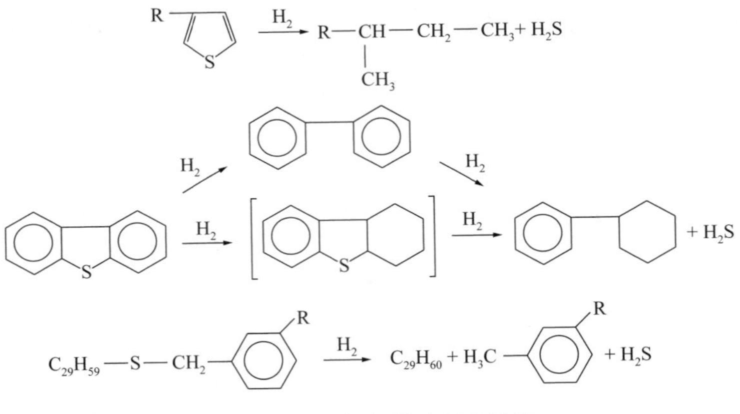

图 2.10　加氢脱硫反应网络

存在于非沥青质中的硫，在加氢条件下较容易脱除，可达到较高的转化深度，但存在于沥青质中的硫，由于沥青质的大分子结构，则很难脱除。因此，渣油加氢脱硫过程的脱硫率是有一定限度的[50]。

脱硫反应是强放热反应，反应热大约为 550kcal/m³ 耗氢，因为在各种加氢反应中脱硫反应转化程度最高，故其对反应器中总反应热的贡献率最大。

⊃ 2.2.3　加氢脱氮反应

原油中的氮约有 70%~90% 存在于渣油中，而渣油中的氮又大约有 80% 富集在胶质和沥青质中。研究表明，胶质、沥青质中的氮绝大部分以环状结构（五元环吡咯类或六元环吡啶类的杂环）形式存在。渣油中的氮化物可分为碱性和非碱性两类。典型的非碱性氮化合物有吡咯、吲哚和咔唑等，其结构式如下所示：

| 吡咯 | 吲哚 | 咔唑 |

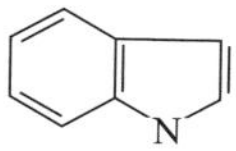

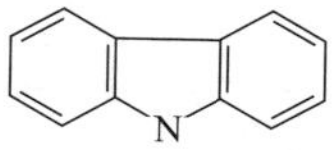

典型的碱性氮化合物有吡啶、喹啉、吖啶等，其结构式如下所示：

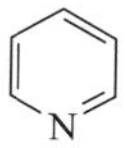

| 吡啶 | 喹啉 | 吖啶 |

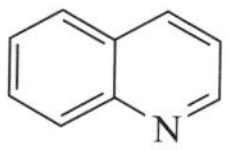

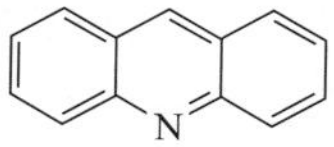

在渣油加氢过程中，各种含氮化合物在催化剂作用下，经加氢生成氨和烃类，氨从反应产物中脱除，而烃类留在产品中。加氢脱氮过程的主要反应简式如图 2.11 所示，苯并喹啉加氢脱氮反应过程如图 2.12 所示。

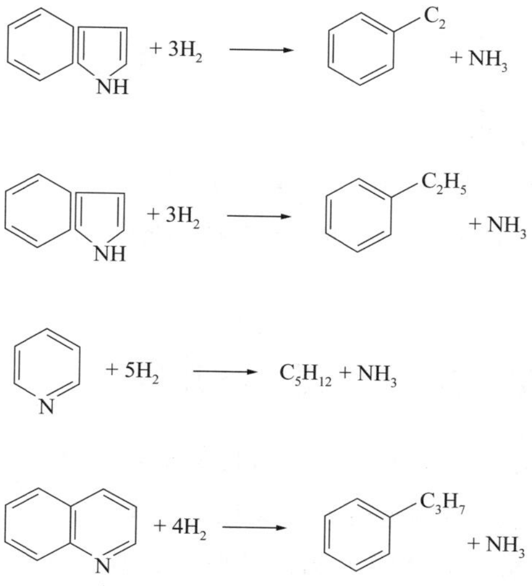

图 2.11　加氢脱氮过程的主要反应简式

为了把氮从其化合物中脱出，就必须打断 C—N 键，而打断 C—N 键所需要的能量比打断 C—S 键所需要的能量要高得多。因此，渣油的加氢脱氮反应较难进行，其脱除率较脱硫率低。同时，要求加氢脱氮催化剂有较强的酸性，但催化剂酸性过强时容易引发激烈的生焦反应，使催化剂活性中心中毒。

渣油加氢脱氮反应也是强放热反应，反应热大约为 $2721kJ/m^3$ 耗氢，但因其反应程度低，对总反应热的贡献不及脱硫反应大。

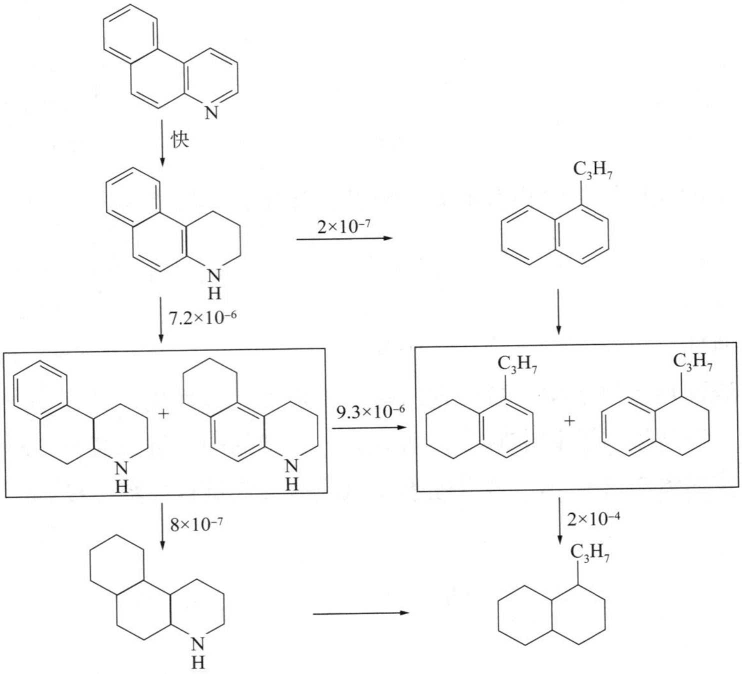

图 2.12　5，6- 苯并喹啉加氢脱氮反应历程

注：图中的数字意义为：在 300℃，17.1MPa，Ni–Mo/Al$_2$O$_3$ 催化剂存在下的表观一级反应速率常数 [L/（g·s）]

⟣ 2.2.4　加氢脱残炭（芳烃饱和）反应

渣油加氢脱残炭反应主要是稠环芳烃的加氢，此类反应是渣油加氢处理过程所有加氢反应中最难进行的一类反应。单环芳烃较难发生加氢饱和反应，以萘和菲加氢饱和反应为例，其反应式和 327℃ 及 427℃ 的化学平衡常数如图 2.13 所示：

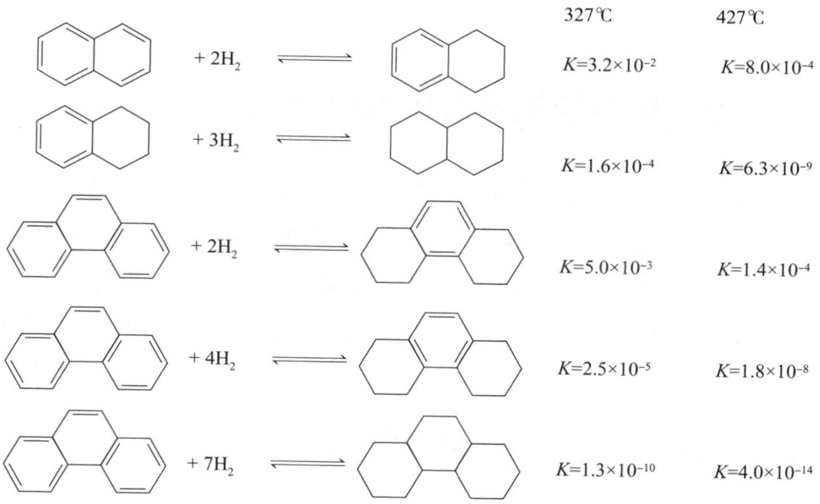

	327℃	427℃
	$K=3.2×10^{-2}$	$K=8.0×10^{-4}$
	$K=1.6×10^{-4}$	$K=6.3×10^{-9}$
	$K=5.0×10^{-3}$	$K=1.4×10^{-4}$
	$K=2.5×10^{-5}$	$K=1.8×10^{-8}$
	$K=1.3×10^{-10}$	$K=4.0×10^{-14}$

图 2.13　芳烃饱和反应示意

稠环芳烃加氢反应的特点是：①每个环的加氢反应都是可逆反应，并处于平衡状态；②逐环依次加氢饱和，并且加氢难度逐环增加；③稠环芳烃的加氢深度往往受化学平衡的限制；④若苯环上连接取代基，则芳烃加氢饱和更加困难，而且随着取代基数目的增多，芳烃加氢饱和的难度增大。

在较高的氢分压和较低的反应温度下，芳烃加氢饱和反应的化学平衡向右移动，有利于芳烃加氢饱和反应的进行；反之，化学反应平衡将向左移动，即有利于环烷烃脱氢及缩合反应，形成多环芳烃，进而缩合形成焦炭沉积在催化剂上，使催化剂失活。因此，在渣油加氢处理过程中，要尽可能保持较高的氢分压，同时，加氢脱氮反应催化剂的温度不宜过高，从而有利于芳烃加氢饱和。

⊃ 2.2.5　稠环芳烃缩合反应

在渣油加氢过程中，随着各个加氢反应的进行，均会发生一定的缩合生焦反应，生成的焦炭会沉积在催化剂颗粒的外表面和内表面上，造成催化剂的中毒和失活[51, 52]。催化剂上积炭沉积主要发生在催化剂预硫化结束切换渣油原料的 15 天以内，之后的运转过程催化剂上的积炭沉积则趋于平缓。因此，在渣油加氢装置开工过程中，切换原料油时一定要缓慢进行，以使催化剂的活性和稳定性得到充分发挥。

2.3 固定床渣油加氢催化剂级配技术

固定床渣油加氢脱硫过程因渣油中含有大量杂原子，而不同于一般的催化反应，催化剂会快速失活。这时催化剂就需要通过级配技术，来延缓失活。

催化剂失活的原因主要是积炭和长时间金属沉积造成催化剂孔口堵塞，严重制约反应物扩散。因此催化剂级配技术就是为了应对以上两点来设计的。

➲ 2.3.1 催化剂级配与原料性质的关系

影响固定床渣油加氢装置运行的因素很多，其中原料油是最重要的一项。加工不同反应特性的原料油需要相适应的催化剂和级配技术，加氢处理高铁和高钙含量渣油时保护反应器压降会快速升高；渣油的黏度较大，会影响反应器的物流分配和加氢反应效果等。

催化组合体系的确立，要根据装置的具体情况（特别是原料油性质）差别化研判。

①渣油中铁离子以悬浮颗粒物和油溶性铁存在，在催化剂的外表面反应易生成铁硫化物，与积炭结合成较大颗粒的固体物沉积在催化剂颗粒的外表面和颗粒之间，降低了床层空隙率，使床层顶部出现板结，导致床层压力降升高。原料油中的含钙化合物极易在催化剂颗粒表面发生加氢反应，生成的 CaS 沉积在催化剂外表面。CaS 和其他多金属硫化物与焦炭等积垢在催化剂颗粒外表面形成一层"外壳"，这层"外壳"在催化剂使用过程中脱落下来并填充在催化剂颗粒之间的空隙内，降低了催化剂床层空隙率，脱落的"外壳"与焦炭或金属硫化物相互作用粘连在一起，形成结块。国内某渣油加氢装置曾出现因所加工的原料油铁、钙含量高引起保护反应器压力降增大而被迫停工的事例[53, 54]。

②钠和催化剂的活性金属形成低熔点金属化合物，能使催化剂活性明显降低，稳定性变差。相关研究表明，金属钠对加氢催化剂的酸性活性中心破坏作用严重，其毒化作用是永久性的[53]。

③渣油加氢处理过程是受扩散控制的过程，原料油的黏度越大，渣油分子扩散至催化剂的内部速度越慢，限制了加氢反应速度，使加氢过程转

化率降低。因此可在进料中掺炼部分稀释油，以降低黏度，主要用 VGO。也可以掺炼少量糠醛装置抽出油（FEO），由于 FEO 的极性芳烃含量高，对胶质、沥青质的稀释效果优于 VGO，此外，焦化蜡油、催化柴油等劣质二次加工油均可[53]。

④原料的残炭含量高表明其易结焦物质多，对催化剂的活性和稳定性发挥不利。渣油加氢催化剂体系的寿命与催化剂积炭有关，在催化剂运转初期，催化剂快速积炭，并迅速达到平衡，进入平稳期运行，催化剂积炭速度与积炭前身物加氢转化速度达到动态平衡，积炭量极其缓慢提高。处于稳态的焦炭含量，与氢分压成反比[55]。装置运转初期催化剂失活主要由结焦引起。装置运转初期催化剂活性高，高残炭值的原料易裂解缩合生焦。故在开工初期应适当减缓渣油的切油速度，减少原料中胶质、沥青质的含量，延缓催化剂积炭速率。

⑤镍、钒的含量与催化剂的使用寿命关系最为密切，其含量的增加会使催化剂寿命迅速缩短。重油加氢过程中，原料油中的杂原子 V、Ni、Fe 等金属化合物和大分子沥青质很容易导致催化剂结焦、金属沉积，使催化剂运转周期缩短，乃至最终失活。不同性质、来源的渣油，由于组成的差异，对催化剂体系活性下降的速率是不同的。经过加氢裂化过程，导致金属在催化剂颗粒内的沉积，不同金属沉积规律差异较大，多数情况下，钒在催化剂孔口处沉积；铁在催化剂孔内深度仅达到 $100\sim200\mu m$；镍在颗粒内部分布较均匀。金属以 V_3S_4 或 NiS_2 硫化物的形式存在，对加氢脱金属活性没有毒化作用，这是因为沉积物本身具有脱金属催化活性，这种现象称为自催化作用。研究结果表明[55]，金属沉积物、积炭在催化剂孔口处不断累积，减小了孔口直径，反应物分子进入催化剂内部的扩散阻力增大，降低了催化剂有效扩散因子，催化剂脱杂质活性衰减。催化剂孔口堵塞，可使催化剂最终完全失去反应活性。渣油深度加氢脱杂质活性的关键因素是大分子沥青质的转化程度，相对分子质量越大，扩散越受限制，越易引发催化剂体系失活。

催化剂体系的寿命与原料油中金属含量密切相关[55]，其关系式为：

$$lgL=a/C_m+b$$

式中　L——催化剂体系的寿命（L 为油量 / 催化剂质量）；

$\quad\quad C_m$——原料油的金属含量；

$\quad a$、b——常数。

➲ 2.3.2 催化剂级配的原则

提高渣油加氢催化剂抗结焦和容垢能力，延缓前置反应器热点和压降的产生。维持保护剂的适宜活性，避免活性过高，金属脱除量过大，加快其失活速率。在提高床层空隙率、减少催化剂的装填量时，必须保证催化剂具有更高的活性和稳定性。适当提高脱金属催化剂的活性和容垢能力，使金属尽可能渐次脱除，减轻金属对脱硫、脱氮催化剂的毒害。渣油含胶质、沥青质较多，结焦倾向大，且脱硫、脱氮催化剂要求有一定的加氢裂解性能，因此脱硫、脱氮催化剂积炭不可避免，积炭是脱硫脱氮催化剂失活的主要原因，提高催化剂的抗积炭能力是保证装置脱硫、脱残炭活性的重要手段[56]。

在渣油加氢脱硫过程中需要将脱硫催化剂（HDS）、脱金属催化剂（HDM）等功能催化剂同时装填，同时还要有加氢保护剂（HG），保证脱杂质的同时，延缓床层压力降上升速度，延长装置运行周期。催化剂级配装填包括催化剂活性级配、催化剂形状和尺寸级配。为了保证装置达到较长的运转周期，催化剂级配装填的原则为：

①催化剂级配顺序：保护剂/HDM/HDS 催化剂；

②催化剂颗粒尺寸：在反应器内由上到下逐渐减小；

③催化剂颗粒空隙：在反应器内由上到下逐渐减小；

④催化剂孔径：在反应器内由上到下逐渐减小；

⑤催化剂活性：在反应器内由上到下逐渐增加。

另外，不同功能的催化剂，各类催化剂可以是一种或两种以上不同功能的催化剂，也遵循上述级配原则进行装填。

➲ 2.3.3 催化剂级配与运转周期的关系

对于固定床渣油加氢催化剂，在满足各项产品性质指标的前提下，设备、操作等其他因素都处于最理想的状态时，催化剂同步失活，就能够达到催化剂体系理论上最长的寿命。这样的级配才是理想的催化剂体系。

催化剂级配装填的主要功能是提高床层空隙率，捕捉原料中的各种垢物，避免垢物集中堆积，但沉积量逐渐减少，使垢物向床层深处分布。同时通过活性匹配，脱除原料中的金属杂质和生焦前驱物，减缓生焦速度，减少二者对主催化剂的污染，保护主催化剂活性和避免床层空隙的堵塞，延长催化剂使用寿命和装置运转周期。

国内外工业经验表明，催化剂外形与床层空隙率有密切的关系[55]，见表2.11。

表 2.11 催化剂外形与床层空隙率的关系

催化剂外形	常规装填空隙率 /%	密相装填空隙率 /%	常规装填可利用的空隙率 /%
球形	33	—	33-22*=11
圆柱形	42	33	42-22*=20
三叶草或四叶草形	45	37	45-22*=23
拉西环形	53	—	53-22*=31

注：* 表示床层空隙率平均为 22% 时，床层压降开始迅速上升。

催化剂级配直接影响各个反应器的反应负荷、床层温度，物流分布和床层压降，以及催化剂体系的失活速率，从而影响装置的运转周期。实际的运转周期还受到操作模式、原料性质波动、催化剂装填等因素的影响。

合理的催化剂级配可以降低反应器压降，减少热点、径向温差的发生，最大限度地保护主催化剂活性，延长装置运转周期。

（1）催化剂级配直接影响催化剂体系容垢能力

渣油中包含的固体颗粒（包括焦炭颗粒及其他无机物颗粒）最先接触催化剂，堵塞催化剂表面及颗粒间的空隙。渣油中的盐分（包括钠、镁、钾、钙的氯化物）接触催化剂后，也会堵塞催化剂表面及颗粒间的空隙[57]。渣油中的金属（钒、镍、铁等）脱除后，形成金属硫化物，会部分沉积在催化剂表面及颗粒间隙。表 2.12 为在某渣油加氢装置前置反应器中不同位置的垢样分析结果[58]。表 2.13 列出了另一装置上结垢催化剂的组成[59]。从中可以看出，结垢催化剂中沉积了大量碳、钒、镍、铁、钙、硫等杂质。

表 2.12 前置反应器内垢样分析

与催化剂表面的距离 /mm	元素分析 /%					
	C	S	Fe	Ca	Ni	V
0	22.9	21.9	39.7	6.1	4.5	0.3
60	26.1	18.1	32.1	11.3	5.6	0.4
1200	32.5	17.3	34.4	5.7	5.1	0.6

表 2.13 结垢催化剂组成分析

元素分析 /%	C	V	Fe	Ni
颗粒	13.06	46.56	39.70	10.43
粉末	39.07	20.28	32.10	10.87

其中，铁以环烷酸铁为主，环烷酸铁以 FeS 的形式从渣油中脱除，沉积在催化剂外表面和颗粒之间。钙以金属氧化钙、硫化物、硫酸盐和油溶性化合物存在，在加氢条件下，沉积在催化剂表面。钒以卟啉和非卟啉形式存在。钒化合物主要存在于胶质和沥青质中，卟啉钒在硅胶、氧化铝上的吸附性较强；卟啉钒小分子或类卟啉结构的小分子易与沥青质缔合在一起形成大分子，难以进入催化剂的孔道，因此卟啉钒容易沉积在催化剂外表面[57]。

在整个运行周期，如果加氢生成油的性质较好地满足了下游装置原料指标，则在反应温度达到上限时，催化剂体系所容金属量接近"理论极限"。相应地，在相同空间体积下，催化剂体系对于金属、机械杂质等垢物的脱除和容纳能力，决定了该装置的运转周期。

研究表明，没有颗粒尺寸梯度的催化剂床层容易堵塞，而有颗粒尺寸梯度的催化剂床层具有很大的沉积空间。宫内爱光等[60]设计了3项试验（见图2.14）。用含有细微颗粒的水流通过催化剂床层，并测量床层压力降。试验1是采用不同尺寸的催化剂级配装填的床层；试验2是在级配装填的基础上，催化剂上部装填型号为 KG-1 的保护剂床层；试验3是只有一种催化剂而没有任何尺寸梯度装填的床层。结果表明，试验2的相对压降最小，相对处理量最大；其次是试验1；试验3的压降最大。这个结果清楚地说明了采用了级配的催化剂床层，可大幅度降低床层压力降。而应用合适的保护剂（试验2）则可进一步改善床层压力降。试验2的结果并不是因为催化剂之间有很大的空隙，而是因为 KG-1 保护剂能够吸附进料中存在的尺寸在 200μm 以下、肉眼可见的细微颗粒，这说明不仅催化剂的空隙对颗粒沉积起作用，而且催化剂自身的孔体积对颗粒的沉积也同样重要。

相同形状催化剂，随颗粒增大，容金属能力增强。形状不同，容金属能力也不同。其中，球形容金属能力最小，圆柱形次之，拉西环容金属能力最大[61]。

但无限制地提高催化剂体系容垢能力是不合适的。适宜的容垢能力还应该匹配合适的催化剂活性，以满足加氢产品的性质指标要求。

国内某 200 万 t/a 固定床渣油加氢装置第 N 周期实现了 609 天的长周期运转。分别较前两个周期延长 159 天和 59 天，并超设计周期运行 109 天。该周期共加工原料油 372.6 万 t，其中大于 538℃减压渣油加工量为 195.8 万 t，平均掺炼比例为 52.55%[62]。基于前两个周期的运转经验，第 N 周期采用了具有新技术的催化剂体系。通过强化保护催化剂体系的容垢能力，可以减少保护剂用量。节省的反应器空间可多装填更高活性的催化剂。第 N 周期与第（N–1）周期级配方案对比见表 2.14[62]。可见，通过合理的级配及催化剂技术革新，大幅度地延长了固定床渣油加氢装置的运转周期。

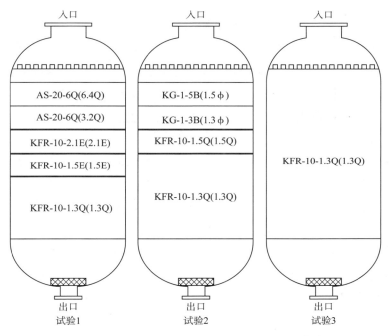

图 2.14　级配装填与床层压力降的关系实验[28]

表 2.14　某装置两个周期的催化剂级配方案对比

催化剂	第（N–1）周期	第 N 周期
保护剂	基准	基准 –4.3
脱金属剂	基准	基准 +1.2
脱硫剂	基准	基准 –11.1
脱残炭剂	基准	基准 +14.2

（2）催化剂级配直接影响物流分布和床层压力降

催化剂的形状、大小直接影响床层内流体径向分布和床层压力降，其本质上是床层空隙率分布和均匀性的影响[61]。垢物、沉积金属、积炭堵塞床层，都会导致床层空隙率下降，而出现床层板结、压力降快速上升的问题。

对于固定床渣油加氢装置，沿着物流方向，一般催化剂级配装填颗粒从大到小，其目的就是利用床层空隙率梯度配置的方式，一方面改善床层流体分布，另一方面扩大床层容垢能力，延缓压力降增加。

研究表明，经过有颗粒尺寸梯度的催化剂级配装填，可以有效地降低床层压降[60]。

另外，催化剂的装填方式也会影响压降。一般来说，采用密相装填方式比常规装填方式的床层压降高。但是随着运转时间的延长，两种状态方式的压降差别也将减小。而密相装填在催化剂装填量上的优势明显，对催化剂活性发挥更有利。因此合理设计密相装填催化剂的位置和比例，可以提高装置的处理量或有利于产品性质稳定。一般沿着物流方向的后部催化剂可以设计部分密相装填。

床层流体分布的均匀性直接影响反应器内径向温度分布和热点的形成，对长周期运行意义重大。与此同时，随着渣油加氢技术的发展，装置大型化已成为炼油行业的发展趋势。但是，装置大型化同样带来了反应器内物流分布不均匀的问题。在某低流速区内，反应物与催化剂接触时间长，使得转化率增高反应放出热量多，但携热能力弱，形成热量积累而出现高温区，并向周围扩散，最终形成热点。这将损害催化剂活性、产品质量，形成床层的热不稳定性。相反，在高流速区，空速偏大，反应接触时间缩短，造成转化率偏低。此时放热量小而物流携带能力强，形成低温区。进一步加剧了局部转化率降低的情况，这将损害产品质量。

一般而言，初始液相分布差的部位更容易出现热点。关于改善物流分配，不仅可以改进相关设备，还可以通过催化剂粒度梯度（级配）装填来解决。

（3）催化剂级配直接影响催化剂失活

催化剂级配直接影响催化剂失活的速度。雪佛龙公司的研究表明，采用分级装填的催化剂系统，催化剂寿命可比普通催化剂提高75%[63]。

渣油加氢催化剂失活的原因主要是积炭和金属沉积[64]。根据对废催化剂的剖析[59, 65]，运转后的催化剂孔结构发生了明显的改变，孔径和孔容不同程度减小。保护剂、脱金属催化剂上金属沉积量较高。而对于低硫渣油来讲，全系列催化剂上的积炭量都很高；对于高硫渣油来讲，保护剂、脱硫催化剂和脱残炭催化剂上的积炭量较高。废催化剂的剖析结果见表2.15、表2.16。以上结果说明，脱金属催化剂失活的原因主要是金属沉积;脱硫、脱残炭催化剂失活的原因主要是积炭。而保护剂失活可能是金属和炭共同沉积导致的。这也证明了保护剂和脱金属催化剂起到了很好的保护作用,有效地防止了高活性的脱硫、脱残炭等催化剂金属中毒。

表 2.15　催化剂上的金属沉积量[59]

指　标	催化剂牌号				
	FZC-11	FZC-16	FZC-13	FZC-20	FZC-31
新鲜催化剂平均金属含量 /(g/100mL)	0.98	0.59	0.78	1.3	11.25
运转后催化剂金属含量 /(g/100mL)	16.84	32.86	28.50	28.85	23.13
运转后催化剂金属含量 /(g/100g)	38.66	43.03	67.61	50.09	23.98
运转后催化剂上的 S/(g/100mL)	10.77	22.49	17.87	16.12	10.95
运转后催化剂上的(Ni+V)/(g/100g)	33.10	28.93	42.61	47.16	10.72

表 2.16　加工两种类型原料的废催化剂的分析[65]　　　g/100g

催化剂	低硫渣油		高硫渣油	
	(Ni+V)沉积量	积炭量	(Ni+V)沉积量	积炭量
保护剂	18.0	37.7	19.6	11.9
脱金属剂	36.7	19.9	76.2	5.4
脱金属 / 脱硫剂	18.6	21.8	27.0	6.3
脱硫剂	5.6	18.0	8.6	8.9
脱残炭剂	4.1	21.4	6.7	7.8

有研究表明,在催化剂上的金属沉积物达到 65%(对新鲜催化剂)时,催化剂往往失去活性。但这种限制受到催化剂物理性质的影响,其倾向是:催化剂孔径越大,导致催化剂失活的金属沉积量越大[55]。但大孔容、大孔径的结构,必然带来催化剂活性的下降。

另外也要关注反应器之间脱杂质能力的分配,防止局部出现热点和压降问题,导致催化剂快速失活,整体反应性能下降,甚至停工。在对茂名石化固定床渣油加氢第二周期催化剂的失活原因进行分析时发现[53]:第二周期时一反催化剂活性相对较高,金属杂质在该反应器内过度脱除,导致一反催化剂的快速失活和热点过早地形成,说明催化剂体系的活性匹配不合理。故在第三周期对保护剂的活性金属组分含量进行了调整,以使该反应器温升介于第一和第二周期之间,将反应负荷移至后部反应器。

综上所述,根据设计周期,在控制原料中各主要有害物质含量的基础上，催化剂级配设计，应关注催化剂之间的活性和粒度梯度分配、反应器之间杂质脱除能力的分配，具体体现在不同种类催化剂的合理设计和比例的选择上。这是催化剂性能均衡发挥，最大限度提高催化剂利用率的关键。

采用催化剂级配装填技术，能够充分发挥催化剂活性、提高装置容纳杂质的能力，降低压降，解决热点、径向温差问题，延长装置运转周期。

⊃ 2.3.4 渣油加氢催化剂级配与装置操作

渣油加氢催化剂级配方案一般是根据炼油厂提供的原料性质、产品性质要求，以及装置设计参数来确定的，虽然催化剂级配方案对不同操作条件具有一定的适应性，但确定的催化剂级配方案必然对应最优化的操作条件，不同的催化剂级配方案对操作条件要求也有所不同。而固定床渣油加氢装置操作过程中反应温度具有"不可逆"的特点，如果装置操作波动较大，很可能缩短催化剂使用寿命，因此在装置运转过程中首先应该保证装置操作条件平稳[62]。

（1）催化剂级配与空速

当空速过低时，由于分配盘需要在一定负荷下才能保证气液分配均匀性良好，反应器床层有可能会出现床层沟流。另外空速小，原料油容易发生深度转化，导致催化剂局部过度反应，反应床层温度分布不均，出现热点，催化剂整体活性利用不充分，部分催化剂失活加剧、局部结焦严重。而当空速过高时，原料油处理量大，金属沉积量增加，必然会造成快速提温、产品指标不合格、催化剂失活加速等后果。因此保持适当的空速是十分重要的，当装置处理量过低无法满足设计的最低处理量时，可以改变部分产品油循环，提高进入反应器内流量，提高物流流速，保证原料在反应器内均匀分布。

海南炼化渣油加氢装置由于高空速和一反高径比大的特点，在前几个运行周期一直存在杂质脱除率低、一反下部易出现压降及热点等问题，运转周期也通常只有 12 个月左右，更换国内外各专利商催化剂体系后，仍没有取得较大改善。为了彻底克服以上缺点，海南炼化在 2017 年大检修时给两个反应系列都增设了一个第三反应器，增设的三反直径为 5.2m、切线高度为 16m。改造后，装置的加工量从 310 万 t/a 增加到 344 万 t/a，总体积空速从 0.40~0.45h^{-1} 降低到 0.25h^{-1}[66]。

装置改造后，由于总空速的降低，海南炼化渣油加氢装置反应器可以在相对较低的温度下操作，同时还可以大幅提高保护催化剂的装填比例，通过增大床层空隙率来延缓反应器的压降上升速率。图 2.15 列出了装置改造前（Run-9）和改造后（Run-12）一反和二反压降的变化情况。从图 2.15 中可以看出，与装置改造前相比，装置改造后一反和二反压降上升的拐点从开工后第 7~9 个月延至开工后第 12 个月左右，压降上升的速率也有所降低，运转周期也从 12 个月左右延长到 17 个月左右，增设三反的改造达到了延长装置运转周期的目的。

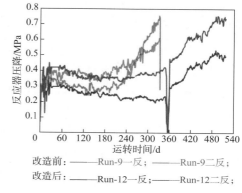

改造前：——Run-9 一反；——Run-9 二反；
改造后：——Run-12 一反；——Run-12 二反；

图 2.15　装置改造前后压降对比

表 2.17 为装置改造前后各周期的反应效果对比。从表 2.17 中可以看到，装置改造后，通过空速的降低和催化剂级配的优化，整个运转周期（Run-12）下的平均脱硫率、降残炭率、脱金属（Ni+V）率和脱氮率分别比装置改造前多个周期（Run-6 至 Run-11）的相应平均值增加了 2.9 个百分点、5.1 个百分点、9.6 个百分点、11.6 个百分点，达到了提高装置杂质脱除率的目的。

表 2.17　装置改造前后杂质脱除率对比

项　目	脱硫率 /%	降残炭率 /%	脱金属（Ni+V）率 /%	脱氮率 /%
Run-6，A 列	77.4	39.3	59.2	35.3
Run-7，B 列	74.4	38.8	54.3	27.3
Run-8，A 列	75.9	39.6	52.7	32.3
Run-9，A 列	78.2	42.1	57.7	31.3
Run-10，A 列	77.4	40.2	59.9	28.1
Run-11，A 列	76.3	42.0	58.8	27.0
Run-12，A 列	79.5	45.4	66.7	41.8

此外，生产实践证明当装置生产负荷降低后再恢复时，催化剂床层径向温差和压降均有不同程度提高，且很难恢复至降低负荷之前的状态。因此，无论哪种催化剂级配方案，生产装置在整个运行周期均应保持负荷稳定以避免生产负荷大幅波动[67]。

（2）催化剂级配与原料性质

催化剂级配设计与原料性质关系密切，因此在装置运行过程中应保证进料原油性质稳定。我国炼油厂加工原油的种类大多是不固定的，频繁变化的原油或原油混合比例导致渣油加氢生产原料与设计原料性质差别大，必然引起设计级配的催化剂在非理想运行条件下生产[68]。

渣油加氢催化剂对原料的适应性是有限的，劣质原料中不但杂质含量高，而且存在的分子形态也不一样，劣质原料因黏度大、分子大，在催化剂孔隙中扩散效果差，阻碍了催化剂化学功能发挥，难以实现杂质脱除目标[69]。

如图 2.16 所示，某固定床渣油加氢工业装置 A/B 两列的原料残炭都比设计原料残炭值高，但都没有超过设计值（11.5%），但是产品残炭值已经上升到 7.0% 左右，从而导致下游重油催化裂化装置（RFCC）生焦量大。造成以上现象的主要原因是渣油加氢处理装置混合进料中含有高比例的亚洲和非洲油（30%~60%，设计值为 26%），由于原油特性导致进料残炭的转化活性降低，从而使残炭脱除率未达到预期效果。中试结果和工业实际结果表明，亚洲油和非洲油与中东油相比，其原油中的残炭、氮和金属更难脱除与转化。为避免通过大幅度提高催化剂床层温度来实现目标产品的残炭脱除率，使得催化剂床层温度过度地超过预期床层温度平均值（CAT）而影响生产装置长周期运行，需改善原料中难以转化的残炭量，降低亚洲油与非洲油掺炼比例[70]。

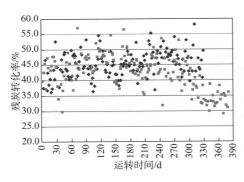

图 2.16 掺炼亚洲油和非洲油工业装置的残炭转化率

♦ A列 ▪ B列

固定床渣油加氢装置设计原料多为常压渣油或减压渣油与减压蜡油的混合油，实际加工原料可能含焦化蜡油、脱沥青油、催化裂化油浆等。原料组成的变化会改变每个反应器催化剂的效能和负荷，因此需要控制好原料油性质，避免出现原料油金属、残炭值等大幅度波动的情况[71]。另外，应避免原料油掺渣比例大幅调整，适当降低混合原料油中减压渣油的掺炼比例，这样不仅有利于装置长周期运转，还可进一步提高加氢催化剂的有效利用效率，充分发挥催化剂的加氢性能。如果有原料变化时，利用预测模型及时调整各反应器温度，尽可能使各反应器催化剂同步失活[72]。

（3）催化剂级配与氢分压（氢油比）

稳定装置新氢压力，保证装置用氢量，维持装置一反入口氢分压及氢油比在较高的水平上，以保证反应热的正常带出及原料油与氢气的充分接触。较高的氢分压一方面能将催化剂上吸附的焦炭氢解，从而抑制催化剂结焦而延长催化剂使用寿命，利于装置长周期运转；另一方面还有利于渣油原料中杂质的脱除。

氢分压对氮与残炭的脱除反应影响较大，对硫和金属的脱除反应影响不明显，而且反应时并不是氢分压越大越好，当氢分压增大到一定程度时，各杂质的总脱除率都会有所降低，尤其是氮与残炭（见图2.17）。这可能是因为氢分压增大会增加大量的活化氢原子，而过量的活化氢原子与大分子自由基的结合在一定程度上抑制了大分子的裂化反应，进而影响了残炭和其他杂质的脱除率[73]。

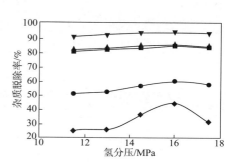

图 2.17　氢分压对固定床渣油加氢杂质脱除率的影响

（4）催化剂级配与反应温度

根据固定床渣油加氢装置级配装填的催化剂性质及各反应器的催化剂级配方案，在装置运转过程中，对装置各反应器的反应温度（BAT）要进行合理优化调整。另外，随着催化剂失活需逐步提高催化剂床层反应温度，然而当反应温度提升到一定程度时，催化剂会快速积炭失活，因此在一个生产周期内，应按运行周期合理分配反应温度的提温速度[74]。

BAT优化调整的目的是使催化剂能够均衡失活，均衡失活是指根据脱金属催化剂、保护剂、脱硫催化剂及脱氮催化剂的容垢能力，在装置不同的运转时间下调整操作温度分布，使上述催化剂的杂质脱除负荷适当，使其同步失活。为保证催化剂的均衡失活，应根据各种催化剂的使用特性、原料和产品的性质及时调整各床层催化剂的操作温度[75]。在装置日常操作中，应以产品性质指标和催化剂的失活曲线为操作依据进行反应温度的优化操作，延长装置的运转周期，最大可能地提高渣油加氢装置的经济效益。

由于进料的冷热料比例、温度的不同，可能会出现反应器入口温度较设计值低的情况，这一情况也必须引起重视、及时调整，否则若前一床层的催化剂因反应温度较低不能发挥应有作用，可能造成后续床层脱硫、脱残炭催化剂失活，对装置的长周期运行产生较大影响[76]。表 2.18 为实验测定的某级配体系均衡失活金属沉积速率，表 2.19 为 BAT 分布对 Ni、V 沉积速率的影响。

表 2.18　均衡失活寿命实验金属沉积速率

项　目	催化剂		
	HDM	HDS	HDN
（Ni+V）沉积速率 /［10^{-2}g /（100g · h）］	0.650	0.083	0.055

表 2.19　BAT 分布对 Ni、V 沉积速率的影响

项　目	方案 A			方案 B			方案 C			方案 D		
CAT/℃	基准			基准			基准			基准		
催化剂	HDM	HDS	HDN	HDM	HDS	HDN	HDM	HDS	HDN	HDM	HDS	HDN
BAT 与 CAT 温差 /℃	−2	+1	+2	−4	+2	+4	−6	+3	+6	−8	+4	+8
（Ni+V）沉积速率 /［10^{-2}g /（100g · h）］	0.693	0.067	0.058	0.687	0.071	0.060	0.674	0.075	0.063	0.633	0.118	0.073

由表 2.18 和表 2.19 可知，当脱金属催化剂（包括保护剂）床层反应温度逐渐降低时，脱金属催化剂的重金属脱除负荷逐渐低于均衡失活沉积负荷，而脱硫、脱氮催化剂的重金属（Ni+V）脱除负荷却逐渐高于均衡失活沉积负荷，以至于脱除的金属很快堵塞了脱硫、脱氮催化剂的孔道或覆盖其活性中心，使催化剂活性降低，加快了装置的结焦速率，最终造成渣油加氢处理装置运转周期缩短[77]。同时加氢脱金属催化剂的操作温度有一低限值，脱金属催化剂只有在低限值以上操作，才能有效防止下游催化剂的金属沉积负荷加大，延长装置运转周期。这个低限值由其加氢活性和其下游催化剂的活性和容垢能力决定。在脱金属催化剂满负荷操作时，脱金属与脱硫催化剂的反应温差不应太小，否则较低的脱硫催化剂反应温度会使金属脱除负荷后移至容垢能力更小的脱氮催化剂[78]。因此在工业渣油固定床加氢装置运转过程中，虽然不同温度的操作方案使加氢常压渣油的宏观性质差别不大，但非优化的催化剂床层反应温度操作方案会产生金属（Ni+V）在不同催化剂床层沉积负荷的不均匀，对渣油加氢装置的长周期运转不利。因此，工业装置在运转过程中，不应仅以产品性质指标作为

温度操作的依据，随意调整反应温度，而应以产品性质指标和催化剂的失活曲线（包括结焦失活和金属沉积）为操作依据进行反应温度的优化操作，延长工业装置的运转周期，最大可能地提高渣油加氢装置的经济效益。

2.4　固定床渣油加氢生产船用燃料油技术及应用

从 2020 年起，受国际海事组织新规的影响，船用柴油和低硫残渣型燃料油的需求比例大大增加。而固定床渣油加氢技术的工艺相对成熟、操作简单、装置投资相对较低、反应温度较低及产品分布较为合理，未转化渣油可充作或调合低硫重质燃料油[32]。

工艺条件对固定床加氢脱硫效果的影响：①不同原料油加氢脱硫反应表观活化能差别不大，为 110~130kJ/mol，加氢脱氮反应表观活化能约为 110kJ/mol，热裂化反应活化能约为 200kJ/mol，可见提高反应温度有利于脱硫反应，同时也会促进热裂化反应，降低目标产品收率；②在固定床加氢脱硫过程中，提高氢分压对加氢脱氮及加氢脱残炭反应影响显著，加氢脱沥青质反应次之，对加氢脱金属和加氢脱硫反应的影响较小；③应选择适宜的氢油体积比，当氢油体积比 <500Nm³/m³ 时，氢油体积比的减小会导致加氢脱硫反应速率下降，重油固定床加氢的氢油体积比一般不超过 1000Nm³/m³。因此，针对不同的重质原料油物系脱硫，从工艺角度，可以适当地提高反应温度，选择适宜的氢分压及氢油体积比。

目前，通过优化现有加氢工艺条件及催化剂级配方案可以实现未转化油的硫含量满足 IMO 非排放控制区内的船用残渣型燃料油硫含量 ≤ 0.5% 的控制指标，但是，难以实现 IMO 排放控制区内的船用残渣型燃料油硫含量 ≤ 0.1% 的控制指标[79]。如果装置进料硫含量为 1.0%~3.5%，加氢重油硫含量通常为 0.2%~0.55%，运动黏度则根据馏分切割方案为 110~300mm²/s，芳香度指数为 600~800，是生产低硫船用燃料油的良好组分[80]。

中国石化旗下金陵石化、齐鲁石化、扬子石化、茂名石化、海南炼化及中科（广东）炼化生产了部分低硫船用燃料油，这些炼厂借助现有渣油加氢脱硫装置，以净化油浆、蜡油为原料，合理掺渣，保证了燃料油黏度[81,82]。

⊃ 2.4.1　高硫高金属类原料生产船用燃料油工业应用

　　某企业Ⅱ套200万t/a渣油加氢处理装置采用S-RHT技术设计建设反应部分采用热高分工艺流程，分馏部分采用汽提塔+分馏塔流程。装置由四台反应器组成，均为单床层固定床反应器，反应器直径为5.6m、设计反应压力为17MPa、体积空速为0.2h^{-1}、氢油体积比为600。

　　该装置以减压渣油、直馏轻重蜡油为原料，经过催化加氢反应，脱除硫、氮、金属等杂质，降低残炭含量，为催化裂化装置提供原料。同时生产部分柴油，并副产少量石脑油和干气，达到提高重油转化率，优化产品结构，提高资源利用率的目的。该企业2019年首次生产出符合国家相关标准的低硫船用燃料油，并实现稳定生产。2021年累计销售低硫船用燃料油66万t，比上年增长31%，创历史新高，有力保障了国际国内船舶环保燃料供应。

　　针对200万t/a渣油加氢装置生产低硫船用燃料油新产品的要求，催化剂专利商基于渣油原料及其反应特性优化设计了催化剂及其级配体系，增强脱、容金属能力，避免径向温差和压力降，同时采用部分密相装填方式释放一部分反应器体积，增加高活性及高容金属催化剂用量，充分利用反应器空间。生产工艺方面实施了流程的优化措施，将渣油加氢过滤器反冲洗油引到热渣管线，再输送到催化装置，以防产品硫含量超标；又将催化柴油引到冷渣管线，通过加装计量表，精准控制流量，精准优化调合，最大限度地降本增效。

　　该装置第三周期采用大连石油化工研究院研发的FZC系列渣油加氢处理催化剂，累计运转590d，装置各反应器温升分布合理，压降稳定无明显上升趋势，催化剂表现出了良好的加氢性能。如图2.18所示，装置平均进料量为247t/h，平均渣油掺渣量为152t/h，平均掺渣比例达61%。如图2.19所示，在装置满负荷条件下，各个反应器压降稳定，运行末期普通装填反应器最高压降不到400kPa，密相装填反应器最高压降不到600kPa，在催化剂级配体系压降调控方面达到了设计预期。如图2.20至图2.23所示，装置加工原料油平均硫含量为3.34%，加氢常渣的平均硫含量为0.42%，平均脱硫率为87.4%，满足了生产低硫船用燃料油内控指标。加工原料油平均残炭含量为11.22%，加氢常渣平均残炭含量为4.84%，平均脱残炭率为56.86%。整个运转周期内容金属（Ni+V）量约为195t，合计容金属（Ni+V+Fe+Ca+Na）量约为219.6t。

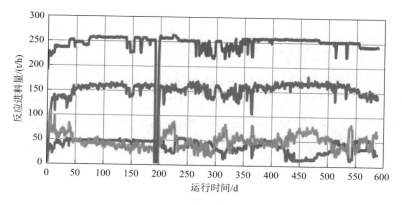

图 2.18　装置进料量组成曲线

———— 减压渣油　　———— 轻蜡油　　———— 重蜡油　　———— 总进料量

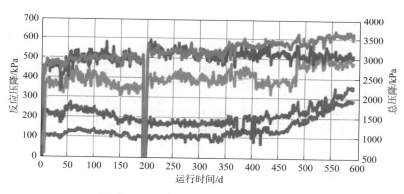

图 2.19　装置四台反应器压降变化曲线

———— R101压降　　———— R102压降　　———— R103压降
———— R104压降　　———— 总压降

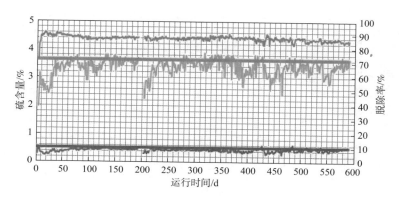

图 2.20　装置原料油与加氢常渣硫含量变化

———— 原料硫　　———— 产品硫　　———— 原料协议值
———— 产品协议值　　———— HDS

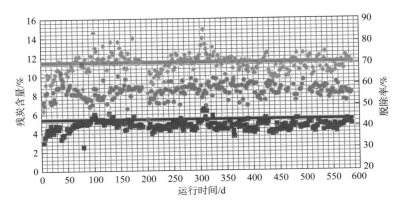

图 2.21　装置原料油与加氢常渣残炭值变化

—— 原料协议值　　—— 产品协议值　　◆ 原料残炭　　■ 产品残炭　　● HDCCR

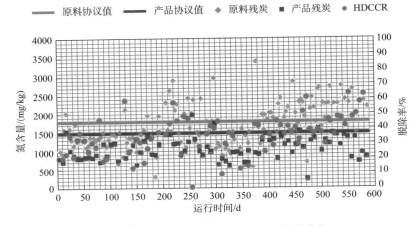

图 2.22　装置原料油与加氢常渣氮含量变化

◆ 原料氮　　■ 产品氮　　—— 原料协议值　　—— 产品协议值　　● HDN

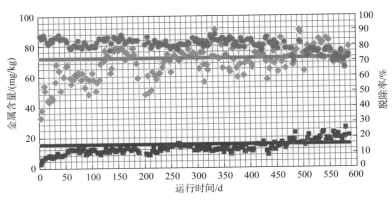

图 2.23　原料油与加氢常渣金属（Ni+V）含量变化

◆ 原料金属(Ni+V)　　　　■ 产品金属(Ni+V)
—— 原料协议值　　　　—— 产品协议值　　　　● HDM

➲ 2.4.2 高氮高镍/钒类原料生产船用燃料油工业应用

某企业 VRDS 装置是 1986 年引进 Chevron 公司的专利技术建成的一套减压渣油加氢（VRDS）装置，并于 1999 年进行了扩能改造，装置的处理能力由 84 万 t/a 增加至 150 万 t/a。

该企业 150 万 t/a 渣油加氢装置采用 Chevron 公司的 UFR/VRDS 工艺技术设计建造，分为平行的两个反应系列，每系列 4 台反应器。第一台反应器为上流式反应器，分为上、中、下三个床层，后部三台反应器为常规固定床反应器，其中第一台固定床为单个床层，第二台、第三台为两个床层。装置于 2000 年 1 月开工成功。原料为减压渣油和减三线（占总进料的 20%）的混合油，主要产品为低金属含量、低硫、低残炭的常压渣油。

该企业 2020 年首批低硫船用燃料油作为新产品走向市场，全年出厂低硫重质船用燃料油 28.4 万 t。2021 年 4 月底，该企业低硫重质船用燃料油调合设施二期项目投用，至此具备 100 万 t/a 的低硫重质船用燃料油调合能力。

该企业生产的低硫船用燃料油属于船用残渣燃料油，主要由加氢渣油、催化油浆、催化柴油等重质馏分组成。这些油品中的硫含量比较高，主要以芳基硫醇、苯并噻吩、萘并噻吩等大分子存在，脱除难度大，要生产出符合新标准的船用燃料油，技术成熟并适合经常加工高硫原油的技术途径只有渣油加氢脱硫路线。其调合的主要组分是渣油加氢装置产物加氢渣油，占比可达 70%~80%。

150 万 t/a 渣油加氢装置针对生产低硫船用燃料油新产品的要求，催化剂专利商根据该企业 UFR/VRDS 装置特点，有针对性地提出了新的催化剂级配方案，固定床反应器中大部分主催化剂均运用了密相装填技术。采用了颗粒外观具有高空隙率的催化剂，使催化剂床层空隙率大幅度提高，在控制压降方面具有较好的效果，虽然采用密相装填，与传统的四叶草布袋装填相比，压降并没有上升。生产工艺方面通过调整原料组成、反应温度，将加氢渣油硫含量控制在约 0.41%，低于中国石化船用燃料油内控指标要求；通过调整反应温度、分馏操作，将加氢渣油黏度调整到 268.2mm^2/s，更加适合调合低硫船用燃料油；通过优化渣油加氢装置渣油性质，有效缓解了催化裂化装置渣油原料不足问题，同时实现了催化油浆、催化柴油的低质高用[50]。

图 2.24 和图 2.25 展示了该装置第十五周期原料进料量变化以及平均

催化剂床层温度变化趋势，该装置第十五周期累计运转575d，催化剂表现出了良好的加氢性能。如图2.26和图2.27所示，装置混合原料平均硫含量为2.12%，加氢常渣平均硫含量为0.36%，平均脱硫率为83.02%，能够满足低硫船用燃料油的内控指标。加工原料平均残炭含量为7.50%，加氢常渣平均残炭含量为3.42%，平均脱残炭率为54.4%。

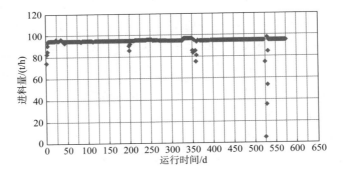

图 2.24　装置第十五周期原料进料量变化

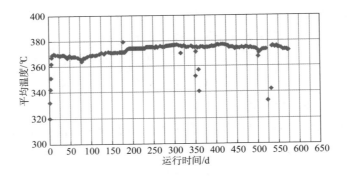

图 2.25　装置平均催化剂床层温度变化

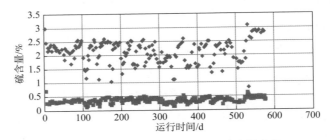

图 2.26　装置原料油和加氢常渣硫含量变化

◆ 原料硫含量　■ 常渣硫含量

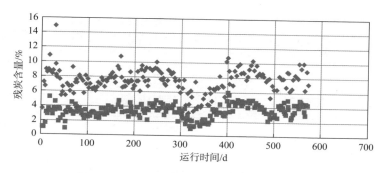

图 2.27 装置原料油和加氢常渣残炭值变化

◆ 原料残炭 　■ 常渣残炭

装置标定期间的主要操作条件见表 2.20，纯渣油及混合原料油性质见表 2.21，加氢常渣分析结果见表 2.22。

表 2.20　某企业渣油加氢装置标定主要操作条件

项　目		A　列
进料 /（t/h/ 列）		95.13
CAT/℃		374.73
上流式	平均温度 /℃	365.52
	一床 /℃	365.29
	二床 /℃	366.59
	三床 /℃	364.65
固定床	平均温度 /℃	382.32
	一床 /℃	378.36
	二床 /℃	385.08
	三床 /℃	379.15
	四床 /℃	384.52
	五床 /℃	384.48
上流式入口总循氢量 /（Nm³/h）		21930
上流式入口气油比 /（Nm³/m³）		231
固定床入口总循氢量 /（Nm³/h）		34634
固定床入口气油比 /（Nm³/m³）		365
冷高分压力 /MPa		14.81

表 2.21　某企业渣油加氢装置催化剂标定纯渣油及混合原料油性质

项　目		单　位	测试方法	纯渣油	混合原料油
密度（20℃）		kg/m³	GB/T 13377	1007.8	981.9
凝点		℃	GB/T 510	24	20
运动黏度（100℃）		mm²/s	GB/T 11137	620.4	87.84
残炭		%	GB/T 17144	13.99	10.00
S		%	SH/T 0689	2.46	2.35
C		%	NB/SH/T 0656	85.21	85.50
H		%	FRIPP 513-1	10.83	11.15
N		mg/kg	SH/T 0704	6409	4929
四组分	饱和分	%	QF 040058	53.0	46.9
	芳香分	%		24.7	22.3
	胶质	%		18.9	28.5
	沥青质	%		3.4	2.3
金属	Ni	mg/kg	ICP-AES-1	39.3	26.5
	V			29.7	19.8
	Ni+V			69	46.3
	Fe			12.2	9.4
	Na			4.8	2.7
	Ca			16.9	11.3

　　从表 2.21 中可以看出，标定时混合原料油的性质稳定。混合原料密度（20℃）为 981.9kg/m³，100℃运动黏度为 87.84mm²/s，硫含量为 2.35%，残炭值为 10.00%，金属（Ni+V）含量为 46.3mg/kg，氮含量为 4929mg/kg。

表 2.22　某企业渣油加氢装置催化剂标定加氢常渣性质

项　目	单　位	测试方法	数　据
密度（20℃）	kg/m³	GB/T 13377	943.2
凝点	℃	GB/T 510	20
运动黏度（100℃）	mm²/s	GB/T 11137	32.03
残炭	%	GB/T 17144	4.94
S	%	SH/T 0689	0.49
C	%	NB/SH/T 0656	86.98
H	%	FRIPP 513-1	12.24
N	mg/kg	SH/T 0704	3386

项 目		单 位	测试方法	数 据
四组分	饱和分	%	QF 040058	66.8
	芳香分	%		21.5
	胶质	%		10.4
	沥青质	%		1.3
金属	Ni	mg/kg	ICP-AES-1	7.7
	V			5.3
	Ni+V			13.0
	Fe			3.5
	Na			1.5
	Ca			4.1

从催化剂考核标定结果来看，催化剂活性稳定性发挥正常，装置在反应压力 14.81MPa（冷高分），反应温度 374.73℃，总进料量 95.13t/h 等条件下，加氢尾油性质能够满足下游催化裂化装置的进料要求。催化剂体系具有较高的脱杂质活性和加氢活性，尤其是硫含量能够满足低硫船用燃料油生产和下游催化裂化进料需求。

⊃ 2.4.3 高硫高氮类原料生产船用燃料油工业应用

某企业根据油品质量升级及加工高硫高氮原油改造工程总流程安排，采用 S-RHT 技术设计建设一套 200 万 t/a 渣油加氢装置。该装置以减压渣油、直馏重蜡油为原料，经过催化加氢反应，脱除硫、氮、金属等杂质，降低残炭含量，为催化裂化装置提供原料，同时副产部分柴油和少量石脑油。装置反应部分采用单系列四台反应器设置，反应器直径调整为 5400mm，主要操作条件：体积空速为 $0.20h^{-1}$，年开工时数为 8000h，一反入口氢分压为 16MPa。

装置于 2014 年首次开车成功，实际加工原料以减压渣油和重蜡油为主，掺炼 10%~15% 的焦化蜡油及催化一中油，得到的主要产品加氢常渣作为催化裂化装置原料。随着日趋严格的环保法规和市场需求环境变化，促进产品结构调整，该企业紧贴生产装置工艺流程特点，发挥自身优势，当年 4 月首次产出合格低硫重质船用燃料油。为了保证在生产低硫重质船用燃料油期间产品的合格率，根据加工原油类型变化，不断调整工艺操作、持续跟踪加氢渣油黏度分析结果，通过精心操作，精细调整分馏炉出口温度等工艺参数，通过多种措施，保证了在生产低硫重质船用燃料油期间产品的合格率。装置已经成功运行五个周期，均采用 FRIPP 开发的 FZC 系列渣油加氢处理催化剂。该装置的稳定运行为该企业重油的平衡转化、清洁化生产，以及轻质油品收率的提高发挥了重要作用。

根据装置前四个周期实际运转情况，结合该企业第五周期兼顾生产低硫船用燃料油调合组分的技术需求，大连石油化工研究院提出了优化的技术方案和催化剂级配体系。第五周期催化剂级配体系调整了保护反应器催化剂床层，目的是强化粒度和活性过渡，同时在两个反应器底部均增加了齿球形脱金属催化剂，使保护催化剂床层的催化剂品种、粒度、活性过渡更加合理，具有更强的脱垢、容垢效率和能力，并能改善反应物流分配效果。与以往周期不同的是，反应器 R103 和 R104 催化剂采用密相装填，充分利用反应器有效空间，在满足脱金属性能和沥青质等大分子转化的条件下，又提高了催化剂级配体系的加氢性能和脱除杂质能力，可更好地满足产品技术指标，降低产品中硫等杂质含量，以确保装置长周期稳定运转。

该装置第五周期总体运行较为平稳，稳定运行 500d，加氢常渣是优质的重油催化裂化进料，能够满足实际生产需求，表明大连石油化工研究院开发的 FZC 系列渣油加氢处理催化剂表现出良好的加氢反应性能，催化剂级配合理。

图 2.28 为该装置第五周期进料组成及进料量变化情况。从图 2.28 中可以看出，装置进料量基本保持在设计负荷 250t/h 左右；装置进料是由减压渣油、三套常减压重蜡油、蜡油、催化一中油及焦化蜡油组成的混合原料，其中，减压渣油进料量在 162.4t/h 左右，掺炼比例约为 63.3%；催化一中油进料量在 13.8t/h 左右，掺炼比例约为 5.38%；焦化蜡油进料量为 19.3t/h，掺炼比例为 7.52%；二次加工油（催化一中油和焦化蜡油）的掺炼比例约为 12.91%。图 2.29 为装置第五周期 CAT 及各反 BAT 的变化情况。由于该装置掺炼加工的二次加工油比例较大，使得一反呈现较大的温升，由此限制了一反的提温，从而导致二反与一反 BAT 相差较大；其余各反 BAT 分布均较为合理。

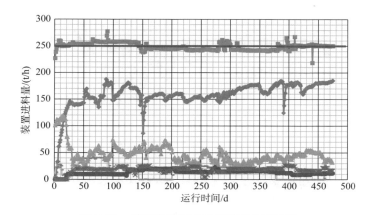

图 2.28　装置进料组成及进料量变化情况

━▇━ 装置总进料量　━◆━ 减压渣油　━━ 三套重蜡油　━▲━ 蜡油　━●━ 催化一中油　━✕━ 焦化蜡油　━━ 设计值

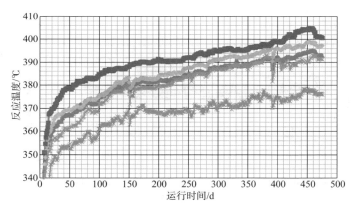

图 2.29　装置催化剂床层及各反应器床层平均温度变化情况

━▲━ CAT　━✳━ BAT1　━✕━ BAT2　━◆━ BAT3　━▇━ BAT4

　　装置第五周期稳定运行 500d，催化剂表现出良好的加氢反应性能。图 2.30 为原料油与加氢常渣硫含量曲线，从中可以看出，原料油平均硫含量为 2.89%，加氢常渣平均硫含量为 0.34%，平均脱硫率为 88.09%。图 2.31 为原料油与加氢常渣残炭值曲线，从中可以看出，原料油平均残炭值为 10.92%，加氢常渣平均残炭值为 4.63%，平均脱残炭率为 57.52%。图 2.32 为原料油与加氢常渣氮含量曲线，从中可以看出，原料油平均氮含量为 3604mg/kg，加氢常渣平均氮含量为 2032mg/kg，平均脱氮率为 43.9%。图 2.33 为原料油与加氢常渣金属含量曲线，从中可以看出，原料油平均金属（Ni+V）含量为 71.0mg/kg，加氢常渣平均金属（Ni+V）含量为 13.39mg/kg，平均脱金属率为 81.0%。

低硫船用燃料油生产技术

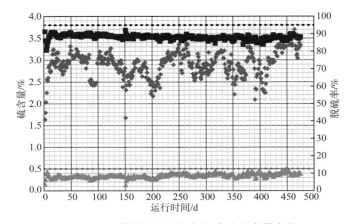

图 2.30　装置原料油与加氢常渣硫含量变化

　◆ 原料硫　▲ 产品硫　••••• 原料设计值　••••• 常渣设计值　■ HDS

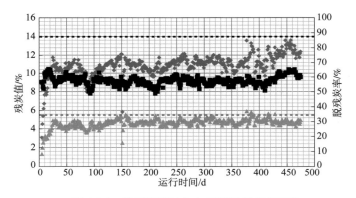

图 2.31　装置原料油与加氢常渣残炭值变化

　◆ 原料残炭　▲ 产品残炭　••••• 原料设计值　---- 常渣设计值　■ HDCCR

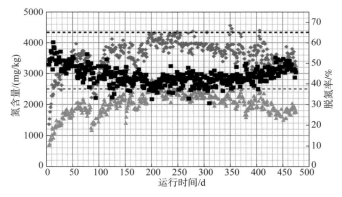

图 2.32　装置原料油与加氢常渣氮含量变化

　◆ 原料氮　▲ 产品氮　••••• 原料设计值　••••• 常渣设计值　■ HDN

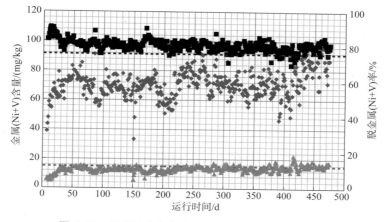

图 2.33　原料油与加氢常渣金属（Ni+V）含量变化

◆ 原料金属(Ni+V)　▲ 产品金属(Ni+V)　**……** 原料设计值
…… 常渣设计值　■ HDM

工业运转结果表明，加氢常渣金属、残炭等各项技术指标完全满足设计要求，催化剂体系具有较高脱杂质活性和加氢活性，采用新的催化剂体系和级配理念，能够在实现高金属沉积量的同时，平稳控制装置各个反应器的金属的沉积，实现了装置的长周期稳定运行，为企业带来明显的经济效益。

综上所述，炼油企业各有差异，适合的船用燃料油生产路线也不尽相同。各企业应基于实际情况，统筹炼厂总流程，深入开展生产方案优化研究，并加强企业间生产经验交流与指导，充分利用催化油浆等资源的价值，制定"一企一策"的低硫船用燃料油生产方案[79]。

⊃ 2.4.4　高硫高苛刻度工况生产船用燃料油工业应用

某企业结合自身工艺特点紧跟市场需求，把低硫船用燃料油作为主要的炼油产品之一，首批低硫船用燃料油产品于 2020 年走向市场，为企业创造了良好经济效益和社会效益。

该企业 200 万 t/a 渣油加氢处理装置是我国首套采用具有自主知识产权的 S-RHT 渣油加氢技术建成的工业装置，于 1999 年 12 月 31 日正式投产，是该企业加工进口高硫原油的核心装置之一。渣油加氢装置包含两个平行反应系列，每系列有 5 个反应器。渣油加氢装置设计原料为沙轻减渣、伊朗减渣和伊朗蜡油的混合油，其比例为 45∶26.5∶28.5，除生产少量石脑油和柴油外，其主要产品加氢常渣可直接作为催化裂化装置原料。装置已运行 16 个周期，其中 14 个周期采用大连石油化工研究院开发的

FZC 系列渣油加氢处理催化剂。该装置的稳定运行为该企业清洁化生产、轻油收率的提高发挥了重要作用。

装置第十六周期已稳定运行超过 16 个月，在体积空速为 0.24h^{-1} 高空速工况下催化剂表现出良好的加氢反应性能。图 2.34 为原料油与加氢常渣硫含量曲线，从中可以看出，原料油平均硫含量为 3.13%，加氢常渣平均硫含量为 0.34%，平均脱硫率为 90%；图 2.35 为原料油与加氢常渣残炭值曲线，从中可以看出，原料油平均残炭值为 10.18%，加氢常渣平均残炭值为 4.46%，平均脱残炭率为 61%；图 2.36 为原料油与加氢常渣氮含量曲线，从中可以看出，原料油平均氮含量为 2652mg/kg，加氢常渣平均氮含量为 1546mg/kg，平均脱氮率为 48%；图 2.37 为原料油与加氢常渣金属含量曲线，从中可以看出，原料油平均金属（Ni+V）含量为 54.01mg/kg，加氢常渣平均金属（Ni+V）含量为 12.01mg/kg，平均脱金属（Ni+V）率为 80%。

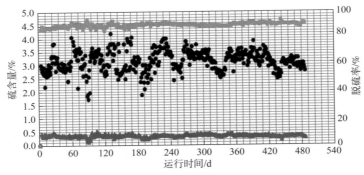

图 2.34　装置原料油和加氢常渣硫含量变化

● 原料硫　▲ 产品硫　■ HDS

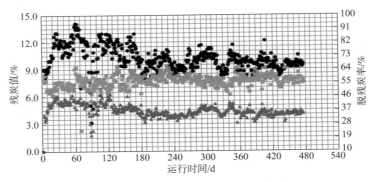

图 2.35　装置原料油和加氢常渣残炭值变化

● 原料残炭　▲ 产品残炭　■ HDCCR

低硫船用燃料油生产技术

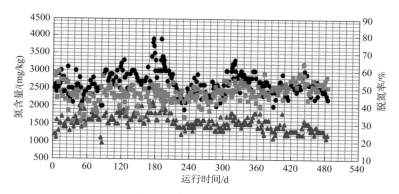

图 2.36　装置原料和加氢常渣氮含量变化

● 原料氮　　▲ 产品氮　　■ HDN

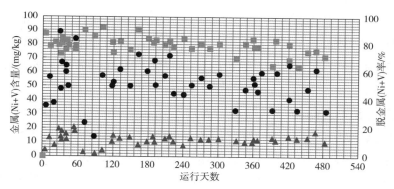

图 2.37　原料油和加氢常渣金属（Ni+V）含量变化

● 原料金属(Ni+V)　　▲ 产品金属(Ni+V)　　■ HDM(Ni+V)

以上结果表明，工业装置在高硫高空速工况下加氢常渣各项杂质含量完全满足设计要求，催化剂体系具有较高脱杂质活性和加氢活性，实现了装置的长周期稳定运行，可根据企业实际生产需求灵活调节目标产品，为企业带来显著经济效益。

⊃ 2.4.5　低硫高苛刻度工况生产船用燃料油工业应用

某企业于 2006 年 09 月建成一套 310 万 t/a 渣油加氢装置，设置 A、B 两个平行反应系列，每个系列有两台固定床反应器，可以实现单开单停，以阿曼和文昌原油的常压渣油（AR）和减压渣油（VR）为原料油。经过催化加氢反应，脱除硫、氮、金属等杂质，降低残炭含量，为催化裂化装置提供原料，同时生产部分柴油，并副产少量石脑油、粗石脑油和含硫干气。

渣油加氢装置原设计体积空速为 0.40h⁻¹，多个工业运转周期结果表明，高空速条件下渣油加氢处理难度较大，杂质脱除率低，装置运行周期短，停工换剂频繁，影响全厂重油平衡和经济效益。为优化装置运转过程，2017 年对渣油加氢装置进行改造，每系列反应部分末端新增一台固定床反应器，体积空速降至 0.25h⁻¹。新增反应器前后的运转结果表明，新增反应器达到了提高杂质脱除率和延长运转周期的目的，目前已成功运转了 13 个周期。该装置一反床层高度为 13.4m（内径为 4.6m），二反为 16.8m（内径为 4.6m），床层高度相较于其他装置更高；并且该两个反应器在催化剂级配时主要为保护催化剂和脱金属催化剂，为金属沉积的主要床层，在装置运转过程中出现了一反或二反床层压降过高而导致装置停工的情况。这就对催化剂及其级配方案提出了更高的要求。而大连石油化工研究院研发的微米级—百纳米级—几十纳米级的 S-Fitrap 保护和脱金属催化剂体系在该装置得到了很好的工业应用效果，能够有效解决该装置前置反应器床层压降快速上升的问题，保证了装置长周期高效稳定运转。

该装置 A 列第十三周期采用大连石油化工研究院研发的 FZC 系列渣油加氢处理催化剂，于 2019 年 8 月 12 日完成催化剂装填工作，8 月 19 日引入常压渣油开始第十三周期的运转。该列运转至 2020 年 4 月 9 日进行停工换剂，累计运转 600 天，创造了该装置自开工以来最长的运转纪录。

图 2.38 为该装置 A 列第十三周期进料量及组成变化情况。从图 2.38 可以看出，第十三运转周期内，A 列平均进料量均为 201.7t/h，为设计负荷的 98.4%；在装置运转周期内，装置基本处在满负荷运转，满足了企业同时生产催化裂化原料和低硫船用燃料油的需求。图 2.39 为该装置 A 列第十三周期 CAT 及各反 BAT 变化情况，从中可以看出，该装置 A 列停工时 CAT 为 385.10℃，BAT1 至 BAT3 分别为 376.20℃、381.92℃、392.71℃；可以看出，在装置运转过程中各反 BAT 梯度分布较为合理，相应地，各反加氢反应负荷也较为合理，保证了催化剂体系的整体利用效率。

图 2.40 为原料油与加氢生成油硫含量变化曲线，从中可以看出，原料油平均硫含量为 1.56%，加氢生成油平均硫含量为 0.31%，平均脱硫率为 79.73%；图 2.41 为原料油与加氢生成油残炭含量变化曲线，从中可以看出，原料油平均残炭含量为 8.92%，加氢生成油平均残炭含量为 4.91%，

平均脱残炭率为 45.2%；图 2.42 为原料油与加氢生成油氮含量变化曲线，从中可以看出，原料油平均氮含量为 3996mg/kg，加氢生成油平均氮含量为 2477mg/kg，平均脱氮率为 37.56%；图 2.43 为原料油与加氢生成油金属含量变化曲线，从中可以看出，原料油平均金属（Ni+V）含量为 36.98mg/kg，加氢生成油平均金属（Ni+V）含量为 11.49mg/kg，平均脱金属（Ni+V）率为 68.81%。

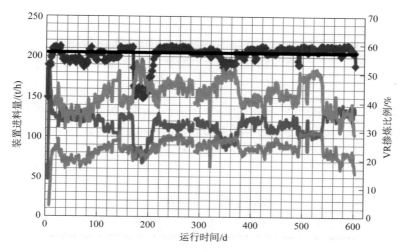

图 2.38　装置 A 列进料变化情况

—— AR　　—— VR　　—◆— 装置总进料量　　—— 设计进料量　　—— VR掺炼比例

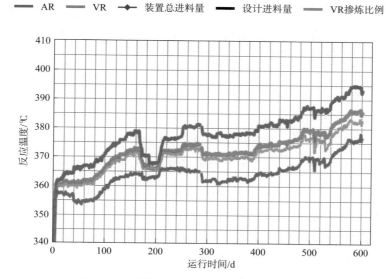

图 2.39　装置 A 列催化剂床层温度变化趋势

—— 催化剂平均温度　　—— 一反平均温度　　—— 二反平均温度　　—— 三反平均温度

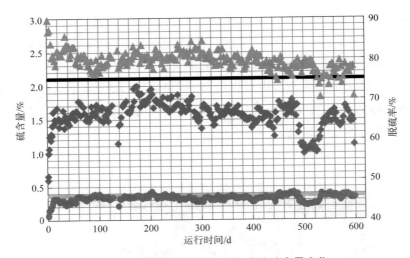

图 2.40　装置原料油和加氢生成油硫含量变化

◆　原料硫　　●　产品硫　　━━　原料设计值　　━━　常渣设计值　　▲　HDS

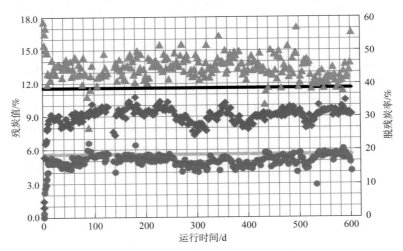

图 2.41　装置原料油和加氢生成油残炭含量变化

◆　原料残炭　　●　产品残炭　　━━　原料设计值　　━━　常渣设计值　　▲　HDCCR

从装置 A 列第十三周期运转情况来看，装置 A 列总体运转平稳，累计运转 600 天，超过技术协议 60 天。在装置运转过程中，装置 CAT 及各反 BAT 分布合理，床层压降变化平稳；同时 FRIPP 研发的 FZC 系列渣油加氢处理催化剂表现出较好的加氢性能和稳定性，加氢尾油性质能够满足下游装置的实际生产需求，累计加工了约 289 万 t 渣油原料，为企业创造出较好的经济效益和社会效益。

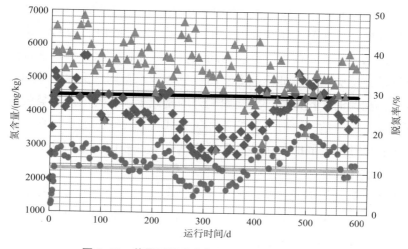

图 2.42　装置原料油和加氢生成油氮含量变化

◆　原料氮　●　产品氮　━━　原料设计值　━━　常渣设计值　▲　HDN

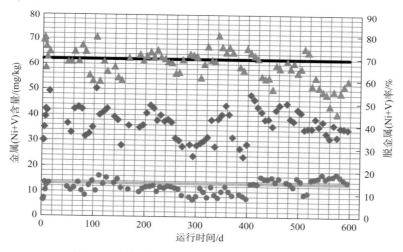

图 2.43　装置原料油和加氢生成油金属含量变化

◆　原料金属(Ni+V)　●　产品金属(Ni+V)　━━　原料设计值　━━　常渣设计值　▲　HDM

⊃ 2.4.6　渣油加氢生产 RMG180 船用燃料油工业应用

某企业渣油加氢装置设计处理能力为 440 万 t/a，操作弹性为 50%~110%，设计开工时数为 8000h/a，采用双系列设置，每系列设置 5 台常规固定床反应器，可单开单停。设计加工处理减压渣油、蜡油及催化重柴油等混合进料，经过加氢处理后有效脱除硫、氮、金属等杂质及降低残炭值，满足企业重油加工转化和生产低硫船用燃料油的需求。

该装置Ⅰ系列第二周期采用大连石油化工研究院研制的 FZC 系列渣油加氢催化剂。基于企业生产低硫船用燃料油产品的需求，结合装置混合渣油原料及其反应特点，催化剂专利商"量体裁衣"调整优化催化剂及其级配方案，在保证催化剂脱、容金属能力的基础上，适当增加加氢脱硫催化剂的比例，相应地，也适当降低了加氢脱残炭催化剂的比例，在强化体系的加氢脱硫性能的同时尽可能减少残炭的加氢饱和值，进而降低低硫船用燃料油的生产成本。

该装置第二周期总体运转较为平稳，各反温升分布合理，压降稳定无明显上升趋势，催化剂表现出了良好的加氢性能，加氢产品既能作为优质的调合低硫船用燃料油的主要组分，又能作为下游装置催化裂化装置的进料，很好地满足了企业实际生产需求。

图 2.44 为装置进料变化情况，从中可以看出，装置平均进料量约为 235.5t/h，累计加工量约为 171 万 t；其中，减压渣油掺炼量约为 186.6t/h，平均掺炼比例约为 79.2%，其余为直馏蜡油和催化柴油。

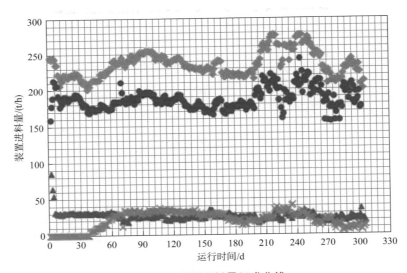

图 2.44　装置进料量组成曲线

◆ 装置总进料量　● 减压渣油　▲ 直馏蜡油　× 催化柴油

图 2.45 为装置床层压降变化情况，从中可以看出，在装置运转过程中各反床层压降变化总体较为平稳，运转至停工检修时床层总压降约为 1.09MPa，催化剂级配体系对于床层压降的调整控制到达了设计预期。

图 2.46~ 图 2.49 分别为装置硫、残炭、氮及金属（Ni+V）含量的变化情况，从中可以看出，装置加工处理渣油原料中硫含量约为 3.37%，热低分油中硫含量约为 0.32%，平均脱硫率为 90.44%，满足了生产低硫船用燃料油的内控要求；渣油原料中残炭值约为 10.73%，热低分油残炭值约为 4.48%，平均脱残炭率为 58.41%。

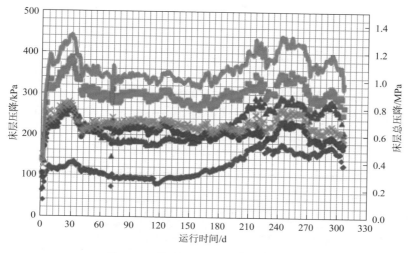

图 2.45　装置各反应器压降变化曲线

◆ R101压降　　▲ R102压降　　■ R103压降　　● R104压降　　× R105压降　　—— 总压降

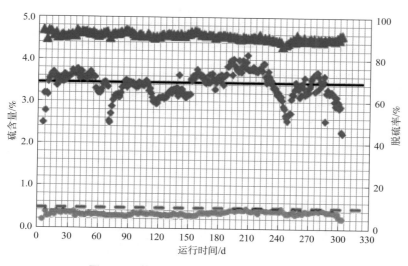

图 2.46　装置原料油和热低分油硫含量变化

◆ 原料硫　　● 产品硫　　—— 原料设计值　　--- 产品设计值　　▲ HDS

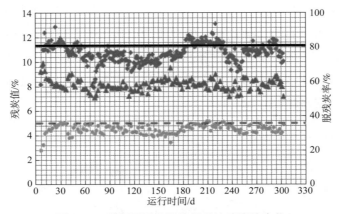

图 2.47　装置原料油和热低分油残炭值变化

◆ 原料残炭　● 产品残炭　—— 原料设计值　――― 产品设计值　▲ HDCCR

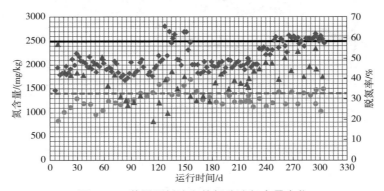

图 2.48　装置原料油和热低分油氮含量变化

◆ 原料氮　● 产品氮　—— 原料设计值　――― 产品设计值　▲ HDN

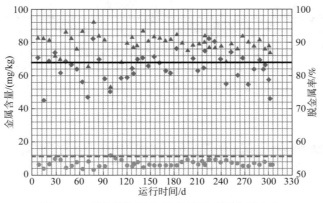

图 2.49　装置原料油和热低分油金属含量变化

　　◆ 原料金属(Ni+V)　● 产品金属(Ni+V)　—— 原料设计值　――― 产品设计值　▲ HDM

工业运转结果表明，大连石油化工研究院所开发的低硫船用燃料油生产技术既能满足装置生产低硫船用燃料油的实际需求，又能兼顾催化裂化装置进料，催化剂及其级配体系有着较为优异的表现。该企业于 2022 年 3 月首次生产出符合国家相关标准的低硫船用燃料油，并实现稳定生产。为企业丰富了产品种类，创造出较好的经济效益，还保障了国际国内船舶环保燃料供应。

参 考 文 献

［1］任文坡，李雪静 . 渣油加氢技术应用现状及发展前景［J］. 化工进展，2013，32（5）：1006–1013.

［2］孙素华，王刚，方向晨，等 . STRONG 沸腾床渣油加氢催化剂研究及工业放大［J］. 炼油技术与工程，2011，41（12）：26–30.

［3］朱慧红，金浩，刘杰，等 . 助剂对沸腾床渣油加氢催化剂性能的影响［J］. 当代化工，2012，41（1）：33–35.

［4］刘杰，朱慧红，金浩，等 . 沸腾床渣油加氢处理催化剂失活研究［J］. 当代化工，2012，41（1）：29–32.

［5］李新，王刚，孙素华，等 . 粒径变化对沸腾床渣油加氢催化剂的影响［J］. 当代化工，2012，41（6）：558–561.

［6］宋官龙，赵德智，张志伟，等 . 渣油加氢工艺的现状及研究前景［J］. 石化技术，2017，24（7）：1–3.

［7］方向晨，关明华，廖世刚 . 加氢精制［M］. 北京：中国石化出版社，2006：296–297.

［8］姚远，张涛，于双林，等 . 渣油加氢技术进展与发展趋势［J］. 工业催化，2021，29（2）：24–27.

［9］徐春明 . 石油炼制工程［M］. 5 版 . 北京：石油工业出版社，2022：416–418.

［10］廖有贵，薛金召，肖雪洋，等 . 固定床渣油加氢处理技术应用现状及进展［J］. 石油化工，2018，47（9）：1020–1030.

［11］Chongren H，Gang W，Changlu H .The S–RHT technology for residue hydrotreating［J］. China Petroleum Processing & Petrochemical

Technologhy，2001（3）：35–42.

［12］王纲，方维平，韩崇仁．常压渣油加氢脱硫催化剂的开发研制［J］.
工业催化，2000，8（1）：27–31.

［13］王纲，方维平，韩崇仁．常压渣油加氢脱硫催化剂的研制及试生产
［J］.石油炼制与化工，2000，31（7）：1–4.

［14］孙素华，王纲，王永林．不同扩孔方法对氧化铝载体物化性质的影响
［J］.工业催化，2001，9（1）：62–64.

［15］徐元辉，刘纪端，王纲，等．S–RHT渣油加氢脱金属催化剂的研制
及工业应用［J］.工业催化，2001，9（3）：47–51.

［16］吴国林，王刚，方维平．渣油固定床加氢处理催化剂中试评价与工业
应用［J］.石化技术与应用，2001，19（1）：24–27，38.

［17］高玉兰，方向晨，王刚，等．器外预硫化加氢催化剂的工业放大
［J］.炼油技术与工程，2005，35（4）：34–35.

［18］穆海涛，孙启伟，孙振光．上流式反应器技术在渣油加氢装置上的应
用［J］.石油炼制与化工，2001（11）：10–13.

［19］Threlkel R，Dillon C，Singh U G，et al. Increase flexibility to upgrade
residuum using recent advances in RDS/VRDS–RFCC process and catalyst
technology［J］. Journal of the Japan Petroleum Institute，2010，53
（2）：65–74.

［20］Toulhoat H，Hudebine D，Raybaud P，et al. THERMIDOR：A new
model for combined simulation of operations and optimization of catalysts in
residues hydroprocessing units［J］. Catalysis Today，2005，109（1）：
135–153.

［21］江波．渣油加氢技术进展［J］.中外能源，2012，17（9）：64–68.

［22］邓中活，邵志才，牛传峰，等．采用非对称轮换式保护反应器的固定
床渣油加氢技术开发［J］.石油炼制与化工，2018，49（10）：9–14.

［23］聂红，杨清河，戴立顺，等．重油高效转化关键技术的开发及应用
［J］.石油炼制与化工，2012，43（1）：1–6.

［24］刘铁斌，耿新国，吴锐，等．渣油加氢与催化裂化深度联合工艺技术
研究［J］.当代化工，2012，41（6）：582–584.

［25］边钢月，张福琴．渣油加氢技术进展［J］.石油科技论坛，2010，29
（6）：13–18.

［26］Sumanth A，Gavin M，Kris P，et al. Impact of flow distribution and mixing on catalyst utilization and radial temperature spreads in hydroprocessing reactors［C］//AFPM：AFPM Annual Meeting. San Antonio，2013：AM-13-13.

［27］李浩，范传宏，刘凯祥. 渣油加氢工艺及工程技术探讨［J］. 石油炼制与化工，2012，43（6）：31-39.

［28］赵日峰. 加氢裂化及渣油加氢技术进展与应用［M］. 北京：中国石化出版社，2022.

［29］Marafi M，Stanislaus A，Furimsky E. Hydroprocessing Technology［J］. Handbook of Spent Hydroprocessing Catalysts（Second Edition），2017：27-66.

［30］耿新国，穆福军，隋宝宽，等. 不同工况下渣油加氢脱金属催化剂的剖析研究［J］. 精细石油化工，2022，39（6）：28-32.

［31］穆福军，隋宝宽，刘文洁，等. 渣油加氢处理催化剂失活研究［J］. 石油化工，2022，51（9）：1044-1051.

［32］邓中活，戴立顺，施瑢，等. 固定床渣油加氢装置长周期运行技术进展与思考［J］. 石油炼制与化工，2024，55（9）：158-170.

［33］孙素华，方维平，王永林，等. 制备条件对渣油加氢脱金属催化剂载体机械强度的影响［J］. 工业催化. 1999，7（3）：42.

［34］王延吉，张继炎，张鎏. 加氢脱金属催化剂研究的进展［J］. 石油化工，1992，（10）：707-713.

［35］孙素华，方维平，王永林，等. FZC-20Q 系列渣油加氢脱金属催化剂的研制及工业放大［J］. 炼油技术与工程，2003，33（2）：40-42.

［36］代巧玲，胡大为，孙淑玲，等. 固定床渣油加氢脱金属催化剂的研究进展［J］. 石油炼制与化工，2022，53（3）：117-124.

［37］张艳侠，袁胜华，王刚，等. 硅加入方式对 MoNiP/Al$_2$O$_3$ 加氢处理催化剂的影响［J］. 当代化工，2012，41（3）：236-238.

［38］孙佳楠，王刚，方维平. 新型渣油加氢脱硫催化剂的研究［J］. 工业催化，1998，6（1）：15.

［39］王刚，王永林，孙素华. 渣油加氢催化剂孔结构对反应活性的影响［J］. 工业催化，2002，10（1）：7-9.

［40］张成，王永林，杨春雁，等. NiMo/TiO$_2$-Al$_2$O$_3$ 催化剂活性相表征及

加氢脱硫反应性能研究［J］.工业催化，2012，20（5）：31-35.

［41］王刚，彭绍忠，魏登凌.新型加氢裂化预处理催化剂的研制与工业应用［J］.炼油技术与工程，2005，35（5）：25-27.

［42］方维平，王纲，傅泽民，等.条形加氢处理催化剂的工业放大问题［J］.工业催化，1998，6（2）：35.

［43］赵愉生，韩崇仁，刘纪端，等.渣油加氢处理系列催化剂性能和工业应用［J］.工业催化，2002，10（4）：9-12.

［44］蒋绍洋，王刚，王永林，等.第二代常压渣油加氢脱硫催化剂的开发研制［J］.工业催化，2003，11（1）：14-17.

［45］耿新国，杨卫亚，隋宝宽，等.碳基载体石油馏分加氢脱硫催化剂研究进展［J］.现代化工，2022，42（7）：75-78，83.

［46］刘雪玲，方向晨，王继锋，等.FC-18催化剂的再生利用［J］.石油化工高等学校学报，2006，19（4）：23-26.

［47］隋宝宽，季洪海，袁胜华，等.磷对加氢脱金属催化剂催化性能及结构的影响［J］.炼油技术与工程，2020，50（5）：37-40，49.

［48］隋宝宽，王刚，袁胜华，等.三维贯通大孔 Al_2O_3 载体及其渣油加氢脱金属催化性能［J］.燃料化学学报，2021，49（8）：1201-1207.

［49］隋宝宽，刘文洁，王刚潘，等.Ni 和 Co 物种对渣油加氢脱金属催化剂性能的影响［J］.石油化工，2022，51（10）：1161-1166.

［50］于淼，郭蓉，王刚.国外柴油加氢脱硫催化剂的研究进展［J］.当代化工，2008，37（6）：624-626.

［51］张文光，王刚，孙素华，等.沸腾床渣油加氢催化剂生焦规律的研究［J］.当代化工，2013，42（1）：1-4.

［52］张文光，王刚，孙素华，等.渣油加氢过程生焦因素分析［J］.化学与黏合，2013，35（2）：66-71，78.

［53］曾松.固定床渣油加氢催化剂失活的原因分析及对策［J］.炼油技术与工程，2011，41（9）39-43.

［54］郭大光，戴立顺.工业装置渣油加氢脱金属催化剂结块成因的探讨［J］.石油炼制与化工，2003，34（3）48-50.

［55］程之光.重油加工技术［M］.北京：中国石化出版社，1994.

［56］李江红.渣油加氢处理成套技术的研究［J］.当代化工，2002，31（4）：220-222.

［57］裴峰，李立权.固定床渣油加氢技术工程化的问题及对策［J］.炼油技术与工程，2013，43（6）：6–12.

［58］王建信，胡福磊，蔡文军，等.重油加氢反应系统结垢的原因分析［J］.齐鲁石油化工，1999，27（1）：38–41.

［59］许先焜，祝平，翁惠新.渣油加氢装置前置反应器床层结焦原因分析及对策［J］.炼油技术与工程，2004，34（2）：9–13.

［60］宫内爱光，高田稔，刘谦.防止加氢装置固定床反应器压力降过快升高的对策［J］.炼油设计，2000，30（1）：22–26.

［61］韩崇仁.加氢裂化工艺与工程［M］.北京：中国石化出版社，2001：671，687–701.

［62］朱金忠，张建明，庄强，等.2.0Mt/a渣油加氢装置长周期运行分析［J］.当代化工，2020，49（3）：721–724.

［63］李春年.渣油加工工艺［M］.北京：中国石化出版社，2002：429–433.

［64］李大东.加氢处理工艺与工程［M］.北京：中国石化出版社，2004：155–156，444.

［65］邵志才，戴立顺，聂红，等.渣油加氢装置高效运行的影响因素及应对措施［J］.石油炼制与化工，2018，49（11）：17–21.

［66］董昌宏，魏翔.固定床渣油加氢装置高效运行措施［J］.石油炼制与化工，2020，51（5）：7–13.

［67］刘荣.渣油加氢装置前四周期运行情况分析［J］.石油化工技术与经济，2019，35（6）：36–41.

［68］赵剑涛.长庆石化1.40Mt/a重油催化裂化装置加工减压渣油运行分析［J］.中外能源，2009，14（3）：77–80.

［69］廖述波，陈章海，杨勤.沿江炼油厂首套渣油加氢装置的运行分析［J］.石油炼制与化工，2014，45（1）：59–63.

［70］庄宇，张艳秋.渣油加氢脱硫装置运行技术分析［J］.河南石油，2003（3）：56–58.

［71］章海春.渣油加氢装置高苛刻度运行分析［J］.石油炼制与化工，2017，48（3）：17–21.

［72］李昊鹏.3.9 Mt/a渣油加氢装置运行情况分析［J］.石油炼制与化工，2014，45（5）：77–82.

［73］郭晓雷，刘凯，林诚良，等.渣油加氢处理过程中氢分压对杂质脱除

率的影响［J］.化工管理，2014（29）：129.

［74］赵哲甫.渣油加氢装置装置单系列运行分析［J］.化工管理，2017（21）：180-181.

［75］胡雪，宫琳，刘铁斌.渣油加氢装置改造优化运行分析［J］.当代化工，2018，47（9）：1882-1884.

［76］涂彬，夏登刚，杨勤，等.1.7Mt/a渣油加氢装置超长周期运行分析［J］.石油炼制与化工，2018，49（12）：67-70.

［77］李海良，孙清龙，王喜兵.固定床渣油加氢装置运行难点分析与对策［J］.炼油技术与工程，2018，48（12）：25-29.

［78］马锐，宋永一，张庆军，等.船用残渣型燃料油脱硫技术进展［J］.石油化工高等学校学报，2021，34（1）：15-21.

［79］王琰.船用燃料油质量升级对炼油行业的作用分析［J］.云南化工，2021，（8）：117-118.

［80］王天潇.典型炼油企业低硫重质船用燃料油生产方案研究［J］.当代石油化工，2019，27（12）：27-34.

［81］袁明江，王志刚.船用燃料油质量升级对炼油行业的影响［J］.国际石油经济，2020，28（3）：73-77.

［82］谢宏超，吴相雷.低硫重质船用燃料油调和中渣油加氢装置优化措施［J］.齐鲁石油化工，2021，49（3）：200-203.

沸腾床渣油加氢生产低硫船用燃料油组分油技术

3.1 概述

随着原油重质化和劣质化趋势凸显，在低硫船用燃料油生产领域，更具原料适应性的沸腾床渣油加氢技术日益受到重视[1, 2]。

沸腾床渣油加氢技术借助自下而上流动的原料油和氢气使催化剂床层膨胀并呈沸腾状态，保证反应器内反应物料与催化剂之间良好接触，有利于传热和传质，使反应器内温度均匀，压降恒定[3, 4]。不同于固定床渣油加氢技术，沸腾床渣油加氢技术可以设置催化剂在线加排系统，根据反应器内催化剂的失活情况及目标产品要求，在线添加新鲜催化剂及卸出失活催化剂，从而保证反应器内催化剂的整体活性稳定，在保证产品性质稳定的同时，实现装置长周期稳定运转。沸腾床渣油加氢技术具有原料适应性强、产品性质好、装置运转过程反应器压降恒定且运转周期长等优点，有助于提高企业劣质渣油加工能力，提升企业经济效益，是目前重油深度转化的重要手段。

国内外对于沸腾床渣油加氢技术的研发均始于20世纪60年代，该技术自诞生以来在工艺、催化剂、工程、材料设备及工业运转等方面取得了长足进步，技术安全性及可靠性大幅提升，企业对技术的接受度逐年提高。尤其是近些年，随着原油重质化及劣质化趋势加剧，沸腾床渣油加氢技术在世界范围内得到快速发展，特别是国内相继新建多套百万吨级沸腾床渣油加氢工业装置[5~7]。

国外沸腾床技术以 H-Oil 和 LC-Fining 为代表，国内则主要指大连石油化工研究院开发的 STRONG 沸腾床渣油加氢技术。

3.2 沸腾床渣油加氢反应机理

（1）加氢脱硫反应

渣油中的硫主要分布在芳烃、胶质和沥青质中，其中绝大部分硫以五元环的噻吩和噻吩衍生物的形式存在。加氢脱硫反应为催化反应，与催化剂活性和氢分压密切相关。从简单的硫醇分子结构中脱除硫比从芳环上脱除硫要容易得多（相差一个数量级），所以渣油加氢脱硫比馏分油要困难得多。

（2）加氢脱氮反应

渣油中的氮大约有80%富集在胶质和沥青质中，氮化物主要以五元环吡咯类或六元环吡啶类的杂环形式存在。吡咯和吡啶环具有较强的芳香性，其结构十分稳定，因此加氢脱氮反应先进行加氢饱和，然后发生C—N键的氢解反应，而C—N断键所需能量较C—S键高很多，加氢脱氮比加氢脱硫更困难。

（3）加氢脱金属反应

加氢脱金属反应是渣油加氢与馏分油加氢最大的区别。渣油中主要含有镍、钒、铁、钙等金属。加工过程中，大量金属沉积在催化剂表面和孔道内，从而造成催化剂活性衰减。金属沉积量与催化剂活性相互对应，因此可以根据催化剂的沉积金属量来确定催化剂的添加量和排出量。

（4）加氢裂化反应

加氢裂化反应是在氢气和催化剂的存在下，使进料中较大的烃类分子变成小分子的反应。与所有的耗氢反应相同，加氢裂化也是放热反应。一般认为，在沸腾床加氢裂化过程中，大部分加氢裂化反应为C—C键热裂化反应，其反应速率与没有氢气和催化剂存在的纯热裂化反应速度是同一个数量级。氢分压和催化剂的作用是抑制缩合反应，避免生成高度不饱和的化合物。缩合反应会导致工艺设备结焦和生成稳定性差的产品。

沸腾床加氢裂化反应以热反应为主，这可以从产品分布及性质上得到证实。气体产品的甲烷、乙烷、丙烷呈等分子分布，与热裂化反应相同，与按正碳离子反应机理进行的常规催化加氢裂化生成的气体分布和组成有明显差别。

（5）生焦反应

在渣油加氢裂化反应过程中，由于反应温度较高，渣油热裂化反应明显，从而会发生一定的缩合生焦反应。焦炭沉积在催化剂表面，会造成催化剂中毒与失活，带出反应器可能会使下游管线或设备发生堵塞，影响装置的正常运转及未转化渣油的稳定性。沸腾床装置生焦的主要原因：反应器超温，主要是冷却介质缺少和反应物料在反应器停留时间增加、温度分布不均衡导致的；高转化率下操作，通常需要较高的反应温度，高温会加剧裂化深度，破坏渣油体系的稳定性，沥青质析出形成沉淀物；高温产生的大量不饱和化合物超出了催化剂的处理能力，引起不饱和产物聚合生成焦炭前驱物。

3.3　国外沸腾床渣油加氢技术

国外沸腾床渣油加氢技术最早由美国烃研究公司（HRI）和城市服务公司共同开发，该工艺名称为 H-Oil 技术。1975 年城市服务公司改为与 Lummus 公司合作，并将这一沸腾床渣油加氢技术更名为 LC-Fining 技术。而 HRI 和德士古（Texaco）合作，仍然将这一沸腾床渣油加氢技术称为 H-Oil 技术。1994 年 IFP 收购 HRI 的资产，2001 年 7 月重组成立 AXENS 公司，成为 H-Oil 和 T-Star 技术许可的发放人。经过四十多年的开发和工业应用实践，沸腾床渣油加氢技术在工艺、催化剂、工程、材料设备及工业运转等方面的许多技术问题都已得到解决与完善，安全性、可靠性、有效性大幅提高。截至 2023 年，已建和在建的 LC-Fining 工业装置与 H-Oil 工业装置共计 30 余套，总加工能力 8000 万 t/a 左右。沸腾床渣油加氢技术的工业应用已进入快速增长期，成为劣质重质原油深度加工、提高石油资源利用率的重要技术。

H-Oil 沸腾床加氢技术的工艺过程为：富氢气体和渣油原料经各自的加热炉后在反应器前的入口管线混合，形成的气液混合物以上进料的方式从反应器底部进入并通过沸腾的催化剂床层，保持恒定的气液流速，使得在稳定的操作状态下反应器中催化剂的密相床层高度不超过规定的临界高度，气液流体沿反应器轴向上升，从富含催化剂的反应区进入非催化区，然后经循环杯进行气液分离，分离出的全部气体和部分液体经管线排出反应器，其余的液体经循环管线和外循环泵循环回反应器底部与进料混合，用于提升反应器中的固体催化剂颗粒，维持催化剂颗粒处于沸腾状态。从反应器出来的气液流体经高低压分离器和蒸馏装置得到石脑油、中间馏分油、减压瓦斯油和加氢改质的减压渣油。

LC-Fining 工艺与 H-Oil 工艺的区别在于前者使用内循环泵，后者使用外循环泵[8, 9]。新鲜进料和氢气一起从底部进入反应器并通过催化剂床层，在此过程中将发生脱硫反应和其他的加氢反应及裂化反应（裂化深度取决于加工目的）。通过内置的循环泵，反应器顶部的部分产品被引至反应器下部并在反应器内部产生循环。这种循环保证了催化剂的床层比静止状态时膨胀出一些并使其处于一种运动状态。催化剂床层高度是由放射性密度仪来监控的。根据需要，第一反应器的产物可以被送到第二反应器和第三反应器。从最终的反应器出来的产物被送到热高分罐，自热高分罐分出的气相和液相减压后，通过一系列换热器，分离罐/塔进行进一步的加工。氢气通过回收单元回收并循环至第一反应器。

3.4　国内沸腾床渣油加氢技术

国内沸腾床渣油加氢技术主要指由大连石油化工研究院、中石化广州工程有限公司、金陵石化合作开发的 STRONG 沸腾床渣油加氢技术，经过近 20 年的技术研发及工业推广，在催化剂、工艺及工程技术方面均获得重大突破[10~19]，并形成了一系列的专利及专有技术，形成了我国具有完全自主知识产权的沸腾床渣油加氢技术。

⊃ 3.4.1　STRONG 沸腾床渣油加氢技术研发

大连石油化工研究院在 20 世纪 60—70 年代分三个阶段开展了沸腾床渣油加氢技术的研究开发工作，研究了不同类型的催化剂和反应器形式，最终确定了使用微球催化剂、带三相分离器的沸腾床反应器的技术路线。

进入 21 世纪，随着原油劣质化趋势加重及油价不断上涨，采用沸腾床技术加工重质原料不仅具有较大的经济效益，同时对于提升能源利用率具有重要意义。在中国石化支持下，大连石油化工研究院立足高点，提早预判炼油新发展形势，从 2004 年开始立项对沸腾床技术开展深入细致研究并进行工程化实践。

2010 年 12 月，沸腾床渣油加氢成套技术列入中国石化"十条龙"攻关项目，并成立由大连石油化工研究院、中石化广州工程有限公司、金陵石化和华东理工大学组成的联合攻关组进行项目攻关。2015 年开始，5 万 t/a 沸腾床示范装置在金陵石化先后完成了三个阶段的工业示范试验，累计运行超过 10000h，顺利完成了全部试验内容，达到了攻关要求及指标[20~22]。

（1）催化剂研发

根据 STRONG 沸腾床渣油加氢工艺技术特点和加工方案，设计开发两种类型的催化剂：脱金属催化剂 FEM 系列和脱硫及转化催化剂 FES 系列。两种催化剂可以在沸腾床加氢工艺中配套使用，一反为加氢脱金属功能反应器，装填加氢活性较低的脱金属催化剂，脱除原料中大部分金属和沥青质，对脱硫及转化催化剂起到很好的保护作用；二反为加氢脱硫及转化功能反应器，装填高活性催化剂，进行深度加氢脱硫及转化，提高整个工艺的反应性能[23]。本研究催化剂，还可以用于沸腾床—固定床组合加氢工艺，脱除原料中大部分金属，为后面固定床渣油加氢装置提供进料。

按照 STRONG 沸腾床反应器内流体向上流动的表观速度范围，通过大量的研究，比较适宜的粒度范围是 0.3~0.7mm，形状最好为球形。球形颗粒不仅易于流动，而且没有如其他形状中尖锐容易被撞碎的边角，但尚未有工业化能够生产此粒度范围（特别是满足沸腾床使用要求）的球形催化剂制备技术。因此，本研究关键技术之一是催化剂成型技术。合适的成型技术，可有效控制催化剂颗粒大小及分布，保持较高的抗磨损性，以确保沸腾床反应器操作平稳，床层流化达到最佳状态[24]。

渣油加工的难点是沥青质转化。沥青质的化学结构非常复杂，相对分子质量很大，平均分子大小为 6~9nm。沥青质结构中还含有硫、氮、金属等杂原子，原油中 80%~90% 的金属均富集在沥青质中。这些杂质均"深藏"在分子内部，需要在苛刻的操作条件下才能脱除。沥青质在加氢过程的分解率与所用催化剂的孔径有关。因此，催化剂应有一定数量的大孔，可使较大的沥青质分子易接近催化剂内表面，以达到最大加氢脱金属程度。同时大孔数量不能过多，否则，比表面积减少，活性降低，磨损问题也会加剧。在沸腾床反应器内，反应温度较高，反应物种的反应速度较快，杂质脱除速率较高，而催化剂颗粒处于不断运动状态，催化剂床层颗粒之间无法承载脱除下来的杂质，这些杂质应尽量扩散到催化剂内部均匀沉积，使整个催化剂颗粒得到充分利用。因此，本研究另一项关键技术是优化催化剂的孔结构[25]。

目前，已经开发出具有完全自主知识产权的微球沸腾床加氢催化剂制备技术，首次实现国内微球催化剂规模化连续化工业生产[26]。在此基础上开发了 STRONG 微球沸腾床渣油加氢脱金属催化剂和脱硫及转化催化剂，完成了小试定型、工业放大和工业试生产，并在金陵石化 5 万 t/a 沸腾床渣油加氢示范装置上实现工业应用。该催化剂表现出良好的加氢活性和耐磨性能，能够满足工业装置的使用要求，即将在 280 万 t/a 和 200 万 t/a 的沸腾床加氢装置上实现工业应用。

（2）反应器研发

沸腾床反应器中气液固三相处于完全流化状态，液体为连续相，气体为分散相。为对复杂的三相流动系统进行充分的考察，研发人员从理论出发，利用 CFD 等软件，同时自建了直径分别为 0.5m、1.0m 和 2.6m 的冷模装置，结合大量的冷模试验对反应器和内构件结构、颗粒流化特性、气液物性和流速等关键因素进行设计、考察和优化，再通过试验验证，最终指导工业化装置设计。2007 年 4 月开始与华东理工大学合作，建立了沸腾床反应器流体力学模型，为沸腾床反应器的设计和放大提供相关依据，同时为沸腾床反应器的操作提供指导。

结合不同规模反应器气液表观速度、沸腾床装置操作的不同阶段液体物性的变化范围，考察了颗粒的流化特性，确定了合适的沸腾床微球形催化剂的粒径范围，掌握了催化剂颗粒的流化特性和规律。

通过仪器测量和 CFD 模拟反应器内气液速度的分布情况和液体停留时间的分布等参数，得出 STRONG 沸腾床反应器为全混流的内循环式反应器。和国外技术相比，在相同的表观液速条件下，STRONG 沸腾床反应器内三相混合更充分，其液体循环速度是国外技术的 5~10 倍。这就保证了 STRONG 沸腾床反应器具有更高的可靠性和更大的操作弹性。

科研人员承袭前人研究成果，结合目前的研发手段，对 STRONG 沸腾床反应器的内构件进行了进一步优化，大大提升了三相分离器的分离效果，直径 1.0m/2.6m 的冷模装置和 5 万 t/a 工业示范装置的长周期运行试验结果表明，催化剂的带出量由 30μg/g 降至 1μg/g 以下。同时新一代的气液分布器结构简单，产生的气泡均匀、体积小，压降小，传质效率高，配合初分配器能够满足 STRONG 沸腾床反应器的使用要求。

（3）工艺及工程技术研发

自行设计建设了一套处理量为 4L/h 的热模中试装置，并进行了多次长周期工艺试验，运转过程相当平稳，无生焦发生，催化剂带出量控制在指标内。采用开发的微球沸腾床渣油加氢催化剂体系，脱金属率为 62%~95%，脱硫率为 68%~94%，脱氮率为 30%~60%，转化率为 40%~85%，达到甚至超过国外同类技术水平，并为万吨级沸腾床工业示范装置工艺包的编制提供成套设计数据。

自建了催化剂加排系统，通过大量的加排剂实验，完善了加排剂罐的设计，确定了催化剂加排过程的流程、管道设计和操作参数。

完成了 5 万 t/a、50 万 t/a、200 万 t/a、260 万 t/a 和 300 万 t/a STRONG 沸腾床渣油加氢装置工艺包，根据目前开发的 STRONG 沸腾床渣油加氢技术的特点，确立了该技术工艺流程的主体思路。工艺流程在设计过程中充分吸取、借鉴类似装置的设计理念，本着省投资、降能耗、技术可靠安全先进的原则，完成沸腾床渣油加氢工业装置的工艺流程设计。

⊃ 3.4.2　STRONG 沸腾床渣油加氢技术特点

STRONG 沸腾床渣油加氢技术属于中国石化自主研发技术，在催化剂、反应器等方面都有很大创新。区别于国外沸腾床渣油加氢技术，STRONG 沸腾床渣油加氢技术创造性地取消了高温高压热油循环泵及循环杯，一方面提高了系统的稳定性，另一方面提高了反应器的利用率，有利于反应区气液固混合均匀，同时也降低了设备投资。STRONG 沸腾床渣油加氢技术采用带有三相分离器的沸腾床反应器（见图 3.1）结构形式，三相分离器可以实现油、气与催化剂颗粒的高效分离，同时也可对反应器内的油、气进行初步闪蒸分离。

（1）开发了原位自持流化沸腾床反应器

STRONG 沸腾床技术开发了原位自持流化沸腾床反应器，该反应器通过内构件强化流化及气液固分离，促进了内部流动，从而使固相催化剂颗粒仅在原料气液作用下即能直接达到流化状态，无须使用工况条件苛刻的循环泵[7]。

无循环泵原位流化的沸腾床反应器结构主要分为反应段和三相分离段两部分。反应段为直筒，可增设内构件促进混合；三相分离段通过三相分离器的作用分别分离气、液、固三相，其中，气相从顶部气相出口排出，固相向下流动返回反应段进行循环，而液相从液相出口流出。

与国外沸腾床采用循环泵促进流化的沸腾床反应器相比，STRONG 沸腾床采用原位自持流化沸腾床反应器，反应器内的催化剂处于全返混状态，全部液相反应空间内都有催化剂存在，使得反应器内的物料处于充分的加氢催化反应状态，因此，具有较高的加氢反应效率和较好的产物质量。

（2）开发了独特的微球形催化剂[27]

①沸腾床渣油加氢反应对催化剂的性能要求。

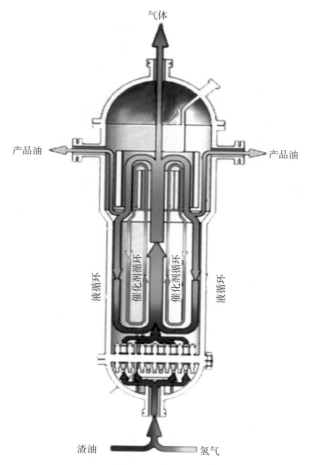

图 3.1　STRONG 沸腾床反应器

　　沸腾床反应器应具有良好的动力学平衡，以维持催化剂床层膨胀和流化均匀性，达到催化加氢反应平衡[8]。这就要求催化剂具有某些特殊的理化性质，归纳如下：

　　A. 催化剂颗粒大小及分布：颗粒流化性质与颗粒大小及分布相对应，催化剂颗粒分布应控制在合理范围，通常要求颗粒尺寸小于 1mm，以利于在反应器内保持流化状态[11, 12]。

　　B. 催化剂密度：反应器床层沸腾状态与催化剂密度有一定关系，应当与某一膨胀率下的液体流量相平衡。

C. 机械强度：在沸腾床反应器中，催化剂要承受比较苛刻的流化条件，如摩擦和碰撞。因此，要求催化剂具有良好的压碎强度和耐磨损强度，以保证运转中催化剂颗粒的完整性及粒度分布的稳定性。

D. 孔体积和孔径分布：大分子渣油的催化加氢反应是扩散限制反应。处理大分子反应物，催化剂应当具有足够大的孔容和适宜的孔径分布，以使反应物分子进入催化剂内部，与内表面活性中心接触。

E. 比表面积：对于任何催化反应，在不影响催化剂其他性质（如孔径分布和机械强度）的前提下，催化剂应具有较高的比表面积。

F. 化学组分：主要以氧化铝为载体，MoNi 或 MoCo 为活性组分。

② STRONG 沸腾床加氢催化剂特征。

鉴于 STRONG 沸腾床反应器的特征，在取消高温高压循环泵的情况下，为保证反应器内催化剂的流化性能，STRONG 沸腾床技术开发了粒径为 0.3~0.7mm 的微球形催化剂，该催化剂以 MoNi 或 MoCo 为活性组分[28~30]。

采用粒径为 0.3~0.7mm 的微球形催化剂，有以下几方面的优势[31]：

A. 与国外沸腾床技术采用 3~6mm 的条形催化剂相比，0.3~0.7mm 的微球形催化剂具有更好的流化性能，仅依靠气相和液相动力即可实现其在反应器内的完全流化。

B. 0.3~0.7mm 的微球形催化剂粒径小，对重组分而言，其扩散限制小，可以实现重组分的选择性转化。

STRONG 沸腾床技术针对不同使用场景的需求，开发了不同牌号的脱金属剂和脱硫催化剂，通过催化剂适当级配，可以实现不同的生产目标，如选择性脱硫级配方案，可以实现低硫船用燃料油和低硫焦的生产。

（3）STRONG 沸腾床技术优势

与国外沸腾床加氢技术相比，国内 STRONG 沸腾床加氢技术无须外设动力源，通过特殊的反应器结构，依靠气液进料携带，实现催化剂在反应器内的沸腾。两类技术除了物料沸腾的动力源不同外，在催化剂及反应器内构件设置方面也存在很大不同：STRONG 沸腾床加氢技术在反应器内部设置了三相分离器，通过改变流体运动方向及借助气液固密度差实现反应器内气、液、固三相分离，H-Oil 技术和 LC-Fining 的反应器结构如图 3.2 和图 3.3 所示[12]。下面将简要介绍 STRONG 沸腾床渣油加氢技术优势。

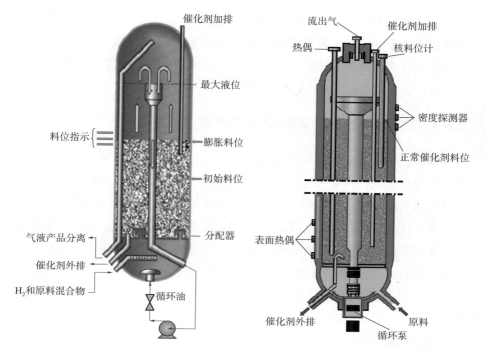

图 3.2　H–Oil 沸腾床反应器　　　　　图 3.3　LC–Fining 沸腾床反应器

STRONG 沸腾床渣油加氢技术与 H–Oil 和 LC–Fining 工艺相比，具有以下几个显著特点：

①催化剂利用率高。使用粒径为 0.3~0.7 mm 的催化剂，能够消除内扩散影响，提高催化剂利用率。

②反应器采用独特的三相分离器。为防止反应油气将催化剂携带出反应器，在反应器顶部设置了独特结构的三相分离器，能够确保将催化剂分离下来，使其依靠重力重新返回催化剂床层，气相和液相分别从反应器上部和侧面排出。

③无须高温高压循环泵。由于使用微球形催化剂，只需较低的油量和气量就能将催化剂很好地流化，不必额外设置高温高压的循环泵，避免由于循环泵的故障引发的意外停车问题。

STRONG 沸腾床渣油加氢技术经过二十多年的研发，先后在多套工业装置上实现了工业应用。从 2015 年开始，采用该技术设计建设的金陵石化 5 万 t/a 渣油加氢示范装置成功开展工业试验，累计运转时间超过 10000h，技术可靠性和成熟度得到验证；2020 年，以该技术设计建造的陕西某企业 50 万 t/a 煤焦油沸腾床加氢装置一次开车成功，产品质量处于行业领先、产品液收较同类技术提高 10 个百分点以上，现已进入第五周期；2021 年，对河北某企业 30 万 t/a 煤焦油沸腾床加氢装置实现了技术改造，改造后，装置催化剂使用成本大幅降低；2022 年，STRONG 沸腾床加氢技术许可授权了山东某企业 200 万 t/a 渣油加氢装置。

➲ 3.4.3　STRONG 沸腾床渣油加氢技术平台

STRONG 沸腾床反应器内部物料处于全返混状态、传质传热效果好，可以有效克服因物料劣质化带来的床层热点和压降等问题，此外，催化剂可以在线加排，使得反应器内部的催化剂活性稳定，因此，特别适用于劣质原料的预处理。STRONG 沸腾床渣油加氢技术研发团队基于对技术本身的深刻理解，结合当前炼油形势的转变，分别将 STRONG 沸腾床加氢技术与延迟焦化[32-35]、溶剂脱沥青[36, 37]和固定床加氢技术[38, 39]形成组合技术，打造了 STRONG 沸腾床加氢技术平台，进一步提升了劣质原料的处理灵活性。

（1）沸腾床渣油加氢 – 焦化组合技术

石油焦是炼油厂延迟焦化装置得到的固体副产品，是玻璃、钢铁、电解铝等多个行业不可替代的生产原料。根据硫含量不同，石油焦可分成多个品质牌号，其中，低硫焦（硫含量小于 3.0%）按品质不同可分别用来生产石墨电极、预焙阳极、冶炼工业硅等，而高硫焦（硫含量大于 3.0%）通常用作水泥厂和发电厂的燃料；此外，不同品质的石油焦价格存在较大差异。石油焦品质主要由焦化原料性质决定，我国石油对外依存度和进口高硫原油逐年增加，高硫石油焦产量也在逐年攀升，同时，日益严格的国家环保法规的推出，高硫石油焦出路问题是目前炼油厂亟待解决的难题，也是企业提质增效的关键环节。降低焦化原料的硫含量是降低高硫焦产量和生产低硫焦的关键，在焦化原料脱硫改质方面沸腾床渣油加氢技术具有显著效果，主要得益于其具有催化剂在线置换和原料适应性强的技术优势，能够加工固定床加氢难以处理的高硫高金属劣质渣油。与劣质渣油直接进行焦化相比，沸腾床加氢未转化油的性质得到较大改善，将其作为制备低硫石油焦原料具有较强的可行性。

沸腾床渣油加氢 – 焦化组合工艺的实现，可使原有的焦化装置规模显著减小，由于未转化油经加氢处理后硫及金属含量降低，其质量明显优于沸腾床加氢原料油，同时焦化装置的原料性质得到显著改善。与其他加工技术相比，该组合工艺具有以下明显优势：

①轻油收率显著提高。

组合技术中焦化装置的处理量和规模有所降低，焦化轻质油馏分产量有所减少，但沸腾床加氢装置增加的轻质油馏分量弥补了焦化轻质油馏分的减少量，并提高了轻质油的比例，有利于改善其产品结构。与单独焦化工艺路线相比，组合工艺路线可显著提高汽、柴油等产品产率，增加渣油转化率，提高了全厂轻油产率。

②工艺灵活。

常减压蒸馏得到馏分油及减压渣油，后者可作为沸腾床加氢原料，可在中、高转化模式操作，得到改质的未转化油可作为焦化原料；来自沸腾床加氢与焦化装置的轻质油与直馏馏分油混合，既可与沸腾床渣油加氢一起加工，也可分别送至相应加氢装置得到合格产品，还减少沸腾床加氢重质燃料油产品，尽可能增产汽、柴油馏分，实现渣油加氢与全厂检修周期同步。从全厂总流程看，沸腾床装置能加工纯减压渣油，可盘活全厂总流程，渣油催化改为蜡油催化，较渣油催化规模小，同时也可优化配套装置的生产规模，有助于提高炼厂资源的利用率。

③原料适应性广。

组合工艺可提高炼油厂原油加工的适应性，使之可以加工更为劣质重质的原油，如金属含量大于 $200\mu g/g$、残炭大于 20% 的原料油，并将渣油最大限度地转化为优质的轻质产品。技术本身固有的灵活性，可以适应原料油性质和处理量的大幅波动。在加工不同性质原料油时，通过调整工艺参数等手段，可以维持稳定的产品质量及较高的馏分油选择性，实现对劣质原料的"吃干榨尽"。

全玉军等人[35]对沸腾床和焦化组合技术开展了相关研究，并对不同转化率的沸腾床未转化油（UCO）性质和结构变化规律及 UCO 焦化过程进行了研究。研究结果表明，转化率升高，UCO 中杂质脱除率增加，硫和金属含量降低，但氮和残炭含量增加，同时 UCO 胶体稳定性变差。UCO 结构参数变化表明，沸腾床加氢过程中重油分子结构变化主要为环烷环开环、芳香环加氢饱和和脱烷基反应，并且高转化率下芳香结构基本不变。UCO 焦化路线表明，调整沸腾床转化率，可以得到不同性质的 UCO，UCO 经焦化反应后可制备出满足不同牌号的低硫石油焦。UCO 焦化过程生焦系数和硫转移系数较高，高于渣油焦化。

（2）沸腾床渣油加氢－溶剂脱沥青组合技术

随着石油化工业的不断发展，优质原油产量呈持续下降趋势，原油日趋变重、变劣，如何高效利用原油成为关注焦点。加氢技术是高效利用石油资源的有效手段。沸腾床加氢技术既可以加氢处理，又可以加氢裂化，近年来得到迅猛发展。沸腾床加氢技术最大的优点是及时在线加排催化剂以保证产品质量稳定，避免了固定床反应器所存在的频繁停工换剂问题，大大延长了装置操作周期。

溶剂脱沥青工艺是重油轻质化的重要途径之一，在重油深加工方面有较强的优势和吸引力。溶剂脱沥青工艺是利用亚临界或超临界下烃类溶剂（如丙烷、丁烷、戊烷等）的高选择性，即饱和烃溶解度最大，芳香烃次之，胶质又次之，而沥青质几乎不溶的原理，将减压渣油中稠环化合物和对催化剂有害的硫、氮、重金属等杂质及难转化的沥青质脱除，进而得到质量相对较好的富含轻质组分的脱沥青油（DAO）和沥青调合组分脱油沥青（DOA），从而缓解劣质渣油直接作为催化裂化原料造成的催化剂失活、轻油收率低、气体和焦炭收率高等问题。将丁烷、戊烷等较重溶剂成功地用于溶剂脱沥青工艺中，能够提供更多的脱沥青油作为催化裂化原料。影响溶剂脱沥青过程的主要因素包括：溶剂组成、抽提温度、溶剂比、抽提压力和原料油性质。

①溶剂组成。

溶剂脱沥青中溶剂选择至关重要，其对 DAO 和 DOA 收率和性质影响显著。所用溶剂相对分子质量越大，溶剂的溶解能力越强，脱沥青油收率越大，但分离效果就会越差，脱沥青油性质也会越差。各种低分子烷烃都有一定的脱沥青能力，但效果不同。目前溶剂脱沥青过程中采用的溶剂主要有：丙烷、异丁烷、正丁烷、正戊烷、异戊烷及其混合溶剂。采用丙烷作为溶剂时，脱沥青油性质较好，特别适合作为润滑油原料；当目的产品为催化裂化或加氢裂化原料时，则多采用较重的丁烷或戊烷作为溶剂，此时脱沥青油的收率较高，能够为后续的加工过程提供较多的原料。

②抽提温度。

调节溶剂的溶解能力可以通过改变抽提温度来实现，从而对抽提过程进行调控，抽提温度越接近溶剂的临界温度，温度改变对抽提过程的影响越显著。因此，调整温度是溶剂脱沥青过程最常用的调控手段。为了保证溶剂脱沥青工艺生产的脱沥青油的性质和收率，抽提塔内的温度自塔顶到塔底逐渐降低，形成一个温度梯度。抽提塔塔顶温度较高，溶剂的密度减小，溶解能力下降，选择性增强，脱沥青油性质变好，但收率降低。抽提塔底部温度较低，溶剂溶解能力强，脱油沥青软化点高，从而使脱沥青油收率提高。

③溶剂比。

溶剂比的选择要综合考虑装置经济性和产物性质。提高溶剂比虽然可以一定程度地增加脱沥青油收率，但是脱沥青油相对分子质量、黏度和杂质含量等也会相应地增加。为了降低溶剂回收过程的能耗，溶剂脱沥青工艺需要选择适宜的溶剂比。

④抽提压力。

溶剂的密度与装置的抽提压力关系密切，提高溶剂脱沥青装置的操作压力会在一定程度上使溶剂密度增大，从而提高溶剂的溶解能力，使脱沥青油收率增加。在选择装置抽提压力时必须考虑两个因素：一是为了保证溶剂脱沥青过程抽提操作在两液相区进行，对特定的溶剂和操作温度存在最低压力限制。二是在靠近临界溶剂抽提或超临界抽提条件下，抽提压力对所用溶剂的密度有很大的影响。通常情况下，操作压力不作为控制指标，而是依靠调节操作温度来控制产品的收率和性质。

⑤原料油性质。

原料油组成、性质与抽提效果有着密切关系。当渣油中油分含量高时，为使胶质、沥青质分离出来，所需溶剂比较大，脱沥青油收率也较高。原料中含油量少而又需要制取低残炭值的润滑油原料时，所得脱沥青油黏度高、收率低，所需溶剂比虽小，但须采取比较苛刻的操作条件。原料油组成、性质不仅取决于原油组成，且与减压蒸馏的拔出率有关，拔出率越大，渣油越重，油分含量越低。

沸腾床加氢工艺与溶剂脱沥青工艺结合，可进一步提升沸腾床加氢技术的原料适用性、延长催化剂使用寿命和提高重油加工转化率。在组合工艺中，溶剂脱沥青过程可有效减少重油对催化剂的毒害作用。另外，溶剂脱沥青工艺还可设置在沸腾床加氢工艺之后，沸腾床加氢重油经过溶剂脱沥青工艺，其 DAO 可以作为加氢裂化装置的原料。有学者[40]对沸腾床未转化油溶剂脱沥青规律性进行了考察研究，UCO 溶剂脱沥青产物 DAO 性质明显改善，可作为催化裂化或加氢裂化原料，同时高转化率下的 UCO 原料得到的 DAO 收率较高，硫含量较低，残炭值较高。DOA 的软化点较高，针入度很低，可将其作为制氢原料或沥青调合组分。

（3）沸－固复合床渣油加氢技术

在渣油加氢技术中，以固定床渣油加氢技术最为成熟，截至 2023 年底，国内渣油加氢装置共有 28 套，总加工规模达到了 7500 万 t/a。在加工能力迅速增长的同时，原料性质也面临着劣质化和重质化的挑战，世界范围内，渣油加氢技术处理原料中减压渣油（大于 538℃）的掺炼比例逐渐增加。当固定床渣油加氢处理技术加工超过控制指标的渣油原料时，即处理更高金属含量和更高残炭值的渣油原料，催化剂金属沉积失活和结焦失活速度将明显加快，催化剂活性利用效率明显降低，装置运转周期缩短。为了弥补目前固定床渣油加氢技术的不足，国内外研发机构或团队开发了各种改进措施，如催化剂制备技术、级配技术、工艺技术组合等，具体如下：

①开发预处理保护反应器技术，如 CLG 开发的上流式（UFR）保护反应器技术、中国石化开发的前置反应器可切出/可轮换技术，以缓解由于原料铁、钙含量高，造成前置固定床反应器压降快速异常升高的情况。

②开发新的催化剂制备及其级配技术，如 FRIPP 开发的多维扩散通道与反应孔道和活性金属径向逆分布的负载技术，以及平缓梯级过渡的保护脱金属催化剂级配技术（S-Fitrap）。

③开发预处理保护反应器催化剂可在线置换技术，如 IFP 公司的可在线切换反应器（PRS）专利技术能够降低反应压降、延长装置运行周期。

上述技术能在一定程度上缓解因原料劣质化带来的装置运转周期缩短的问题。然而，由于未能从根本上解决催化剂容金属能力限制、因原料黏度增加带来的物料分配不均等问题，传统固定床加氢技术应对原料劣质化和重质化仍然存在很大挑战。从加工经验来看，该项技术可以加工世界上大多数含硫原油和高硫原油的渣油，为保证装置的运转周期，通常需要控制原料油的总金属含量小于 150μg/g，残炭值小于 15%，沥青质含量小于 5%。

对传统固定床渣油加氢技术来说，除了原料劣质化带来的运转周期限制，随着国内炼油形势的转变，在应对炼厂流程优化和适应"油转化"转型发展上，仍面临诸多挑战。在国内炼厂现有流程中，固定床渣油加氢装置下游主要为催化裂化装置，从技术水平来看，现有固定床的运行周期通常为 1.0~1.5 年，而催化裂化装置运行周期为 4.0~5.0 年，两者的运行周期极为不匹配，这不利于炼厂流程优化，也限制了炼厂经济效益进一步提升。另外，随着国内"油转化"趋势凸显，渣油加氢装置与催化裂解装置的组合路线也越发受到行业重视，部分炼厂已采用这种路线，以实现多产烯烃的目的。研究表明[41]，加氢重油的氢含量对烯烃产率提升有较为显著的促进作用，即渣油深度加氢符合当前多产化工料的需求。

针对以上问题与需求，大连石油化工研究院在综合分析目前渣油加工技术特点及原料变化趋势的基础上，依托前期开发的 S-RHT 固定床渣油加氢技术，同时结合最新开发的 STRONG 沸腾床渣油加氢技术，提出了沸-固复合床渣油加氢技术，简称 SIRUT 复合床技术。在 SIRUT 复合床技术中，包含沸腾床反应单元和固定床反应单元。其中，沸腾床反应单元主要利用沸腾床反应器全返混、传热传质效果好等优点，解决传统固定床处理劣质原料出现的压降、热点等问题，在组合技术中，沸腾床主要起到脱除大部分沥青质和金属的作用，重点脱除金属及实现沥青质转化，使原料的黏度降低、质量改善，起到优化后续固定床进料性质的作用。而固定床反应单元则充分发挥固定床反应器平推流的特点，发挥固定床加氢能力强的优势，进一步对杂质深度脱除，提升产品品质，为后续加工装置如催化裂化或催化裂解等装置提供优质原料。STRONG 沸腾床渣油加氢技术采用微球形催化剂，一个显著优势是劣质原料中的重组分分子扩散限制大幅降低，轻质化效率得到显著提升，即 STRONG 沸腾床渣油加氢技术对重组分分子有很强的选择性转化能力。在 SIRUT 复合床技术中，沸腾床反应单元充分利用该能力，承担了大多数脱金属及重组分轻质化负荷，大幅减轻了后续固定床反应器的脱杂质负荷，为整套装置延长催化剂使用寿命及运转周期提供了可能。

SIRUT 复合床技术具有如下创新性：通过耦合沸腾床加氢技术和固定床加氢技术的优点，解决了传统渣油加氢装置原料适应性低、运行周期短、存在床层热点、反应器压降高等问题，形成了全新的渣油加氢技术；通过对不同反应器功能合理定位，配合工艺调整及催化剂级配技术优化，相比传统固定床渣油加氢技术，复合床技术可延长运转周期 50%~100%，加氢常渣氢含量提高 0.3~0.5 个百分点。

3.5 沸腾床加氢生产低硫船用燃料油技术

大量的实验室研究和工业试验表明，以劣质渣油为原料，采用沸腾床加氢技术生产低硫船用燃料油需要解决以下两方面问题：一是高效的加氢脱硫性能；二是抑制沉积物形成，提升产品稳定性。

3.5.1 高脱硫活性催化剂研制

原油中大部分硫以硫醚类（30%~40%）和噻吩类（60%~70%）的形态存在于渣油中。渣油中的硫主要存在于芳烃、胶质和沥青质中，饱和烃中基本不含硫。非沥青质中的硫在加氢条件下易脱除；存在于沥青质中的硫，由于沥青质的大分子结构使其很难脱除。渣油中沥青质的最大相对分子质量可达 10000，只有大孔径的催化剂才能使沥青质分子进入其孔内，完成沥青质分解。要进行渣油的深度脱硫，只有在适宜的操作条件下、采用孔径合适的催化剂才能脱除沥青质中的硫[1]。为了生产出合格的低硫船用燃料油，需要脱除原料油中的硫以满足指标要求，大连石油化工研究院在第一代 STRONG 沸腾床渣油加氢脱硫催化剂的基础上，开发了第二代高脱硫活性沸腾床渣油加氢催化剂。

（1）高脱硫活性沸腾床渣油加氢催化剂特点

高脱硫活性 STRONG 沸腾床催化剂开发的主要目标是强化催化剂加氢脱硫活性，达到深度脱硫的目的。通过优化载体孔道结构和改善活性金属与载体之间的相互作用，解决了第一代催化剂加氢活性不高，对沥青质中的含硫化合物脱除较差等问题。

采用氮气吸附、XPS、H_2-TPR 和催化剂硫化态 CO 吸附原位红外光谱等表征手段对高脱硫活性 STRONG 沸腾床催化剂 FES-31 进行了表征，并与第一代脱硫催化剂 FES-30 进行了比较，其 XPS 分析结果见表 3.1，孔径分布、H_2-TPR 和催化剂硫化态 CO 吸附原位红外表征结果如图 3.4、图 3.5 和图 3.6 所示。从表 3.1 和图 3.4 的表征结果可以看出：与第一代催化剂相比，高脱硫活性催化剂的活性金属 MoO_3 和 NiO 的分散度更高，结合能更低，孔径分布更为集中。从 H_2-TPR 的谱图（图 3.5）可以看出，高脱硫活性催化剂的 MoO_3 还原温度更低[42]，且还原峰面积更大，说明其活性金属与载体作用较弱，有效金属更多。从硫化后催化剂的 CO 吸附原位红外谱图（图 3.6）可以看出，催化剂都出现了波数为 $2100cm^{-1}$ 的吸收峰，其归属于 MoS_2-CO 吸收峰[43]，并且高脱硫活性催化剂具有更大的 MoS_2-CO 吸收峰面积，说明其具有更多的 MoS_2 活性物种，明显多于参比的 FES-30 催化剂。

表 3.1　催化剂性质比较

金属分散及结合能	第一代催化剂	高脱硫活性催化剂
I_{Mo}/I_{Al}	0.040	0.057
I_{Ni}/I_{Al}	0.012	0.021
Mo 3d 结合能 /eV	233.05	232.87
Ni 2p 结合能 /eV	855.66	855.41

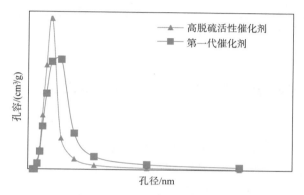

图 3.4　催化剂孔径分布比较

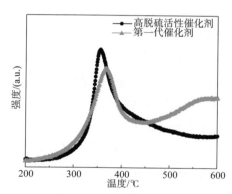

图 3.5　催化剂 H$_2$–TPR 谱图　　图 3.6　催化剂硫化态 CO 吸附原位红外谱图

（2）高脱硫活性催化剂性能考察

将高脱硫活性催化剂在两反应器串联的沸腾床加氢试验装置中进行活性评价，工艺条件为：反应温度（一反 / 二反）420/420℃，反应压力 15.0MPa，空速 0.18h^{-1}，氢油体积比 500：1。评价结果与催化剂 FES–30 进行对比，结果见表 3.2。由表 3.2 结果可以看出，与第一代催化剂相比，高脱硫活性催化剂的脱硫率和脱残炭率得到大幅提高，与催化剂的表征结果相一致。

117

表 3.2 催化剂活性评价结果比较

项 目	第一代催化剂	高脱硫活性催化剂
加氢活性 /%		
HDS	87.6	92.4
HDCCR	72.8	80.1
HD（Ni+V）	96.7	95.8
转化率（＞540℃）/%	62.6	65.1

注：原料油性质，S 含量为 5.72%，CCR 含量为 22.85%，（Ni+V）含量为 185μg/g，＞540℃渣油收率为 87.1%。

3.5.2 沸腾床选择性加氢脱硫技术工艺研发

沸腾床加氢生产低硫船用燃料油采用高脱硫活性催化剂，通过工艺优化研究确定沸腾床加氢脱硫的最佳动力学反应区间，最大限度地发挥催化剂的高脱硫活性，同时确保沉积物形成处于可控的范围[44, 45]。

（1）沉积物结构与形成机理研究

采用老化法进行总沉积物分析，利用固体核磁分析仪对分离得到的沉积物样品进行表征，如图 3.7 所示，固体核磁中 25 处的吸收峰属于脂肪族碳，125 处的吸收峰属于芳香族碳，表明沉积物主要是稠环芳烃结构，这也间接表明沉积物的形成是大分子沥青质发生缩合反应引起的。

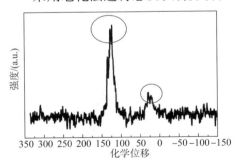

图 3.7 沉积物的 ^{13}C 固体核磁表征

从微观结构来看，沉积物形成由稠环分子缩合引起；从宏观层面来看，是沥青质不断聚集造成的。将不同转化率生成油样品置于显微镜下，在视野下不断移动玻片，连续拍照，取视野范围内直径较大的沥青质团簇[46]，测量其直径，结果如图 3.8 所示。

从图 3.8 中可以看出，随着转化率提高，沥青质团簇直径增加，说明沥青质聚集程度增加，与此同时，沉积物含量也在增加，这验证了沉积物形成与沥青质聚集紧密相关。分析认为，随着反应条件苛刻度增加，在加氢脱除杂质和轻质化的同时，渣油胶体体系的稳定性受到了破坏，沥青质聚集程度不断增加，最终形成了沉积物。

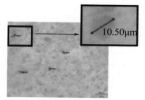 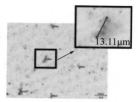

- >540℃ 转化率：46.26%
- 沥青质团簇直径范围：6.35~10.50μm

- >540℃ 转化率：53.16%
- 沥青质团簇直径范围：7.60~13.11μm

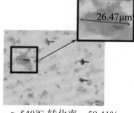 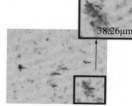 

- >540℃ 转化率：59.41%
- 沥青质团簇直径范围：9.83~26.47μm

- >540℃ 转化率：65.23%
- 沥青质团簇直径范围：7.30~38.26μm

- >540℃ 转化率：76.58%
- 沥青质团簇直径范围：19.16~47.51μm

图3.8　不同转化率下沥青质团簇尺寸

因此，沉积物控制的关键是减少稠环分子的缩合或防止渣油胶体体系的稳定性被破坏。从工艺条件的设置来看，沸腾床的加氢转化率应适中，防止反应温度过高，稠环分子发生缩合反应或渣油转化为过多轻组分而破坏渣油胶体体系的稳定性[47]。

（2）沸腾床加氢脱硫机理考察

渣油中含硫化合物种类多，渣油加氢脱硫反应机理十分复杂。单一硫化物加氢脱硫的反应速率方程式级数为一级；多种硫化物同时加氢脱硫则为表观二级反应。加氢脱硫的反应速率方程式如下：

$$\frac{\mathrm{d}C}{\mathrm{d}z} = -k_m(1-\varepsilon)\eta \cdot C^m / WHSV = -k_{ml} \cdot \eta \cdot C^m / WHSV$$
$$k_{ml} = k_m(1-\varepsilon)$$

（3.1）

式中　C——渣油中的硫浓度，mg/kg；

z——反应器位置，m；

k_m——加氢脱硫速率常数，$\mathrm{m^{-1} \cdot h^{-1}}$；

ε——催化剂活性影响因子，无量纲；

η——扩散因子，无量纲；

m——反应级数，无量纲；

$WHSV$——质量空速，$\mathrm{h^{-1}}$；

k_{ml}——失活动力学常数，$\mathrm{m^{-1} \cdot h^{-1}}$。

对级数为一级的加氢脱硫反应，$m=1$；反应速度方程式如下：

$$\ln\left(C_0 / C_1\right) = \ln\left[1 / \left(1 - X_s\right)\right] = k_1 / WHSV \qquad (3.2)$$

式中　k_1——加氢脱硫一级反应速率常数，h^{-1}；$k_1 = k_{\mathrm{ml}} \cdot \eta \cdot z$；

　　C_0、C_1——原料与产品中硫浓度，mg/kg；

　　X_s——加氢脱硫率，%。

对级数为二级的加氢脱硫反应，$m=2$；反应速度方程式如下：

$$X_s / \left(1 - X_s\right) = k_2 C_0 / WHSV \qquad (3.3)$$

式中　k_2——加氢脱硫二级反应速率常数，$\mathrm{h}^{-1} \cdot \left(\mathrm{mg/kg}\right)^{-1}$；$k_2 = k_{\mathrm{ml}} \cdot \eta \cdot z$；

　　C_0——原料硫浓度，mg/kg；

　　X_s——加氢脱硫率，%。

从反应速率方程式来看，渣油加氢脱硫率与反应速率常数及空时（空速倒数）成正比。

（3）沸腾床加氢脱硫规律研究

以硫含量5.7%的劣质渣油为原料，分别开展反应温度、反应压力和空速对加氢脱硫的影响规律研究，其中，表3.3为反应温度考察试验结果，图3.9为反应压力考察试验结果，表3.4为空速考察试验结果。

从表3.3可以看出，通过提升反应温度，脱硫率明显提高，全馏分硫含量逐渐降低；但当反应温度升到一定程度后，脱硫率上升趋势变缓。

从图3.9可以看出，随着反应压力降低，加氢脱硫率及转化率显著下降，这是由于减压渣油中的硫化物以噻吩类为主，加氢脱硫主要的反应历程为先芳烃饱和再加氢脱硫，其中的芳烃饱和反应是可逆反应，反应压力降低会导致氢气在渣油中的溶解度降低，不利于芳烃的加氢饱和反应，因此脱硫率显著降低。

表3.3　沸腾床加氢脱硫温度考察试验结果

项　目	1	2	3	4	5
反应压力 /MPa	15.0	15.0	15.0	15.0	15.0
反应温度 /℃	基准	基准 +10	基准 +20	基准 +30	基准 +35
全馏分硫含量 /%	1.32	1.12	0.90	0.88	0.78
未转化油硫含量 /%	1.38	1.23	1.22	1.76	2.18
HDS/%	75.8	80.0	84.0	84.5	86.4
转化率（ > 540℃）/%	31.9	44.6	60.4	67.4	77.4

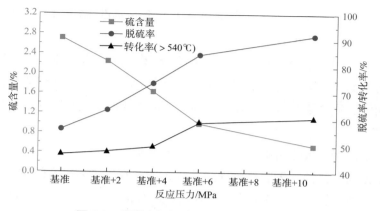

图 3.9　沸腾床加氢脱硫压力考察试验结果

表 3.4　沸腾床加氢脱硫空速考察试验结果

项　目	减压渣油	条件 1	条件 2	条件 3	条件 4
空速 /h^{-1}	—	基准 +0.3	基准 +0.2	基准 +0.1	基准
密度（20℃）/（g/cm^3）	1.0358	0.9640	0.9499	0.9383	0.9238
残炭 /%	22.85	12.15	9.90	7.90	5.45
S/%	5.72	1.31	1.08	0.82	0.38
Ni+V/（μg/g）	184.85	10.20	9.97	4.12	1.34

从表 3.4 可以看出，在相同的加氢处理条件下，降低空速意味着延长反应时间，杂质含量显著降低；空速降低 20%~30%，杂质脱除率提高 5%~9%。

对不同空速下的沸腾床加氢生成油分别进行 >350℃、>540℃窄馏分切割试验，结果如图 3.10 所示。

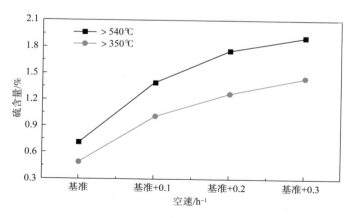

图 3.10　沸腾床加氢脱硫生成油切割结果

从图 3.10 中可以看出，在空速范围基准~基准 +0.3 内，沸腾床加氢脱硫尾油的硫含量低于 2%。

通过不同工艺条件研究发现，高氢分压、低空速、高反应温度有利于提升脱硫率与转化率，但当脱硫率达到一定水平，提升转化率后，未转化油中的硫含量并未持续降低，因此渣油加氢脱硫需要控制适宜的转化深度[48]。

（4）沸腾床低硫船用燃料油生产工艺研究

根据前文渣油加氢脱硫机理和沸腾床加氢脱硫工艺研究的结果，对典型中东渣油进行工艺优化研究，旨在生产出合格的低硫船用燃料油。

沸腾床加氢转化试验在沸腾床加氢试验装置（见图 3.11）上进行，试验装置为两反应器串联工艺流程，氢气一次通过。劣质渣油由原料罐经高压泵依次进入第一沸腾床反应器（一反）和第二沸腾床反应器（二反）进行加氢转化；由二反出来的产物进入热高压分离器（热高分）进行气液分离，热高分气进入冷高压分离器（冷高分）进行气液分离，冷高分液进入冷低压分离器（冷低分）进行气液分离，而热高分液进入热低压分离器（热低分）进行气液分离；冷低分液、热低分液和热低分气汇合得到产品（全馏分加氢生成油，含未转化油），冷高分气和冷低分气进入气体管路和气体吸收装置进行净化处理。

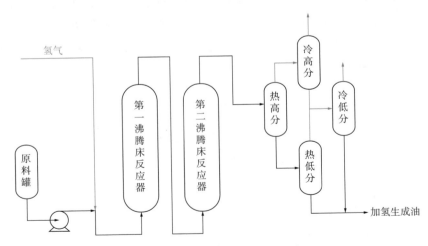

图 3.11　沸腾床加氢试验装置示意图

在催化剂装填方案设置上，充分考虑高选择性脱硫和抑制沉积物形成两方面的要求，一反装填大孔径脱金属催化剂，其目的在于减少大分子的扩散阻力,最大限度地实现大分子沥青质转化,减少沥青质聚集;二反装填高脱硫性能的催化剂,目的在于利用其脱硫活性高的特点,提高脱硫率,同时强化大分子的加氢饱和反应,减少大分子缩合,从而抑制沉积物形成。脱金属催化剂和脱硫催化剂性质如表 3.5 所示。

表 3.5　沸腾床催化剂性质

指　标	催化剂	
	脱金属催化剂	脱硫催化剂
外观性质	球形	球形
颗粒直径 /mm	0.5~0.7	0.5~0.7
堆积密度 /（g/cm³）	≥ 0.55	≥ 0.55
磨损指数 /%	≤ 2.0	≤ 2.0
化学组成	Mo-Ni（低）	Mo-Ni（高）

以中东渣油为原料,在典型工艺下开展加氢试验,反应温度为 410~430℃。原料油性质见表 3.6。

表 3.6　原料油主要性质

项　目	数　据
密度（20℃）/（g/cm³）	1.0293
S/%	5.12
N/（μg/g）	4238
CCR/%	21.49
Ni/（μg/g）	45.68
V/（μg/g）	171.83
Ni+V/（μg/g）	217.50
沥青质 /%	9.92

根据沸腾床加氢脱硫规律研究,进行了优化条件的加氢试验,完成了加氢生成油的分析表征及产品切割,获得了产品分布及产品性质。

试验结果显示,劣质渣油经沸腾床加氢脱杂及转化后,加氢脱硫率为94.2%,脱金属率为92.6%,转化率为71.0%(见表3.7),达到了选择性脱硫的目标,表3.8为生成油的液体产品收率情况。

表 3.7　典型加氢试验（一）

项　目	数　据
全馏分性质	
密度（20℃）/（g/cm³）	0.9306
S/%	0.32
N/（μg/g）	2626
CCR/%	7.12
Ni/（μg/g）	5.70
V/（μg/g）	11.41
Ni+V/（μg/g）	17.11
沥青质 /%	2.86
加氢脱除率及转化率 /%	
HDS	94.2
HDCCR	70.6
HD（Ni+V）	92.6
转化率（＞540℃）	71.0
沥青质脱除率	73.4

表 3.8　典型加氢试验（一）液体产品收率　　　　　　　%

项　目	数　值
石脑油（C₅~180℃）	7.34
柴油（180~350℃）	25.61
蜡油（350~500℃）	20.50
加氢重油（>500℃）	38.72

　　加氢生成油考虑两种切割方案，一种是加氢减压渣油按照 500℃切割，得到的馏分分布情况见表 3.8，其中加氢重油（＞500℃）可与沸腾床加氢柴油、加氢蜡油调合生产 380# 合格低硫船用燃料油，调合方案见表 3.9。另外，也可以通过调整切割方案，直接生产低硫船用燃料油，通过试验分析，按照 400℃切割加氢渣油可以作为合格低硫船用燃料油，其性质见表 3.10。

表 3.9　典型加氢试验（一）低硫船用燃料油调合方案

项　目	柴油 （180~350℃）	蜡油 （350~500℃）	加氢重油 （>500℃）	LSFO
比例 /%	5.9	4.7	89.4	100
规模 /（万 t/a）	11.9	9.5	180.1	201.5
密度（20℃）/（kg/m³）	743.2	855.4	981.3	956.6
S/%	0.13	0.25	0.54	0.50
CCR/%	—	0.02	16.96	14.86
总沉积物 /%	<0.01	<0.01	—	0.06
Ni+V/（μg/g）	—	0.02	40.74	36.42
运动黏度（50℃）/（mm²/s）	2	53	413	219
CCAI	713	744	844	827

表 3.10　典型加氢试验（一）直接生产低硫船用燃料油方案

项　目	加氢重油（>400℃）
收率 /%	48.91
密度（20℃）/（kg/m³）	966.5
S/%	0.49
CCR/%	13.43
总沉积物 /%	0.07
Ni+V/（μg/g）	32.25
运动黏度（50℃）/（mm²/s）	176
沥青质 /%	4.20
甲苯不溶物 /%	<0.05

　　在加氢试验（一）的基础上，考虑进一步提升转化率，增产轻质产品同时可生产低硫船用燃料油或调合组分。基于加氢规律的认识，提出了部分加氢生成油循环方案，意味着降低了新鲜原料的空速，同时部分加氢生成油再次回到反应器进行加氢，因而有利于改善产品性质；在试验过程中，将大于350℃加氢重油循环，循环量占新鲜进料量的15%。典型加氢试验（二）的试验结果见表 3.11，液体产品收率见表 3.12，低硫船用燃料油生产方案见表 3.13。

表 3.11　典型加氢试验（二）

项　目	数　值
全馏分性质	
密度（20℃）/（g/cm^3）	0.9213
S/%	0.27
N/（μg/g）	2284
CCR/%	4.51
Ni/（μg/g）	3.55
V/（μg/g）	4.26
Ni+V/（μg/g）	7.81
沥青质/%	2.23
加氢脱除率及转化率/%	
HDS	95.2
HDCCR	80.8
HD（Ni+V）	96.7
转化率（>540℃）	75.1
沥青质脱除率	79.4

表 3.12　典型加氢试验（二）液体产品收率　　　　　　　　%

项　目	数　值
石脑油（C$_5$~180℃）	9.51
柴油（180~350℃）	29.04
蜡油（350~450℃）	17.22
加氢重油（>450℃）	35.92

表 3.13　典型加氢试验（二）低硫船用燃料油生产方案

项　目	加氢重油（>350℃）	加氢重油（>450℃）
S/%	0.39	0.48
N/（μg/g）	3389	3931
CCR/%	7.78	11.51
总沉积物/%	0.08	0.10

项 目	加氢重油（＞350℃）	加氢重油（＞450℃）
灰分 /%	<0.01	<0.01
（Ni+V）/（μg/g）	13.49	19.96
运动黏度（50℃）/（mm²/s）	128.7	328.6
沥青质 /%	3.27	5.18
甲苯不溶物 /%	<0.05	<0.06

试验结果显示，在优化的工艺条件下，通过尾油循环，最终的加氢效果及产品性质得到较大改善，其中，加氢脱硫率为95.2%，脱金属率为96.7%，转化率为75.1%。加氢生成油按照切割点为350℃和450℃两种方案进行切割，加氢重油产品性质均满足作为低硫船用燃料油或调合组分的要求。

3.6 沸腾床渣油加氢生产低硫船用燃料油的工业示范

在金陵石化5万 t/a 工业示范装置上开展了沸腾床低硫船用燃料油生产试验，验证了沸腾床加氢生产低硫船用燃料油的可行性，并获取沸腾床加氢生产低硫船用燃料油的工业数据。沸腾床原料性质见表3.14。

表3.14 沸腾床原料性质

项 目	数 据
密度（20℃）/（g/cm³）	1.0161
S/%	4.97
N/（μg/g）	3363
CCR/%	18.98
Ni/（μg/g）	48.88
V/（μg/g）	151.45
Ni+V/（μg/g）	200.33

低硫船用燃料油生产试验平均反应温度为390~415℃，试验结果见表3.15~表3.17。

表 3.15 高脱硫催化剂的脱硫效果

项　目	全馏分
密度（20℃）/（g/cm³）	0.9297
S/%	0.32
N/（μg/g）	1802
CCR/%	4.23
Ni/（μg/g）	3.06
V/（μg/g）	7.05
Ni+V/（μg/g）	10.11
加氢脱除率 /%	
HDS	94.1
HDN	50.6
HDCCR	79.5
HD（Ni+V）	95.3
转化率（＞540℃）/%	70.2

表 3.16 沸腾床加氢产品分布及主要性质

项　目	石脑油 （C₅~180℃）	柴油 （180~350℃）	蜡油 （350~540℃）	加氢重油 （>540℃）	加氢重油 （>350℃）
收率 /%	7.3	25.12	37.27	22.49	59.76
密度（20℃）/（g/cm³）	0.7320	0.8542	0.9327	0.9835	0.9451
S/%	0.03	0.10	0.23	0.81	0.45
N/（μg/g）	50	883	1911	3217	2402
CCR/%	—	—	0.02	17.30	6.52
Ni/（μg/g）	—	—	0.01	12.54	4.73
V/（μg/g）	—	—	0.04	28.81	10.87
Ni+V/（μg/g）	—	—	0.02	41.42	15.60

表 3.17 沸腾床加氢重油主要性质

项　目	指　标	加氢重油	方　法
运动黏度（50℃）/（mm²/s）	≤ 180/380	128	GB/T 11137
密度 /（kg/m³） 　15℃ 　20℃	≤ 991.0 ≤ 987.6	930	GB/T 1884 和 GB/T 1885
碳芳香度指数（CCAI）	≤ 870	806	GB 17411—2015 附件 F
硫含量 /%	≤ 0.5	0.44	GB/T 17040
闪点（闭口）/℃	≥ 60.0	>90	GB/T 261
硫化氢 /（mg/kg）	≤ 2.00	0	IP 570

项　目	指　标	加氢重油	方　法
酸值（以 KOH 计）/（mg/g）	≤ 2.5	0	GB/T 7304
总沉积物（老化法）/%	≤ 0.10	0.03	SH/T 0702
残炭 /%	≤ 18.00	5.60	GB/T 17144
倾点 /℃	≤ 30	<20	GB/T 3535
水分（体积分数）/%	≤ 0.50	0	GB/T 260
灰分 /%	≤ 0.100	0.01	GB/T 508
钒 /（mg/kg）	≤ 350	10.8	IP 501
钠 /（mg/kg）	≤ 100	5.57	IP 501
净热值 /（MJ/kg）	39.8	42.0	GB/T 384

由表 3.15 可知，减压渣油经过沸腾床加氢转化后，其脱硫率在 90% 以上，验证了高脱硫催化剂的加氢脱硫效果。减压渣油经沸腾床加氢转化后，得到加氢石脑油、加氢柴油、加氢蜡油以及加氢重油，各产品性质分析结果如表 3.16 所示，其中加氢重油（> 350℃）硫含量为 0.45%，满足硫含量 ≤ 0.5% 指标要求，可作为低硫船用燃料油或调合组分。

针对硫含量为 4.97% 的劣质减压渣油原料，在转化率 70.2% 的工况下，分馏塔底油硫含量小于 0.5%，脱硫率达到了 94.1%，验证了新一代高脱硫催化剂的加氢脱硫效果，各项性质均满足低硫船用燃料油指标，表明了采用 STRONG 沸腾床渣油加氢技术生产低硫船用燃料油技术的可行性。

3.7　沸 – 固复合床生产低硫船用燃料油展望

沸 – 固复合床渣油加氢技术是中国石化为满足传统渣油加氢技术原料性质劣质化及运转周期延长而开发的新一代渣油加氢技术，作为中国石化独有的渣油加氢技术，该技术在处理劣质原料及延长运转周期方面相较传统技术具有显著优势。

现阶段低硫船用燃料油工业生产的关键是低成本及规模化，在传统炼油产品普遍进入微利甚至亏本边缘的社会大环境下，在源头端降低原油采购成本是企业不约而同的选择，而低价原油往往意味着原油性质劣质化，加工原料劣质化给传统渣油加氢装置正常运转带来极大挑战，直接影响是催化剂快速失活及运转周期缩短，因此，选择低价的劣质原料加工必须解决现有渣油加氢装置原料适应性的问题。沸－固复合床渣油加氢技术以沸腾床作为保护反应器，借助流态化反应器可以很好解决加工劣质原料带来的床层压降等问题；另外，沸腾床反应器催化剂在线加排的特点可以保证沸腾床催化剂活性稳定，通过调变催化剂加排策略可以应对原料性质劣质化对后续固定床反应器的影响，保证后续固定床反应器始终加工性质稳定的原料，为固定床催化剂性能发挥及装置长周期运转提供有利条件。

沸－固复合床渣油加氢技术可以利用自身原料适应性好的特点，通过采购加工低价劣质原料来生产具有市场竞争力的低硫船用燃料油产品，一方面可以大大拓宽加工原料的种类，如常减压渣油、乙烯焦油、催化油浆或超重油等；另一方面可大幅降低原料采购成本，降低企业负担及提升产品市场竞争力。目前沸－固复合床正处于工业应用初期，未来 2 年内会有 3 套百万吨级工业装置相继建成并投入工业运行。可以预见，随着沸－固复合床技术不断发展及完善，该技术将可能极大改变目前炼油结构，支撑企业的转型升级。

参 考 文 献

［1］方向晨. 国内外渣油加氢处理技术发展现状及分析［J］. 化工进展，2011，30（1）：95-104.

［2］仝玉军，杨涛，方向晨，等. 炼油结构转型下沸腾床加氢技术［J］. 石油炼制与化工，2021，52（10）：110-117.

［3］贾丽，杨涛，胡长禄. 国内外渣油沸腾床加氢技术的比较［J］. 炼油技术与工程，2009，39（4）：16-19.

［4］刘建锟，蒋立敬，杨涛，等. 沸腾床渣油加氢技术现状及前景分析［J］. 当代化工，2012，41（6）：585-587.

［5］刘建锟，杨涛，贾丽，等. 掺炼催化循环油的沸腾床与催化裂化组合技术开发［J］. 现代化工，2015，35（1）：140-145.

［6］孟兆会，方向晨，杨涛，等. 沸腾床与固定床组合工艺加氢处理煤焦油试验研究［J］. 煤炭科学技术，2015，43（3）：134-137.

［7］刘建锟，杨涛，方向晨，等. 沸腾床渣油加氢－焦化组合工艺探讨［J］. 石油学报（石油加工），2015，31（3）：663-669.

［8］Embaby M. Shuaiba Refinery Experiences with H-Oil Unit［J］. Studies in surface science and catalysis，1989，53：165-173.

［9］贾丽，王喜彬，杨涛，等.国外重渣油沸腾床加氢反应器［J］.炼油技术与工程，2012，42（5）：39-42.

［10］Cheng Z M，Huang Z B，Tao Y，et al. Modeling on scale-up of an ebullated-bed reactor for the hydroprocessing of vacuum residuum［J］. Catalysis Today，2014，220-222（5）：228-236.

［11］Al-Dalama K，Stanislaus A. Comparison between deactivation pattern of catalysts in fixed-bed and ebullating-bed residue hydroprocessing units［J］. Chemical Engineering Journal，2006，120（1-2）：33-42.

［12］Rana M S，Sámano V，Ancheyta J，et al. A review of recent advances on process technologies for upgrading of heavy oils and residua［J］. Fuel，2007（86）：1216-1231.

［13］贾丽，杨涛，葛海龙，等.反应温度对沸腾床渣油加氢性能的影响［J］.炼油技术与工程，2013，43（2）：15-18.

［14］杨涛，方向晨，蒋立敬，等.STRONG沸腾床渣油加氢工艺研究［J］.石油学报（石油加工），2010，26（S1）：33-36.

［15］孟兆会，杨涛，贾丽，等.渣油沸腾床加氢反应产物体系稳定性研究［J］.石油炼制与化工，2013，44（12）：66-70.

［16］刘玲，孟兆会，葛海龙，等.基于分子结构的渣油沸腾床加氢转化特点研究［J］.石油炼制与化工，2023，54（1）：76-82.

［17］仝玉军，杨涛，葛海龙，等.沸腾床加氢过程重油分子结构变化规律［J］.石化技术与应用，2021，39（1）：8-13.

［18］葛海龙，仝玉军，杨涛.渣油加氢性质与结构变化规律研究［J］.炼油技术与工程，2020，50（10）：5-9.

［19］田丹，杨涛，孟兆会，等.沸腾床渣油加氢工艺中氮化物转化规律的研究［J］.石油炼制与化工，2020，51（4）：59-63.

［20］李立权，方向晨，高跃，等.工业示范装置沸腾床渣油加氢技术STRONG的工程开发［J］.炼油技术与工程，2014，44（6）：13-17.

［21］姜来，卜继春，浦海宁，等.STRONG沸腾床渣油加氢技术开发［J］.当代化工，2014，43（7）：1139-1142.

［22］潘赟，孟兆会.沸腾床渣油加氢装置长周期稳定运转技术研究［J］.

当代化工，2019，48（7）：1603-1606.

［23］金浩，孙晓丹，吕振辉，等．FRIPP沸腾床加氢系列催化剂开发与应用［J］．炼油技术与工程，2021，51（8）：57-60.

［24］刘璐，朱慧红，金浩，等．影响微球形沸腾床加氢催化剂耐磨性能的因素考察［J］．当代化工，2020，49（6）：1027-1030.

［25］王刚，王永林，孙素华．渣油加氢催化剂孔结构对反应活性的影响［J］．工业催化，2002（1）：7-9.

［26］孙素华，王刚，方向晨，等．STRONG沸腾床渣油加氢催化剂研究及工业放大［J］．炼油技术与工程，2011，41（12）：26-30.

［27］朱慧红，茆志伟，杨涛，等．催化剂形貌对沸腾床渣油加氢 Ni-Mo/Al_2O_3 催化剂活性位的影响机制［J］．化工学报，2021，72（4）：2076-2085.

［28］Tetsuo Satoh. Nippon Ketjen introduces new catalysts for residue hydrotreating［J］. Clinical & Experimental Allergy，2011，44（4）：553-562.

［29］Stoop F，Kraus L. Resid hydrotreating［J］. Catalysts courier，2001（47）：8-12.

［30］American Cyanamid Company. Catalyst for hydroconversion of heavy oil and method of making the catalyst［P］. US4652545，1987-3-24.

［31］李新，王刚，孙素华，等．粒径变化对沸腾床渣油加氢催化剂的影响［J］．当代化工，2012，41（6）：558-561.

［32］生青青，韩坤鹏，时一鸣，等．适应炼油厂转型发展的沸-固复合床渣油加氢技术开发［J］．炼油技术与工程，2024，54（6）：9-12.

［33］全玉军，葛海龙，孟兆会，等．基于多元逐步回归法的沸腾床加氢未转化油焦化的规律［J］．化工进展，2021，40（7）：3728-3735.

［34］刘建锟，杨涛，郭蓉，等．解决高硫石油焦出路的措施分析［J］．化工进展，2017，36（7）：2417-2427.

［35］全玉军，杨涛，孙世源，等．沸腾床加氢-焦化组合工艺制备低硫石油焦［J］．石油炼制与化工，2021，52（3）：15-20.

［36］全玉军，宋乐春，宁爱民，等．基于分子管理的渣油溶剂脱沥青过程优化［J］．石油化工，2019，48（7）：709-716.

［37］全玉军，杨涛，方向晨，等．炼油结构转型下沸腾床加氢技术［J］．

石油炼制与化工，2021，52（10）：110-117.

［38］杨涛，刘建锟，耿新国. 沸腾床 – 固定床组合渣油加氢处理技术研究
［J］. 炼油技术与工程，2015，45（5）：24-27.

［39］孟兆会，杨涛，葛海龙，等. 劣质渣油复合床（SiRUT）加氢技术研
究［J］. 炼油技术与工程，2021，51（4）：10-13.

［40］Wang J J，Tong Y J，Yang T，et al. Reaction process of heavy
hydrocarbons hydrogenation in ebullated bed［J］. China Petroleum
Processing & Petrochemical Technology，2021，23（4）：113-120.

［41］蔡新恒，魏晓丽，梁家林，等. 基于多产化工品的重油原料烃类结构
导向研究［J］. 石油炼制与化工，2020，51（10）：53-59.

［42］Cordero R L，Agudo A L. Effect of water extraction on the surface
properties of Mo/Al$_2$O$_3$ and NiMo/Al$_2$O$_3$ hydrotreating catalysts［J］. Appl.
Catal. A：Gen，2000，202：23-35.

［43］Dujardin C，Lélias M A，Gestel J V，et al. Towards the characterization
of active phase of（Co）Mo sulfide catalysts under reaction conditions—
Parallel between IR spectroscopy，HDS and HDN tests［J］. Appl. Catal.
A：Gen，2007，322：46-57.

［44］祁兴维，金浩，刘璐，等. 沸腾床渣油加氢沉积物生成影响因素研究
［J］. 炼油技术与工程，2019，49（7）：20-23.

［45］贾松松，生青青，时一鸣，等. 渣油加氢生成油沉积物含量影响因素
研究［J］. 当代化工，2023，52（2）：334-337.

［46］李诚，王小伟，田松柏. 化学添加剂对沥青质的稳定分散效果［J］.
石油学报（石油加工），2016，32（5）：1005-1012.

［47］刘玲，孟兆会，葛海龙，等. 渣油沸腾床加氢转化过程中结构变化与
稳定性的关系［J］. 石油炼制与化工，2023，54（4）：67-72.

［48］刘建锟，杨涛，蒋立敬，等. 沸腾床渣油加氢过程硫含量变化分析
［J］. 炼油技术与工程，2015，45（3）：5-8.

第4章

催化油浆净化技术

4.1 催化油浆性质和特点

4.1.1 催化油浆的来源

我国原油资源中重油的比重较大，且原油中低于350℃的馏分仅占20%~30%。催化裂化（FCC）技术在原油二次加工中占有较大的比重，随着催化裂化装置和催化剂等方面取得重大进步，重油催化裂化处理能力也得到了大幅度的提高，催化裂化过程中生成的催化裂化油浆产量不断增加。据统计，到2009年，我国的催化裂化加工能力已经达到1.2亿t/a，居世界第二位，位居炼油行业二次加工能力之首[1]。为充分利用重油，一些重质油（减压渣油、溶剂脱沥青油、加氢处理重油等）被掺入催化原料中，发展为重油催化裂化（RFCC）技术。尤其是20世纪80年代后，我国的RFCC技术迅速发展，总加工能力达1亿t/a。重油在进行二次催化裂化处理时，会出现严重的沉降器结焦现象，从而促进催化剂失活，使产品的分布和质量受到较大影响。因此，炼厂为延长催化裂化的生产周期，维持反应器和再生器的热平衡，提高装置处理量，优化其产品质量，提高轻油收率，需外甩催化油浆。据统计，我国外甩油浆量占催化裂化装置处理量的5%~10%，外甩油浆量大于8亿t/a[2]。

外甩的催化油浆并非一无是处，由于其含有大量三环、四环芳烃，且几乎全是带短侧链芳烃，反而是一种极有价值的化工产品，可以作为调合重质船用燃料油的原料，也可以进一步加工生产优质的石油焦、炭黑及碳素纤维材料等高价值产品，但相关行业对油浆原料的固体含量有严格要求。而催化油浆中含有大量固体杂质（主要由催化剂颗粒及附着在催化剂上的胶质和沥青质组成），且油浆密度、黏度、金属、稠环芳烃、胶质、沥青质含量较高，催化剂微米级颗粒以致密、连续的网状结构呈胶团状分布，分离极其困难，严重制约了催化油浆的综合利用。表4.1为中国石化几个典型炼化企业生产的催化油浆杂质粒径分布情况。

我国每年催化裂化装置生产的催化油浆在750万t以上，因此催化油浆脱固成为当前急需解决的关键问题，如能实现高效稳定的油浆净化，满足油浆综合利用的要求，将会为企业带来巨大效益。

表 4.1 催化油浆杂质粒径分布 %

项　目	企业 1 油浆	企业 2 油浆	企业 3 油浆	企业 4 油浆	企业 5 油浆	企业 6 油浆	企业 7 油浆
<1μm	7.93	7.76	13.30	9.22	7.17	9.25	4.74
1~10μm	69.77	65.90	67.77	70.06	66.61	67.62	51.13
10~20μm	15.2	20.14	10.9	12.00	14.92	16.24	28.15
20~40μm	4.57	6.19	6.9	8.12	9.47	6.76	15.7
40~50μm	0.26	0.01	0.69	0.54	0.98	0.13	0.28
>50μm	2.27	0	0.44	0.06	0.85	0	0
累计	100	100	100	100	100	100	100

⤷ 4.1.2　催化油浆的性质及组成

催化油浆的性质不仅与原料的组成有关，还与催化裂化的进料和处理工艺有关。不同的原料和加工工艺，催化油浆的性质相差很大，在相同收率下，石蜡基油浆中的窄馏分比环烷基油浆含有更多的芳香分，其中饱和分中环烷烃的环数也相应地减少[3]。不同催化裂化工艺油浆的性质见表 4.2。

表 4.2　不同催化裂化工艺油浆的性质

分析项目	MIP	MIP–CGP	VRFCC	MIP–DCR	RFCC
S/%	0.87	0.67	1.95	0.99	1.32
N/（μg/g）	2237	2376	3830	2580	1561
灰分 /%	0.24	0.267	0.08	0.172	0.086
饱和烃 /%	5.15	9.53	19.41	28.51	7.21
芳烃 /%	79.09	80.18	70.39	56.53	85.42
胶质 /%	12.84	9.35	9.88	12.93	7.18
沥青质 /%	2.91	1.12	0.31	2.03	0.19
Al/（μg/g）	521.20	534.78	365.35	432.15	501.23
Ca/（μg/g）	15.22	10.68	1.23	3.57	17.73
Fe /（μg/g）	16.97	41.42	11.86	19.92	8.22
Ni /（μg/g）	2.07	10.22	2.39	7.24	4.03
V/（μg/g）	1.91	10.02	4.77	4.84	3.38

催化油浆主要是分馏塔底部的重质馏分，一般密度大（大于 1.0g/cm³）、氢碳比较低、稠环芳烃组分高且具有一定量 Ni、V、S、N 等元素。平均相对分子质量在 450~550，小于减压渣油的平均相对分子质量。油浆含有大

量的芳香分，其中一环、二环芳烃含量相对较少，三环、四环芳烃含量较多，并且芳烃侧链少且短。窄馏分中芳烃的分布规律为：随着馏出率的增加，一环、二环、三环芳烃的含量迅速下降，四环、五环芳烃和未鉴定芳烃的含量上升。催化油浆的芳烃含量与催化原料的性质和转化率有关。在相同条件下，如果石蜡基原油的减压馏分油或渣油进行催化裂化，油浆的芳香分含量就低。如加工大庆原油的催化油浆，芳香分可低至 35% 左右[4]。催化装置加工的若是中间基或环烷基原油的减压馏分油或渣油，则油浆中的芳香分就要高得多。如加工环烷基原油的沙特原油，催化油浆的芳香分含量高达 67%[5]。另外，随着催化裂化原料转化率的提高，油浆的密度、芳香分的含量都会升高。

4.2　催化油浆常用净化技术

目前国内外催化油浆净化技术从技术原理区分，主要有以下几类：沉降分离技术、电磁分离技术、离心分离技术、过滤技术和其他技术。下面将详细介绍这几种技术。

⇒ 4.2.1　沉降分离技术

沉降分离是依靠催化油浆与油浆中催化剂颗粒间的密度差，在重力的作用下，使催化剂颗粒沉降，从而实现固液分离。一般可分为自然沉降和加剂沉降。部分炼厂的外甩油浆存于油浆沉降罐中进行自然沉降，其温度为 80~90℃，沉降一段时间后备用，该方法操作简单，运行成本低，但受油浆性质及固体颗粒性质影响较大，需要大量沉降罐，耗时较长，且由于油浆黏度较大，沉降效果不好，沉降后油浆固含量无法满足后续加工要求。

加剂沉降法是对自然沉降法的改进，通过沉降剂与催化剂之间的作用力，使催化剂凝聚成团，缩短沉降时间。沉降剂根据沉降机理可分为表面活性剂和高分子絮凝剂两大类。表面活性剂类沉降剂可以根据其基团极性分为离子型表面活性剂、非离子型表面活性剂等。高分子絮凝剂亲水性好，对油浆中的固体颗粒有抗扩散或凝聚作用[6~8]。但沉降剂会增加一部分运行成本，同时沉降剂存在遇高温会分解、降低过滤效果的问题[9]。例如，某石化企业开发出一种催化裂化油浆中催化剂粉末沉降剂。该剂加量300μg/g，沉降温度80℃，沉降时间48小时，脱渣率80%以上。但该技术采用的沉降剂承受不了高温，遇高温会分解（不能超过250℃）。油浆罐中的沉渣需定期清理，环保治理费用高。

⊃ 4.2.2 电磁分离技术

电磁分离技术是近年来发展起来的一种新型液固分离技术，通过施加强电场，使油浆中催化剂颗粒极化成偶极子，并在静电力的作用下吸附在电极填料上，达到固液分离的目的，该方法适用于固体颗粒直径很小、颗粒浓度相对较低且液相电阻率较大的液固体系。该技术的主要优点是分离效率高、处理量大、压降小，容易冲洗再生等；缺点是设备投资大、操作费用高。

该技术是由美国海湾石油公司开发、设计的，1979年实现工业化。1988年国内某炼油厂引进了海湾公司一套静电分离装置，用于处理RFCC油浆。1994年该炼厂根据该技术自主开发了一套RFCC油浆静电分离装置，但两套油浆静电分离装置由于静电玻璃球易破损等原因，难以长周期运行[10, 11]。其静电分离基本原理如图4.1所示。

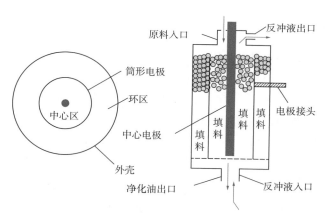

图 4.1 美国海湾石油公司静电分离基本原理

日本三井公司是美国通用原子公司（General Atomics）指定供应商，设计制造静电式油浆催化剂分离设备，1979年首次供货，在埃克森美孚、壳牌、BP等供货超过40台，在日本炼厂应用12台。其静电分离基本原理如图4.2所示。

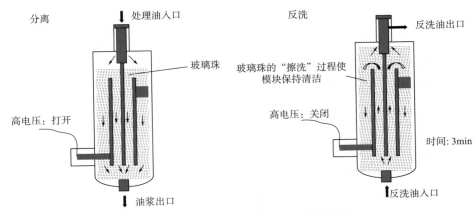

图 4.2　日本三井公司静电分离基本原理

国内一些科研机构及企业也开展了油浆静电分离技术及设备的研究。中石化炼化工程（集团）股份有限公司在自建动态静电分离装置基础上开展了静电脱除效果影响因素研究，并得出了包括静电分离时间、电压、温度在内的优化工艺条件，开发了油浆动态静电分离装置[12]。

电磁分离技术经过国内不断实验尝试，近年已实现国产化，目前该技术仍在优化改进中。2021 年，武汉兰兆科技提供 2.5 万 t/a 静电分离橇装装置在山东某炼厂开展侧线试验，处理后油浆固灰分 100~200μg/g，油浆收率 ≥ 90%[13]。

⊃ 4.2.3　离心分离技术

离心分离技术可以看作强化的沉降技术，依靠油浆与催化剂的密度差，利用催化剂细粉在离心机中获得的离心力远远大于其重力而加速沉降到器壁，从而实现固液分离。离心分离技术目前有旋流分离法和离心沉降分离法两种[14]。旋流分离法是让液体在旋流芯管内高速旋转，利用两种互不相溶介质的密度差，通过高速旋转产生的离心力实现两相分离。高温离心沉降分离法利用高温试管沉降离心机将油浆脱固净化，该技术受现有材料和设备限制，不能实现连续自动化生产，劳动强度较大，还处于试验和开发阶段。

湛江某炼厂 2019 年投用了 2.5 万 t/a 的离心脱固装置，橇装内设有 14 台离心处理机和 2 台除固离心机（见图 4.3）。脱后油浆灰分 50~200μg/g，收率 ≥ 99%。离心机冲渣输送管路存在堵塞问题，滤渣需要人工定时除固。

⊃ 4.2.4　过滤技术

（1）金属烧结滤芯过滤

金属烧结滤芯过滤技术开发较早，国内过滤器厂家主要采用国外 Pall 公司和 pure fluid 公司生产的滤芯，美国 Pall 公司生产的油浆滤芯以不锈钢烧结丝网微孔材料为过滤介质，其主要特点是利用固性

图 4.3　催化油浆离心分离脱固装置

颗粒物在丝网滤芯表面形成滤饼进行分离，而滤芯本身耐高温、抗热震性好且具有较好的清洗再生性能；其缺点是耐磨损性能差，在催化剂颗粒长期磨损的情况下易形成穿孔从而使过滤器失效。金属烧结滤芯过滤原理如图 4.4 所示。近年来国内自主生产技术也逐渐成熟，市场同类产品较多，但从国内炼厂应用的状况来看，采用金属滤芯过滤分离技术，需要频繁清洗，且清洗再生性能差，导致油浆过滤系统无法长周期运行，需要经常更换滤芯。目前国内的油浆金属滤芯过滤装置大都不能长周期运行[15]。国内金属滤芯过滤油浆净化技术应用实例如表 4.3 所示。

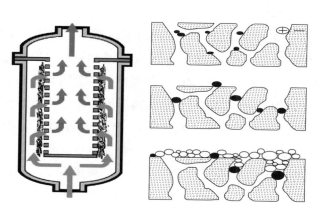

图 4.4　金属烧结滤芯过滤原理

表 4.3　国内金属滤芯过滤油浆净化技术应用实例

运行方	技术方	引进时间 / 年	使用情况及特点
华北油田	MOTT	1997	仅干气反冲洗，HyPulseLSI 型，处理能力为 3~6t/h
天津石化		2003	初期滤芯破过一次，之后运行正常，净化效果好

141

低硫船用燃料油生产技术

运行方	技术方	引进时间 / 年	使用情况及特点
胜利石化	MOTT	2000	HyPulseLSI 型油浆专用过滤系统，质量好、收率高
四川石化		2014	连续处理自动化程度高，效果好，脱灰率 >94%
巴陵石化	PALL	1998	处理能力为 10t/h，过滤效率达 98.7% 以上
大连石化		2008	连续运行最长 6 个月，操作方便，脱杂率 >88%
吉林前郭石化	中国石油大学（华东）	—	处理能力为 3~6t/h
九江石化		2010	进行了旋液分离 + 过滤组合的改造，脱固率 >95%
福建炼化	安泰科技	2002	连续运行最长 6 个月，操作方便效果好，脱灰率 >93%
大连石化	品孚罗特	1995—1997	处理能力为 5~8t/h
锦州石化		2010	采用二级过滤，据报道，开工以来一直运行良好

　　锦州某炼厂油浆过滤系统采用 MOTT 公司的油浆过滤系统及滤芯，两台过滤器切换运行，该装置于 2010 年 5 月采用品孚公司技术改造为二级过滤系统，运行一段时间后，反冲洗频繁，长周期运行效果不佳。北京某炼厂采用该技术建立了一套 10 万 t/a 油浆过滤装置，运行一段时间后，也出现了同样的问题，二级过滤器的滤芯堵塞严重，反冲洗频繁[16, 17]。

（2）柔性材料过滤

　　石油化工科学研究院开发了一种利用新型柔性过滤材料的油浆脱固技术。柔性材料具有不亲油特性，同时降低过滤材料与油浆之间的范德华力，使得油浆在过滤材料上不黏附、易脱落，不黏附胶质和沥青质，可在低温下操作，克服了刚性过滤材料需在高温下操作、胶质沥青质易缩聚生焦的缺点。新型柔性材料属于表面过滤，镶嵌在滤材孔隙中的固体颗粒物通过反吹易脱离。2019 年开发了该技术在上海某炼厂完成中试验证。

　　油浆脱固试验装置的工艺流程示意如图 4.5 所示。过滤器由底部进料，从顶部出料；过滤器的压差达到限定值时，可通过氮气反吹等操作对柔性过滤材料进行再生处理[18]。

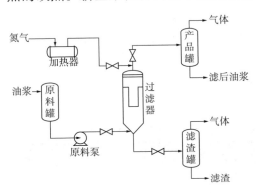

图 4.5　柔性材料油浆脱固装置工艺流程示意

（3）无机膜过滤

无机膜技术作为新兴的高精度分离技术，已被广泛应用于各个领域。催化油浆无机膜净化技术原理是采用耐高温的无机陶瓷膜作为过滤材料，与金属烧结过滤器相比，无机膜具有纳米级的超高过滤精度，净化后的油浆固含量可达 50μg/g 以下。同时无机膜过滤技术采用错流过滤工艺，克服了传统的金属过滤器需频繁切换、滤芯易堵塞且清洗再生困难，不能稳定运行等不足。但该技术对膜材料要求较高，目前市场上通用的无机膜产品（如德国 atech 膜等），其无机膜多应用于水处理，对介质流动性要求较低，在处理黏稠的石化油品时，常常出现膜孔堵塞，不能恢复的问题。

大连石油化工研究院开发了催化油浆无机膜净化技术。该技术针对催化裂化油浆原料黏度大、固含量和金属含量高的特性，研发出专用于油浆净化的特种无机膜，通过改善膜材料生产与配方生产工艺，提高膜材料对油浆的适应性，降低油浆在膜孔道内的流动阻力，既保证灰分脱除率又避免黏稠油品在孔道停留而造成膜管堵塞问题，也避免由于油品杂质吸附造成膜污染的膜通量下降问题。此外，针对油品污染，开发出配套的膜清洗剂，可实现特种的在线清洗，无须将膜管拆卸再生，实现系统长周期运行。目前该技术已在中国石化、中国石油、中国海油等多家企业应用，净化油浆固含量小于 50μg/g，满足调合低硫船用燃料油的要求。

⇨ 4.2.5　其他技术

（1）超临界萃取技术

重质油超临界流体萃取分馏技术是中国石油大学（华东）重质油加工国家重点实验室开发的一种新型分离技术，该技术类似于原油的实沸点蒸馏，利用轻烃溶剂在超临界状态下的溶解度特性，将催化油浆中的灰分、催化剂粉末和沥青质等杂质分离到萃余组分，从而达到油浆有效组分与杂质的分离。该技术操作温度低，可解决常规蒸馏结焦的问题，同时可以调整产品烃组成。但该技术需要额外轻烃溶剂，且高压超临界态能耗较高。

（2）相转移萃取纤维膜技术

在反应器内安装大量一定直径的金属或非金属纤维，向油浆中添加表面活性剂和水，形成水、油、固三相介质，三相介质流经纤维时受表面张力作用，会在纤维上形成很细的液膜并顺着纤维流动，由于三相介质在纤维上流动速度不同，可实现水、油、固三相的分离，从而达到油浆脱固的目的。该技术在荆门分公司进行了工业试验。工业化应用尚未见报道。

（3）板框过滤技术

板框过滤技术是在常规板框过滤技术上的升级，通过将催化剂粉末絮凝形成胶状物便于形成滤饼。目前，该技术在茂名石化完成了中试，还未有工业化应用。该技术装置操作温度低，净化油浆收率高，催化剂粉末呈固体状排出，真正实现固液分离。但该技术过滤前需要添加聚凝剂，提高了处理成本。

4.3　催化油浆无机膜错流过滤技术工艺和设备

4.3.1　无机膜材料的特点

大连石油化工研究院研发的无机膜产品性能优良，耐强酸强碱、机械强度高、能耗低、成本低、使用寿命长，技术指标达到国际同类产品的先进水平。该无机膜膜管如图 4.6 所示。

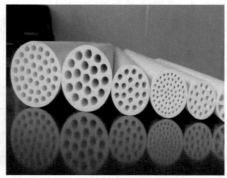

图 4.6　无机膜产品

无机膜是由 Al_2O_3、ZrO_2、TiO_2 等无机材料高温烧结而成，通过独有的薄膜沉积的孔径控制技术，形成完美的孔径分布，被广泛应用于油品、污水和气体的净化。其主要特点如下：

①热稳定性好，耐高温、不易老化；

②化学稳定性好，耐强酸、强碱、抗腐蚀；

③机械强度大；

④物理过滤，无添加物、溶出物，不会对分离物料产生影响；

⑤孔径分布集中、分离精度高；

⑥喇叭状的孔道结构，不易堵塞；

⑦可再生能力强。

无机膜材料的主要技术特点如下：

（1）膜孔径控制

能根据物料体系调整膜孔径，且孔径集中度高。

根据待过滤物料中的粒径，研发高集中度的膜孔径是保证分离效果和避免堵塞的关键。分析了国内不同工艺、不同油浆的性质和催化剂粉末的粒径分布后，选定了用于油浆过滤膜的孔径。催化油浆粒径分布如图 4.7 所示，无机膜孔径分布如图 4.8 所示。

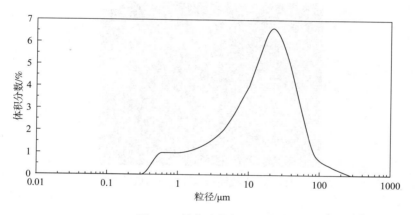

图 4.7　催化油浆粒径分布

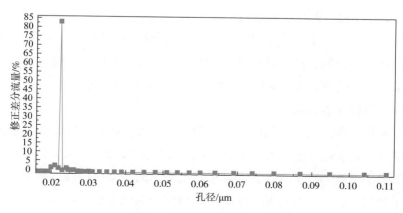

图 4.8　无机膜的孔径分布

145

（2）膜结构设计

无机膜材料孔道结构如图 4.9 所示，采用喇叭状的孔道结构，固体杂质只能附着在膜表面，随着介质不断冲刷，固体杂质不易堵塞膜孔道。

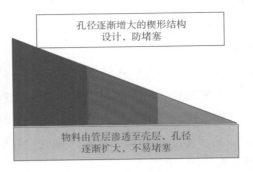

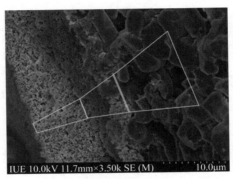

图 4.9　无机膜材料孔道结构设计

（3）膜表面亲油性处理

目前市场上的无机膜用于水处理的膜产品较多，对油品的适应性较差，膜通量不够，而且容易堵塞。

催化油浆专有膜在膜表面做亲油疏水处理（见图 4.10），确保油相物料快速通过膜表面，提高膜通量，减少污染，对高黏度油浆也有较好的净化效果。改性后膜表面功能层纵切面及表面电镜图如图 4.11 所示。

（4）可再生能力强

经过长周期运行，无机膜不可避免会被污染，因此，膜能否再生决定了该项技术是否能工业应用。大连石油化工研究院经过多次试验和不断改进，形成了专有的清洗剂，并设计了在线清洗的自动切换和控制系统。运行结果表明，已经能够达到 12~18 个月清洗一次的效果，清洗后膜通量可恢复到初始性能的 98%。无机膜清洗前后效果如图 4.12 和图 4.13 所示。

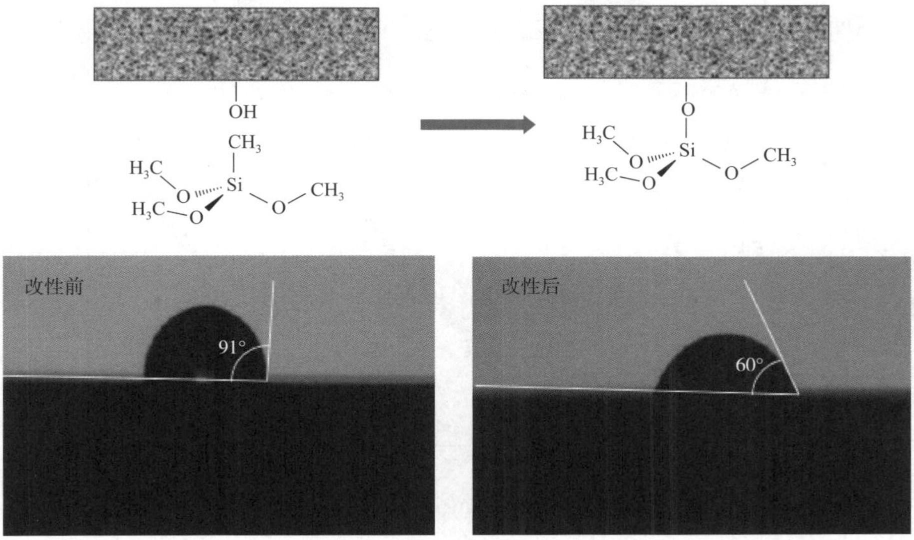

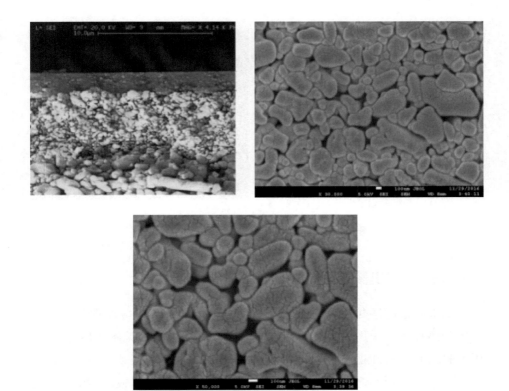

图 4.10　无机膜亲油性改性

图 4.11　改性后膜表面功能层纵切面及表面电镜图

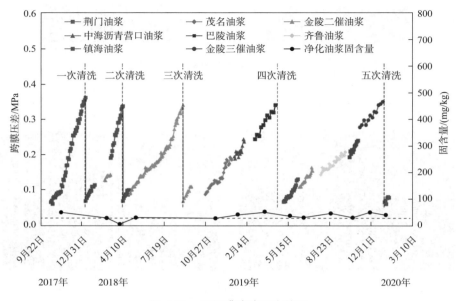

图 4.12　无机膜清洗再生效果

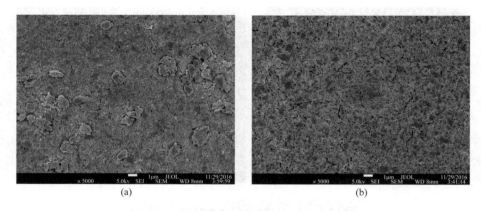

图 4.13　无机膜表面清洗前后 SEM 对比图

➲ 4.3.2　无机膜过滤技术原理

无机膜过滤净化技术是基于多孔陶瓷介质的筛分效应原理而进行的物质分离技术，采用动态"错流过滤"方式进行过滤（见图 4.14），即在压力驱动下，原料液在膜管内侧膜层表面以一定的流速流动，小分子物质（液体/气体）沿与之垂直方向透过微孔膜，大分子物质（或固体颗粒）被膜截留，使流体达到分离浓缩和纯化的目的。

148

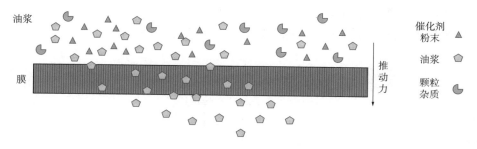

图 4.14　无机膜过滤技术原理

无机膜分离工艺是利用具有选择透过性能的膜通过压力驱动对多组分液体、气体和液固进行分离、分级、提纯或富集的过程。在无机膜的筛分作用下，工艺物料、无机盐、小分子物质等物质透过膜，而阻止物料中的悬浮物、胶体和微生物等大分子或大颗粒物质通过。超滤膜的孔径一般为 $0.005\sim0.05\mu m$，能够有效实现机械杂质和固体悬浮颗粒的脱除，以及多组分液体和气体的分离纯化。因此，在膜两侧压力推动作用下，原料中大颗粒被截留，小粒径或小分子渗透，从而达到分离净化提纯的目的。由于流体在膜管内呈湍流流动，因此在膜表面拦截的杂质不会停留附着在膜表面堵塞膜孔，而是随湍流物流由表面带走，经过循环送至循环泵入口，进一步截留浓缩到一定的浓度，随浓缩液排出系统。膜过滤法工艺流程简单，易于操作控制，分离性能优异，节能环保。

⊃ 4.3.3　无机膜过滤工艺流程

针对油浆净化工业环境的高温、高芳烃和高固含量的特点，大连石油化工研究院开发了催化裂化油浆无机膜净化技术工艺包，主要包括高温密封材料设计、过滤工艺条件设计及高效清洗工艺设计。

催化油浆无机膜过滤系统主要设备包括循环泵、膜净化单元及仪表和管道等其他辅助设施，系统的配置和设置以节能、操作简单、环保及安全为原则，并保证系统长期稳定运行。无机膜过滤系统工艺流程示意如图 4.15 所示。

催化油浆自界外进入装置，经过预处理过滤器后送至油浆循环泵入口，与循环油浆充分混合，经泵升压后，送入无机膜过滤单元的膜组件进行过滤净化；混合油浆进入无机膜组件的管程，经过无机膜的错流过滤，从壳程排出滤后油浆，以此实现油浆的净化处理。浓缩油浆自管程另一出口排出，大部分经循环线循环回循环泵进料管，与原料油浆混合，小部分进入浓缩油浆外排管出装置；脱固后的油浆渗透液进入后续处理装置，高固含量浓缩液可以返回 FCC 提升管反应器或是去焦化装置。

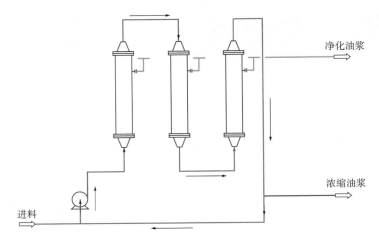

图 4.15　无机膜过滤工艺流程示意

⤷ 4.3.4　催化油浆无机膜过滤应用情况

大连石油化工研究院开发的催化油浆无机膜过滤技术经过小试、工业侧线验证、工业示范和工业推广，不断提升和完善，技术成熟可靠，目前已在中国石化、中国石油、中国海油等多家企业拥有多个成功案例，具体见表 4.4。

表 4.4　催化油浆无机膜过滤工业案例

序　号	客　户	规　模	产品质量
1	某炼化企业 1# 油浆净化装置	20 万 t/a	灰分 ≤ 100mg/kg
2	某炼化企业油浆净化装置	8 万 t/a	灰分 ≤ 100mg/kg
3	某炼化企业油浆净化装置	10 万 t/a	灰分 ≤ 100mg/kg
4	某炼化企业油浆净化装置	4 万 t/a	固含量 ≤ 50mg/kg
5	某炼化企业 2# 油浆净化装置	15 万 t/a	灰分 ≤ 100mg/kg
6	某炼化企业油浆净化装置	4 万 t/a	固含量 ≤ 50mg/kg
7	某炼化企业 1# 油浆净化装置	20 万 t/a	固含量 ≤ 50mg/kg
8	某炼化企业二期 2# 油浆净化装置	20 万 t/a	固含量 ≤ 50mg/kg
9	某炼化企业油浆净化装置	20 万 t/a	固含量 ≤ 50mg/kg
10	某炼化企业油浆净化装置	15 万 t/a	固含量 ≤ 50mg/kg

低硫船用燃料油生产技术

4.4 应用案例

（1）无机膜过滤技术

2018 年，大连石油化工研究院开发的催化油浆无机膜净化技术在某炼化企业应用，该装置处理量为 3 万 t/a，净化油浆固含量 ≤ 50mg/kg，稳定运行三年以上。脱固前后性质见表 4.5。目前该装置已扩能改造为 8 万 t/a 油浆脱固工业装置。净化油浆为低硫船用燃料油调合及针状焦生产提供了原料。

表 4.5　某炼化企业催化油浆脱固前后性质

项　目	油浆原料	净化油浆	脱除率
密度（20℃）/（g/cm³）	1.0915	1.0896	
运动黏度（50℃）/（mm²/s）	175.0	172.5	
残炭 /%	7.31	6.95	
灰分 /%	0.537	< 0.01	98.1%
固含量 /（mg/kg）	4120	35	99.2%
总金属含量 /（mg/kg）	583.07	3.53	99.4%
Al/（mg/kg）	506.5	0.95	99.8%
Si/（mg/kg）	296.5	4.3	98.5%

2021—2022 年，某炼化企业采用大连石油化工研究院开发的催化油浆无机膜过滤技术，分别投用一套 20 万 t/a 和一套 15 万 t/a 无机膜油浆净化装置，两套装置运行稳定，净化后油浆固含量稳定 ≤ 50mg/kg，硅 + 铝稳定 ≤ 15mg/kg，净化油浆满足调合重质低硫船用燃料油要求[18]。脱固前后性质见表 4.6。

表 4.6　某炼化企业催化油浆脱固前后性质

项　目	油浆原料	净化油浆	脱除率
密度（20℃）/（g/cm³）	1.1067	1.0844	
运动黏度（50℃）/（mm²/s）	220	225	
固含量 /（mg/kg）	3700	13	99.6%
灰分 /%	0.406	0.016	96.1%
甲苯不溶物 /（mg/L）	3499.5	182.6	94.8%
Al/（mg/kg）	806	< 5	99.4%
Si/（mg/kg）	651	< 10	98.5%

（2）柔性材料过滤技术

上海某炼化企业采用某单位提供的过滤技术，建成 5000t/a 油浆脱固工业侧线试验装置，5000t/a 油浆柔性脱固侧线装置三个月的稳定运行结果显示，脱固效果平稳，脱固油浆中（Al+Si）均值稳定在 15μg/g 以下，脱固油浆收率在 88%~94%[19]。脱固前后性质见表 4.7。

表 4.7　上海某炼化企业催化油浆脱固前后性质

项　目	油浆原料	净化油浆
密度（20℃）/（kg/m³）	1119.2	1116.9
运动黏度（50℃）/（mm²/s）	1254	1089
运动黏度（100℃）/（mm²/s）	26.3	24.74
残炭值 /%	11.43	11.05
Al/（μg/g）	476	< 5
Si/（μg/g）	353	< 10

（3）电磁分离技术

2021 年，山东某炼化企业采用武汉兰兆科技电磁分离技术，建成 2.5 万 t/a 油浆脱固装置开展工业试验[20, 21]。试验期间，油浆平均脱固率达 97%，澄清油平均灰分低于 0.008%，Si+Al 质量分数低于 17mg/kg。脱固前后性质见表 4.8。

表 4.8　山东某炼化企业催化油浆脱固前后性质

项　目	油浆原料	净化油浆
密度（20℃）/（kg/m³）	1.10	1.08
运动黏度（50℃）/（mm²/s）	351.6	276.3
总金属含量 /（mg/kg）	1249	< 20
灰分 /%	0.418	< 0.008
Al/（mg/kg）	1120	7
Si/（mg/kg）	942	< 10

（4）离心过滤技术

2019 年，湛江某炼化企业采用离心过滤法，投产一套 3 万 t/a 油浆脱固装置，橇装内设有 14 台离心处理机和 2 台除固离心机，采用并联配置。过滤后油浆机械杂质为 0.019%~0.027%，灰分为 0.017%~0.039%，（铝+硅）质量分数低于 50mg/kg，油浆损耗低于 0.3%，脱固后油浆用于调制船用燃料油[22]。脱固后性质见表 4.9。

表 4.9　湛江某炼化企业催化油浆脱固后性质

项　目	净化油浆
机械杂质 /%	0.019~0.027
灰分 /%	0.017~0.039
Si+Al/（mg/kg）	18~50
残炭 /%	10.06~10.7

参 考 文 献

［1］刘初春.未来低硫船舶燃料油市场走势分析［J］.国际石油经济，2020，28（2）：82-88.

［2］郑丽君，朱庆云，丁文娟.船用燃料油新法规对其市场的影响及中国石油应对策略［J］.石化技术与应用，2020，38（2）：71-75.

［3］王文涛.降低低硫船燃生产成本方案研究［J］.当代石油石化，2020，28（11）：27-31.

［4］仲理科，孙治谦，任相军，等.催化裂化油浆脱固方法研究进展［J］.石油化工，2017，46（9）：1209-1213.

［5］黄辉明，杨成武，马庆功，等.JR-SA06高效油浆脱灰剂的工业应用［J］.石油炼制与化工，2019，50（11）：21-25.

［6］赵开鹏，沈震林.水洗沉降分离催化裂化油浆中催化剂粉末的方法：CN01113134.9［P］.2002-01-09.

［7］胡幼元，雷电，曾钦航.一种用于加快油浆催化剂颗粒沉降的沉降器：CN202020003868.8［P］.2020-11-27.

［8］林炯.一种油浆沉降剂反应装置：CN202022796249.1［P］.2021-08-17.

［9］曹丽，吴世逵.催化裂化油浆分离技术评述［J］.广东化工，2011，38（7）：65-66.

［10］方云进，肖文德，王光润.液固体系的静电分离研究Ⅲ.热模试验［J］.石油化工，1999，28（5）：312-315.

［11］赵光辉，马克存，孟锐，等.炼厂催化裂化外甩油浆的分离技术及综合利用［J］.现代化工，2006，26（1）：20-23.

［12］唐应彪，崔新安. 催化裂化油浆动态静电分离试验研究［J］. 炼油技术与工程，2020，50（12）：14–17.

［13］Fritsche G R，Stegelman A E. Gulftronic electrostatic catalyst separator upgrades FCC（Fluid Catalytic Cracking）bottoms［J］. Oil Gas J，1980，78（40）：55–59.

［14］白志山，钱卓群，毛丹，等. 催化外甩油浆的微旋流分离实验研究［J］. 石油学报（石油加工），2008，24（1）：101–105.

［15］朱洪，张文军，秦跃强. 国产油浆过滤技术的研发与工业应用［J］. 石化技术，2022，29（5）：87–89.

［16］陶大勇，曲峰，张弛. 油浆过滤系统用于重油催化裂化装置［J］. 设备维修与管理，2016（S1）：93–95.

［17］林春光，欧阳云凤，董振，等. 重油催化裂化油浆二级过滤技术的应用［J］. 化工进展，2013，32（4）：954–958.

［18］陈万新. 陶瓷膜技术净化催化油浆的工业应用［J］. 炼油技术与工程，2022，52（2）：25–27.

［19］邵志才，牛传峰，方强，等. 催化裂化油浆柔性脱固技术（RSFF）研究［J］. 石油炼制与化工，2021，52（11）：24–29.

［20］Takagi R，Nakagaki M. Characterization of the membrane charge of Al_2O_3 membranes［J］. Separation and Purification Technology，2001，25（1–3）：369–377.

［21］孙冠嵩，李小军，蔡文军，等. DiSep® 电分离技术在催化裂化油浆过滤系统的应用总结［J］. 炼油技术与工程，2022，52（8）：16–18.

［22］申涛. 催化裂化油浆离心过滤法除固技术应用分析［J］. 炼油技术与工程，2020，50（6）：6–10.

净化油浆选择性加氢脱硫技术

5.1 技术简介

催化裂化技术是重油深度加工的三大主要工艺之一，是原料轻质化的主要工艺技术，并且对原料适应性强。目前部分催化裂化装置可以直接加工常压渣油或掺炼部分减压渣油，由此带来了催化裂化产品质量、产品分布变差等问题。为提高装置处理量，降低能耗，增加轻质产品，外甩油浆是一个很好的解决办法[1]，随之产生大量的副产品催化裂化油浆。作为催化裂化工艺过程所产生的一种低附加值产物，催化裂化油浆具有密度大、残炭值高、黏度大、芳香分含量高等特点，并含有残余催化剂颗粒和焦炭，加工利用难度较大，因此如何加工利用催化裂化油浆已成为炼厂急需解决的关键问题。

催化裂化油浆富含芳烃，是调合低硫船用燃料和制备针状焦等高端碳材料的理想原料[2]。目前我国催化裂化油浆年产量约 1000 万 t，但优质低硫燃料油浆资源紧张。由于劣质油浆硫含量较高（1.0%~2.0%），船用燃料和针状焦等碳材料产品对硫含量有严格要求（≤ 0.5%），而常规油浆加氢脱硫催化剂存在芳烃损失量过高的问题，因此开发催化裂化油浆高选择性加氢脱硫技术及配套催化剂是炼油工业亟待解决的重大课题。

5.2 油浆选择性加氢脱硫中的化学反应

催化油浆的稠环芳烃含量高，适合作为低硫船用燃料油调合组分和生产针状焦等碳材料的原料，但由于催化油浆的硫含量通常较高，还需要进行加氢脱硫处理。含硫化合物的 C—S 键是比较容易断裂的，C—S 键的键能为 272kJ/mol，小于 C—C 键的键能（348kJ/mol）。在加氢反应过程中，C—S 键较易于断开并生成相应的烃类和硫化氢。含硫化合物的加氢反应活性与其分子结构有密切的关系[3-5]。不同类型的含硫化合物的加氢反应活性按以下顺序依次增大：

噻吩 ＜ 四氢噻吩 ≈ 硫醚 ＜ 二硫化物 ＜ 硫醇

噻吩类硫化合物的反应活性是最低的。而且随着其中环烷环和芳香环数目的增加，其加氢反应活性下降到二苯并噻吩含有三个环时，加氢脱硫最难，这种现象可能是由空间位阻所致。但再增加缩合环的数目时加氢脱硫活性又有所回升，这种现象可能是多元芳香环在加氢之后，由氢化芳香环皱起，空间阻碍变得不那么严重所致。对于多数含硫化合物来说，在常规的温度和压力范围内，其脱硫反应的化学平衡常数都是相当大的。因此，在实际的加氢过程中，对大多数含硫化合物来说，决定脱硫率高低的因素是反应速率而不是化学平衡[3-6]。

芳烃加氢是可逆反应，由于热力学平衡的限制，在典型加氢处理反应条件下芳烃不可能完全转化。在缩合多环芳烃化合物加氢过程中，第1个芳环加氢在动力学上是有利的，与第1个芳环加氢相比，后续芳环加氢反应速率越来越慢，最后1个芳环加氢非常困难。在不同硫化态催化剂上单环、双环和三环芳烃加氢反应的相对反应速率常数见表5.1。表5.1也给出了芳烃化合物的共振能。总共振能的顺序如下：苯＜萘＜蒽＜菲。

表5.1　在硫化物催化剂上单环和多环芳烃加氢反应的相对反应速率常数[7]

加氢反应	相对反应速率常数				总共振能/(kJ/mol)	每个环的共振能/(kJ/mol)
	Ni–Mo/Al₂O₃	Ni–W/Al₂O₃	Co–Mo/Al₂O₃	WS₂		
苯 +3H₂ ⇌ 环己烷	1	1	1	1	150~167	167
萘 +2H₂ ⇌	10	18	21	23	247~314	117
蒽 +H₂ ⇌	36	40		62	297~439	
菲 +H₂ ⇌	4				356~385	

5.3　油浆选择性加氢脱硫中的催化剂级配技术

催化裂化油浆高选择性加氢脱硫的难点在于保证加氢脱硫深度的同时，最大限度降低多环芳烃损失量，实现加氢脱硫和芳烃饱和的逆向精准调控。针对油浆高选择性加氢脱硫的迫切需求，亟须开发具有高脱硫活性且选择性高的加氢脱硫催化剂体系及级配技术。

⊃ 5.3.1 保护剂的开发

催化油浆相对分子质量大、结构复杂、芳烃含量高，硫主要分布在稠环芳烃、胶质和沥青质中，这些复杂化合物的存在，使加氢脱硫反应比相对分子质量较小的馏分油脱硫反应困难得多，因此需要：

①制备具有梯度孔径、梯度活性的加氢保护剂体系。保护剂需具有孔径大的特点，以消除大分子在催化剂表面吸附、反应时的扩散阻力，保证装置的长周期运转；

②保护剂体系选择适宜的活性金属组合，调节催化剂表面酸性质，以提高催化剂的加氢脱硫性能。

（1）拟薄水铝石的选择

拟薄水铝石作为制备催化剂载体的主要原料，其性能的优劣直接影响载体性能。为制备大孔容、大孔径及孔道贯穿的载体，选择更加优异的拟薄水铝石是直接途径。

表 5.2 几种拟薄水铝石的孔结构

项　目	01	02	03
比表面积 / (m^2/g)	260~310	260~310	330
孔容 / (cm^3/g)	≥ 1.0	≥ 1.0	1.4
可几孔径 /nm	9	9	17

从表 5.2 可见，03 拟薄水铝石的比表面积为 330m^2/g，孔容为 1.4cm^3/g，可几孔径为 17nm，物化性质远优于当前常用的 01 拟薄水铝石，具有大孔容、大孔径及高表面的特点，是超大孔拟薄水铝石，适宜用作保护剂的载体原料。

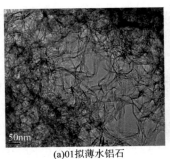

(a)01拟薄水铝石　　　　　　　(b)03拟薄水铝石

图 5.1 拟薄水铝石粒子结构 TEM 形貌

从图 5.1 可以观察到，01 拟薄水铝石的微观形貌呈长丝状，分散较好，聚集轻微，但非纳米粒子。03 拟薄水铝石的微观形貌呈针状，分散较好，未见明显聚集，高径比达 50 倍左右。

（2）载体的制备

采用 03 拟薄水铝石为原料制备的载体与原催化剂载体的物化性质对比见表 5.3。

表 5.3　两种载体性质对比

拟薄水铝石	焙烧温度 /℃	水孔容 / (cm³/g)	比表面积 / (m²/g)	孔容 */ (cm³/g)	可几孔径 / nm
03	基准	0.97	251	0.69	17
03	基准 +300	0.94	120	0.51	22
01	基准 +370	0.89	95	0.52	23

注：*表示液氮吸附法测孔容。

结果表明，载体焙烧温度为基准时，使用 03 拟薄水铝石制备的载体具有高比表面积和大可几孔径的特点，与 01 拟薄水铝石孔结构相比，可几孔径降低 6nm，说明在载体成型过程中粉体被压缩，使孔容和孔径变小。焙烧温度提高 300℃时，载体孔结构与当前保护剂载体的孔容和孔径相当，但载体的比表面积增加了 25m²/g，焙烧温度低 70℃左右，载体吸水孔容均较大。使用超大孔拟薄水铝石 03 制备加氢保护剂载体，具有焙烧温度低、大孔径、高比表面积的特点。

选用常规拟薄水铝石 01 和超大孔拟薄水铝石 03 为原料加入扩孔剂制备载体，考察加入不同剂量扩孔剂对载体孔结构的影响。载体分析结果见表 5.4，载体孔分布见图 5.2。

表 5.4　扩孔试验载体物化性质分析结果

项　目	S16-68	S16-69	S16-70	S16-71	S16-72	S16-82
拟薄水铝石	01				03	
扩孔剂相对加入量	w	1.5w	2w	2.5w	1.5w	2.5w
孔容 / (cm³/g)	0.65	0.64	0.64	0.63	0.54	0.58
比表面积 / (m²/g)	117	122	123	127	131	136
BJH 孔分布 /%						
60.0~100.0nm	2.3	3.7	7.7	6.4	6.3	11.3
30.0~60.0nm	23.9	31.9	37.0	37.2	43.1	50.8

低硫船用燃料油生产技术

续表

项　目	S16-68	S16-69	S16-70	S16-71	S16-72	S16-82
20.0~30.0nm	35.3	33.6	29.2	30.2	29.7	19.3
15.0~20.0nm	20.1	16.6	13.7	12.9	12.1	6.0
10.0~15.0nm	13.5	10.5	8.8	8.8	6.2	4.7
1.7~10.0nm	4.9	3.8	3.6	4.5	2.3	7.6
总孔容（Hg）/（cm³/g）	0.93	0.99	1.28	1.54	1.30	1.77
强度/（N/mm）	7.3	6.3	4.5	3.8	5.2	4.6
堆积密度/（g/cm³）	0.41	0.39	0.37	0.34	0.37	0.28

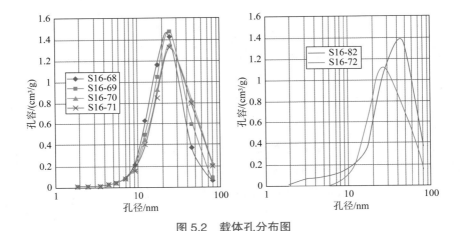

图 5.2　载体孔分布图

从表 5.4 载体物化性质分析结果汇总表明，使用 01 拟薄水铝石制备载体，在载体捏合过程中加入扩孔剂时，随着扩孔剂加入量的增加，载体的孔容和比表面积变化不明显；载体的强度和堆积密度降低，强度由 7.3N/mm 降低至 3.8N/mm，堆积密度由 0.41g/cm³ 降至 0.34g/cm³；总孔容从 0.93cm³/g 依次增大至 1.54cm³/g。从孔分布结果看，大于 30.0nm 的孔分布率增加明显，由 26.2% 增至 43.6%，载体孔分布集于 20~60nm 范围内的孔达到 59.2%~67.4%，比表面积为 120m²/g 以上。使用 03 拟薄水铝石制备载体，在载体捏合过程中加入扩孔剂时，随着扩孔剂加入量的增加，载体孔容和比表面积变化不明显；载体的强度和堆积密度降低，强度由 5.2N/mm 降低至 4.6N/mm，堆积密度由 0.37g/cm³ 降至 0.28g/cm³；S16-72、S16-82 总孔容从 1.30cm³/g 增大至 1.77cm³/g。从孔分布结果看，大于 30.0nm 孔分布率增加明显，由 49.4% 增至 62.1%，载体孔分布集于 20~60nm 范围内达到 70%

160

以上，比表面积为 131~136m²/g。对比两种载体的分析结果可知，在相同扩孔剂用量的条件下，对 03 拟薄水铝石的扩孔效果更加明显，总孔容增加了 0.3cm³/g，S16–82 孔径高达 40nm 左右，而其他载体均为 23nm 左右。

综上所述，载体成型时加入扩孔剂对载体的堆积密度、强度、总孔容和孔分布的影响显著，超大孔拟薄水铝石 03 更具优势，所制备的载体具有超大孔容和孔径，较适宜作为保护剂载体。

选择不同比例、适宜的拟薄水铝石混合进行成型，在适宜的温度条件下进行焙烧，制备保护剂的载体，载体的性质列于表 5.5 中。

表 5.5　保护剂的载体性质

项　目	HSDS–1	HSDS–2	HSDS–3	HSDS–4	HSDS–5	HSDS–6	HSDS–7	HSDS–8
孔容 /（cm³/g）	≥ 0.25（H₂O）	≥ 0.80	≥ 0.80	≥ 0.80	≥ 0.80	≥ 0.60	≥ 0.62	≥ 0.65
比表面积 /（m²/g）	—	≥ 110	≥ 120	≥ 120	≥ 120	≥ 100	≥ 125	≥ 150
形状	四叶轮	四叶轮	四叶轮	四叶草	四叶草	四叶草	四叶草	四叶草
粒径 /mm	6.0~8.0	3.2~4.2	2.7~3.2	1.6~2.2	1.3~1.8	1.1~1.8	1.1~1.8	1.1~1.8

（3）活性金属的选择

油浆加氢脱硫催化剂常用的是负载型过渡金属硫化物催化剂，采用活性氧化铝作为载体，以ⅥB 族金属 Mo、W 为主活性组分，以Ⅷ族金属 Co、Ni 为助剂。活性金属组分在各种反应的活性顺序如下：

氢解脱硫反应：Co–Mo>Ni–W>Ni–Mo>Co–W ；

加氢脱氮反应：Ni–Mo>Ni–W>Co–Mo>Co–W ；

加氢脱芳反应：Ni–Mo≈Ni–W>Co–Mo>Co–W。

Co–Mo 和 Ni–Mo 系催化剂是非常重要的工业催化剂，广泛应用于石油的加氢脱硫过程[7~10]。Co–Mo 和 Ni–Mo 催化剂的不同组合在加氢脱硫过程中表现出了不同的催化特性。Ni–Mo 催化剂的加氢活性更高，适用于脱氮及脱芳反应；而 Co–Mo 催化剂氢解脱硫活性更高，适用于高选择性加氢脱硫。已有较多的研究关注 Ni–Mo 和 Co–Mo 系催化剂催化加氢反应的机理，特别是金属活性组分在反应过程中的作用[11~15]。但是由于反应过程的复杂性，Ni–Mo 和 Co–Mo 系催化剂表面的反应机理仍需进一步研究，特别是 NiO 和 CoO 等氧化物对油浆加氢脱硫过程的影响机制尚不清楚。在本工作中，我们构筑出了 Ni–Mo、Ni–Co–Mo 和 Co–Mo 催化剂，并对催化剂进行表征，在此基础上分析了 Ni 和 Co 活性物种对加氢反应的影响。

① 催化剂制备。

配制以下三种不同溶液：含有 Ni 离子和 Mo 离子的混合溶液；含有 Ni 离子、Co 离子以及 Mo 离子的溶液；含有 Co 离子和 Mo 离子的溶液。接着，将上述三种溶液分别浸渍于工业加氢催化剂载体上。然后，对浸渍样品进行干燥，干燥条件为 150℃、3h。最后，对干燥后的样品在 520℃焙烧 3h，制备出三种不同的催化剂。为了简单，在下文中催化剂将被命名为 CAT–Ni、CAT–NiCo 和 CAT–Co。

②催化剂表征。

采用日本理学 D/MAX2500 型 X 射线衍射仪表征催化剂的 XRD 谱图，并分析催化剂的物相结构。采用迈克公司 ASAP–2420 物理吸附仪表征催化剂的孔结构（SVD）和比表面积。采用 Thermo Scientific 公司 DXR Microscope 型 DXR 显微 RAMAN 光谱仪进行催化剂的拉曼光谱表征。采用 Micrometrics 公司的 Autochem2920 装置对催化剂进行程序升温还原表征（H_2–TPR）和酸分布表征（NH_3–TPD）。采用 Quantachrome 公司 Chemisorption–300 AUTOSORB–Ⅰ–C 型化学吸附仪对催化剂进行 CO 吸附红外光谱（FTIR）表征。

③结果与讨论。

A. 催化剂的孔结构和物相结构。

采用 N_2 吸附法对 CAT–Ni、CAT–NiCo 和 CAT–Co 催化剂的孔结构和比表面积进行表征，采用无机法分析了 CAT–Ni、CAT–NiCo 和 CAT–Co 催化剂的活性金属组分含量，结果如表 5.6 所示。CAT–Ni 催化剂含有 11.2% 的 MoO_3 和 2.74% 的 NiO，CAT–NiCo 催化剂含有 11.1% 的 MoO_3、1.81% 的 NiO 和 0.94% 的 CoO，CAT–Co 催化剂含有 10.9% 的 MoO_3 和 2.75% 的 CoO。CAT–Ni、CAT–NiCo 和 CAT–Co 催化剂具有几乎相同的孔容、比表面积和最可几孔径。这表明：在载体相同，金属组分总量、Mo 组分含量相近的情况下，不同的金属配比对于催化剂的孔结构影响较小。

表 5.6　催化剂的孔结构及组分含量

项　目	CAT–Ni	CAT–NiCo	CAT–Co
孔容 / (cm^3/g)	0.61	0.62	0.61
比表面积 / (m^2/g)	147	145	146
最可几孔径 /nm	17.5	17.5	17.5

项　目	CAT–Ni	CAT–NiCo	CAT–Co
MoO_3 含量 /%	11.2	11.1	10.9
NiO 含量 /%	2.74	1.81	—
CoO 含量 /%	—	0.94	2.75

　　图 5.3 是 CAT–Ni、CAT–NiCo 和 CAT–Co 催化剂的 XRD 谱图。如图 5.3 所示，三种催化剂均在 37.3°、39.5°、45.5° 和 66.6° 出现了明显的 XRD 衍射峰，这四个峰分别对应 γ–Al_2O_3 的（311），（322），（400），（440）晶面（JCPDS 48–367）[16]。除上述四个峰之外，三种催化剂在 26.5° 左右也出现了一个明显的 XRD 衍射峰。对于 CAT–Ni 催化剂而言 26.5° 的 XRD 衍射峰是由 $NiMoO_4$ 引起的[17]，而对于 CAT–Co 而言 26.5° 的 XRD 衍射峰则归属于 $CoMoO_4$[18]。对于 CAT–NiCo 而言，26.5° 的 XRD 衍射峰可能同时包含 $NiMoO_4$ 和 $CoMoO_4$。在三种催化剂的 XRD 谱图上，均未观察到 MoO_3、NiO 和 CoO 的衍射峰[19]。这表明在 CAT–Ni、CAT–NiCo 和 CAT–Co 三种催化剂上，MoO_3、NiO 和 CoO 颗粒尺度小、分散度高。

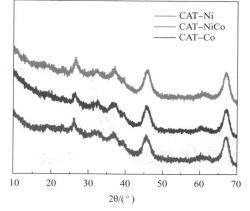

图 5.3　催化剂的 XRD 谱图

　　B. 催化剂的拉曼光谱。

　　采用拉曼光谱对 CAT–Ni、CAT–NiCo 和 CAT–Co 催化剂上的四面体配位钼物种和八面体配位钼物种进行了分析。拉曼峰的强弱间接反映钼酸盐物种的多少。图 5.4 描述了拉曼光谱图以及对拉曼光谱图的分峰拟合结果。表 5.7 列出了不同催化剂内八面体钼物种与四面体钼物种的比值。从图 5.4（a）可以看出，在拉曼位移为 $220cm^{-1}$、$320cm^{-1}$、$360cm^{-1}$、$870cm^{-1}$、$930cm^{-1}$ 和 $960cm^{-1}$ 处出现了特征峰。$220cm^{-1}$ 和 $870cm^{-1}$ 处的拉曼峰归属于 Mo–O–Mo，$320cm^{-1}$ 和 $930cm^{-1}$ 处的拉曼峰归属于四面体钼物种，$360cm^{-1}$ 和 $960cm^{-1}$ 处的拉曼峰归属于八面体钼物种[20-23]。从图 5.4（b）和（d）可以看出，CAT–Ni 催化剂在 $960cm^{-1}$ 附近的拉曼峰强度较 CAT–Co 催化剂强，而在 $930cm^{-1}$ 附近 CAT–Co 催化剂的拉曼峰强度更高。这表明镍与钼易形成八面体钼物种，而钴与钼偏向形成四面体钼物种。从分峰拟合效果来看，随着催化剂内 Co 含量的不断增多，八面体钼物种含量与四面体钼物种含量比值减小（见表 5.7）。因此，Co 含量的增加不利于八面体钼物种的生成。

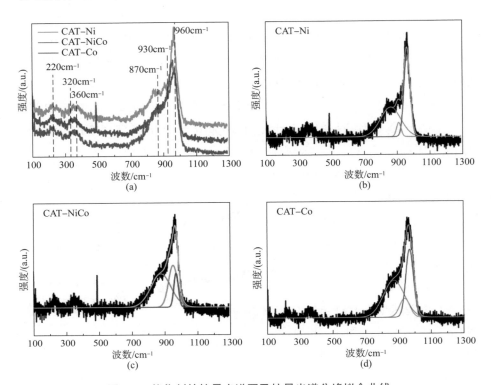

图 5.4　催化剂的拉曼光谱图及拉曼光谱分峰拟合曲线

表 5.7　由拉曼光谱图计算得到的四面体钼与八面体钼的相对含量

名　称	四面体钼∶八面体钼
CAT–Ni	1∶5.5
CAT–NiCo	1∶3.8
CAT–Co	1∶2.7

C. H_2–TPR。

H_2–TPR 是表征催化剂中金属组分还原性能的有效方法。通常认为 MoO_3 的 H_2–TPR 曲线可以分为低温区还原峰和高温区还原峰，而催化剂活性主要和低温区还原峰有关。低温区还原峰与高分散的八面体钼物种相关联，氧化钼由六价钼还原成四价钼（$Mo^{6+}+2e \longrightarrow Mo^{4+}$），八面体配位

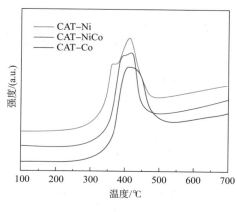

图 5.5　催化剂的 H_2-TPR 谱图

的钼物种是生成高活性的镍钼活性相的前驱体[17]。高温区部分是低活性的钼物种，主要是四面体配位的钼物种，四价钼深度还原（$Mo^{4+}+4e \longrightarrow Mo\circ$）[24, 25]。图 5.5 描述了 CAT-Ni、CAT-NiCo 和 CAT-Co 催化剂的 H_2-TPR 曲线。从图 5.5 中可以看出，CAT-Ni 催化剂还原温度为 370~418℃，CAT-Co 还原温度为 407~439℃。这说明镍作为助剂时，容易与八面体钼物种形成 Ni-Mo 活性相，这与拉曼光谱图中 Ni-Mo 催化剂的八面体钼物种的含量比 Co-Mo 催化剂中的多是相一致的。

　　D. NH_3-TPD。

　　采用 NH_3-TPD 对催化剂的酸性质进行表征，结果见图 5.6 和表 5.8。在利用 NH_3-TPD 分析催化剂表面酸分布的实验中，脱附温度与催化剂表面的酸强弱紧密相关。低温脱附峰（0~250℃）对应弱酸中心，中温脱附峰（250~400℃）对应中强酸中心，高温脱附峰（>400℃）对应强酸中心[18]。从图 5.6 的 NH_3-TPD 谱图和表 5.8 的酸分布情况可以看出，CAT-Ni 的总酸为 0.227mmol/g，CAT-Co 总酸为 0.270mmol/g。随着 Co 的加入，中强酸中心和强酸中心的强度增强、酸量增大。催化剂表面酸量增加，有利于含硫氮杂原子的大分子物质在反应过程中发生烷基侧链的断裂和转移反应[26]。研究认为，活性金属氧化物在载体表面的分散性与载体的酸性密切相关，酸量越高，越有利于活性金属原子的分散，催化剂 CAT-Co 表面高浓度的酸位为活性金属组分分布提供了有利空间，从而提高了 Mo 在载体表面的分散，形成了较多易还原硫化的 Mo 物种[27, 28]，这也是 CAT-Co 催化剂 HDS 活性较高的原因。

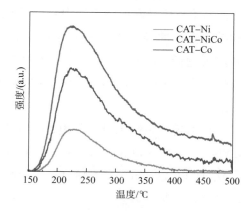

图 5.6　催化剂的 NH_3-TPD 谱图

表 5.8　催化剂 NH₃-TPD 酸分布

TPD 酸分布	CAT-Ni	CAT-NiCo	CAT-Co
150~250℃ / (mL/g)	3.579	3.623	3.933
250~400℃ / (mL/g)	1.132	1.301	1.647
400~500℃ / (mL/g)	0.369	0.395	0.472
150~250℃ /%	70.45	68.11	64.99
250~400℃ /%	22.28	24.46	27.21
400~500℃ /%	7.26	7.43	7.80
总酸 / (mL/g)	5.080	5.319	6.052
总酸 / (mmol/g)	0.227	0.237	0.270

④催化剂活性评价。

采用 200mL 加氢固定床试验装置对三种催化剂进行评价，结果列于表 5.9 中。

表 5.9　催化剂杂质脱除性能

项　目	CAT-Ni	CAT-NiCo	CAT-Co
HDS/%	68.75	70.30	73.42
HDCCR/%	41.54	38.1	36.86

从表 5.9 的评价结果看出：随着 Co 的加入，催化剂的脱硫性能明显提高，脱残炭性能降低，其主要原因是催化剂中引入 Co 之后对催化剂表面酸性和活性相的形成产生影响。评价所用原料中的硫主要存在于苯并噻吩、二苯并噻吩、萘噻吩、萘苯并噻吩和其他环状缩聚化合物中。加氢脱硫的基本反应是含硫化合物中 C—S 键断裂的氢解反应，反应结果生成 H_2S 和被氢饱和的烃分子。残炭是由稠环芳烃含量决定的，饱和分含量越高，残炭值越低。随着 Co 的加入，催化剂的脱残炭性能降低，说明催化剂的芳烃饱和能力降低。结果表明，钴钼活性金属组合的保护剂具有较高的脱硫选择性和较差的芳烃饱和能力。

从上述分析结果可以看出，三种含有不同金属活性组分的催化剂，即 CAT-Ni、CAT-NiCo 和 CAT-Co 具有相近的孔结构和物相结构。CAT-Ni 催化剂与 CAT-NiCo 和 CAT-Co 催化剂相比，还原温度较低，易还原的八面体配位钼物种较多，更容易形成 Ni-Mo-S 活性相。这使得 CAT-Ni 催化剂表现出了较高的加氢性能、芳烃饱和性能以及脱残炭性能。CAT-Co 催化剂与 CAT-Ni 和 CAT-NiCo 催化剂相比，酸强度高、酸量大，有利于活性金属的分散，在加氢反应过程中有利于含硫杂原子的大分子物质发生烷基侧链的断裂和转移反应，从而减少空间位阻，进而有利于 C—S 键的断裂；CAT-Co 催化剂的脱残炭性能较差，即芳烃饱和能力较低。因此，CAT-Co 催化剂表现出了较好的脱硫选择性和较差的芳烃饱和能力。

针对油浆高选择性加氢脱硫的迫切需求，兼顾最大限度降低三环芳烃和四环芳烃损失量，催化剂研制宜选择具有较高加氢脱硫活性和较低芳烃饱和活性的 Co-Mo 体系作为活性金属组分。

（4）保护剂的物化性质

基于以上研究结果，研制开发了 HSDS-A、HSDS-B、HSDS-1、HSDS-2、HSDS-3、HSDS-4、HSDS-5、HSDS-6、HSDS-7、HSDS-8 一系列加氢保护剂，催化剂制备过程重复性良好，见表 5.10、表 5.11 和表 5.12。

表 5.10　保护剂 HSDS-6 的重复性试验

项　目	HSDS-6-1P	HSDS-6-2P	HSDS-6-3P
粒径 /mm	1.40	1.41	1.41
孔容 /（cm^3/g）	0.67	0.68	0.68
比表面积 /（m^2/g）	125.3	126.5	124.2
平均孔径 /nm	18.7	19.1	19.4
强度 /（N/mm）	15.9	15.8	16.3
MoO_3/%	5.9	5.8	5.9
CoO/%	1.4	1.4	1.4

表 5.11　保护剂 HSDS-7 的重复性试验

项　目	HSDS-7-1P	HSDS-7-2P	HSDS-7-3P
粒径 /mm	1.41	1.40	1.40
孔容 /（cm^3/g）	0.63	0.64	0.63
比表面积 /（m^2/g）	132.3	132.5	133.2
平均孔径 /nm	17.5	17.1	17.4
强度 /（N/mm）	17.3	17.8	19.3
MoO_3/%	8.6	8.6	8.6
CoO/%	2.1	2.2	2.1

表 5.12　保护剂 HSDS–8 的重复性试验

项　目	HSDS–8–1P	HSDS–8–2P	HSDS–8–3P
粒径 /mm	1.40	1.40	1.41
孔容 /（cm³/g）	0.61	0.62	0.61
比表面积 /（m²/g）	152	151	148
平均孔径 /nm	16.8	16.5	17.1
强度 /（N/mm）	20.5	22.4	24.6
MoO₃/%	10.8	10.9	10.9
CoO/%	2.6	2.6	2.6

经试验后确定了保护剂的性质指标，表 5.13 中列出了这一系列保护剂的物化性质指标。

表 5.13　HSDS 系列保护剂的性质指标

项　目	HSDS–A	HSDS–B	HSDS–1	HSDS–2	HSDS–3
颗粒形状	泡沫圆片状	泡沫圆片状	四叶轮	四叶轮	四叶轮
颗粒直径 /mm	40~50	30~35	6.0~8.0	3.2~4.2	2.7~3.2
颗粒长度 /mm	20~25	10~15	3~10（≥90%）	3~10（≥90%）	3~10（≥90%）
堆积密度 /（g/cm³）	0.38~0.45	0.38~0.45	0.60~0.80	0.40~0.52	0.43~0.52
强度 /（N/mm）	>100N/ 粒	> 70N/ 粒	≥ 10.0	≥ 5.0	≥ 6.0
比表面积 /（m²/g）	—	—	—	≥ 100	≥ 100
孔容 /（cm³/g）	—	—	≥ 0.25（H₂O）	≥ 0.65	≥ 0.65
MoO₃/%	≥ 0.2	≥ 0.2	≥ 1.0	≥ 2.5	≥ 5.0
CoO/%	≥ 0.02	≥ 0.02	≥ 0.1	≥ 0.5	≥ 0.6

项　目	HSDS–4	HSDS–5	HSDS–6	HSDS–7	HSDS–8
颗粒形状	四叶草	四叶草	四叶草	四叶草	四叶草
颗粒直径 /mm	1.6~2.2	1.3~1.8	1.1~1.8	1.1~1.8	1.1~1.8
颗粒长度 /mm	3~10（≥85%）	2~8（≥85%）	2~8（≥85%）	2~8（≥85%）	2~8（≥85%）
堆积密度 /（g/cm³）	0.43~0.52	0.40~0.52	0.43~0.53	0.46~0.56	0.50~0.60
强度 /（N/mm）	≥ 6.0	≥ 5.0	≥ 8.0	≥ 10.0	≥ 10.0
比表面积 /（m²/g）	≥ 100	≥ 100	≥ 90	≥ 115	≥ 130
孔容 /（cm³/g）	≥ 0.65	≥ 0.65	≥ 0.55	≥ 0.55	≥ 0.55

项　目	HSDS–4	HSDS–5	HSDS–6	HSDS–7	HSDS–8
MoO_3/%	≥ 5.0	≥ 5.0	≥ 5.0	≥ 8.0	≥ 10.0
CoO/%	≥ 0.6	≥ 0.8	≥ 0.5	≥ 2.0	≥ 2.5

⊃ 5.3.2　高选择性加氢脱硫催化剂的开发

针对催化裂化油浆的性质特点、分子结构特征、加氢脱硫和芳烃饱和反应机理，开发了具有高选择性脱硫的专用加氢脱硫催化剂组合体系。主要研发思路如下：

A. 催化剂具有较大的孔径和集中的孔分布。催化油浆相对分子质量大、结构复杂，反应物受内扩散影响较大，更加开放催化剂孔道有利于提高加氢反应效率。

B. 催化剂具有提供高选择性加氢脱硫功能的活性金属组分。钼钴型催化剂加氢脱硫反应路径是直接脱硫过程，芳烃饱和性能相对较弱，因此具有高选择性加氢脱硫特点。

C. 催化剂具有合适的表面化学性质，提高催化剂抗结焦性能和适当的开环性能。催化油浆中含有较多易生焦物种，在加氢过程中形成积炭后降低催化剂的稳定性。在催化剂制备过程中，对载体进行改性并结合新的活性金属负载技术，可以有效调节催化剂的表面酸性质，有利于降低积炭并促进稠环芳烃开环反应，从而提高催化剂活性和稳定性。

D. 具有活性梯度搭配的两种加氢脱硫催化剂级配组合。催化油浆性质特点使其加氢反应过程需满足"逐级加氢脱硫"特点。因此，两种均具有高选择性加氢脱硫功能的钼钴型加氢脱硫催化剂组合使用时，"低"活性脱硫剂能够更多完成反应物中大尺寸分子的加氢脱硫反应，而"高"活性脱硫剂则进一步承接反应物的深度加氢脱硫反应。

（1）催化剂的制备——载体制备

①载体原料选择。

加氢催化剂的孔结构与载体密切相关，通常选择 $\gamma\text{-}Al_2O_3$ 作为催化剂载体。拟薄水铝石作为催化剂载体的主要原料，其性能的优劣对载体性能有直接影响。目前拟薄水铝石制备方法主要有碳化法和硫酸铝法。硫酸铝法生产拟薄水铝石具有孔分布集中度高、生产效率高、产品质量稳定的优点，是目前加氢催化剂载体最常用的生产方法。表 5.14 列出两种硫酸铝法拟薄水铝石的孔结构。

表 5.14　不同拟薄水铝石孔结构对比

项　目	本研究	参比
改性助剂	有	无
孔容 / (cm³/g)	1.13	1.07
比表面积 / (m²/g)	306	302
孔径分布 /%		
＞ 15nm	48.1	41.2
＜ 6nm	5.4	5.1
6~15nm	46.5	53.7

由表 5.14 看出，两种拟薄水铝石孔结构存在一定差异。对于本项目中催化剂而言，较大孔容和较多的大孔比例有利于提高加氢反应效率，因此，本项目选择使用具有大孔分布的改性拟薄水铝石制备载体。

图 5.7　具有特殊孔道结构拟薄水铝石 SEM 图像

由图 5.7 可知，该拟薄水铝石晶粒具有棒状结构，有利于大分子反应物通过扩散孔道进入催化剂颗粒内部进行反应，实现有空间位阻类硫化物有效脱除，提高催化剂内表面利用率，利于大分子催化反应。

②载体表面化学性质。

采用原位红外表征方法对制备的载体进行表面羟基分析。图 5.8 列出了不同样品的羟基 IR 谱。按照 KnÊzinger 的表面羟基理论模型，3770~3790cm⁻¹ 为碱性羟基，3730cm⁻¹ 为中性羟基，而 3679cm⁻¹ 归属于酸性羟基。

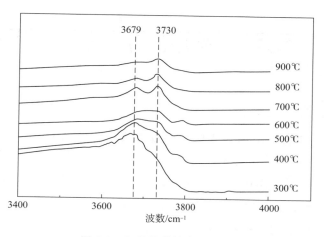

图 5.8 氧化铝载体表面羟基

随着样品脱附温度升高，$3679cm^{-1}$ 处酸性羟基基团峰强度变化不明显。这说明提高载体焙烧温度时，其酸性羟基基团损失不大。

③载体制备。

本催化剂载体制备以改性拟薄水铝石为主要原料，添加一定比例助挤剂、扩孔剂以及胶溶剂和水进行捏合或碾压后形成可塑体，再进行挤出成型后经过干燥、焙烧过程得到不同载体。表 5.15 和表 5.16 列出不同载体的理化性质。

表 5.15 不同原料配比下载体的理化性质比较

项 目	A-1	A-2	A-3
粉体 1 比例 /%	30	50	70
粉体 2 比例 /%	70	50	30
焙烧温度 /℃	760	760	760
孔容 / (cm³/g)	0.811	0.793	0.780
比表面积 / (m²/g)	218	215	213
平均孔径 /nm	14.9	14.8	14.6
堆积密度 / (g/100cm³)	46.2	47.8	48.9

表 5.16 不同焙烧温度下载体的理化性质比较

项 目	B-1	B-2	B-3	B-4
焙烧温度 /℃	640	660	680	700
孔容 / (cm³/g)	0.76	0.76	0.75	0.75

低硫船用燃料油生产技术

续表

项　目	B-1	B-2	B-3	B-4
比表面积 / (m²/g)	256	249	247	242
平均孔径 /nm	11.9	12.2	12.1	12.4
堆积密度 / (g/100cm³)	53.3	53.5	53.4	53.1

　　表 5.15 和表 5.16 数据表明，通过改变原料配比和不同焙烧条件可以获得具有不同孔结构的载体。不同粉体按照不同比例可以调节载体理化性质。焙烧条件对载体孔结构具有直接影响。在一定焙烧温度范围内，载体的孔结构能够通过焙烧温度的选择进行调节优化。

　　（2）催化剂制备技术研究

　　①新型高选择性加氢脱硫催化剂制备流程。

　　新型高选择性加氢脱硫催化剂制备流程依托目前成熟的催化剂工业生产线，制备流程如图 5.9 所示。可以看出，催化剂制备工艺流程简单合理，容易操作，能够确保本研究催化剂安全环保、高质、高效稳定生产。

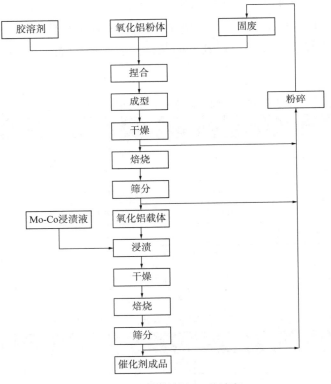

图 5.9　催化剂制备工艺流程

②催化剂的表征。

新型油浆高选择性加氢脱硫催化剂以 Co-Mo 为活性组分，采用大连石油化工研究院成熟的 PA 活性金属负载技术对 Co-Mo 进行负载，并在适宜的温度下进行热处理后得到催化剂。该制备方法可以有效改善活性金属在载体表面的分散状态，降低活性金属与载体之间相互作用，从而提升催化剂性能。表 5.17 中列出了催化剂的典型理化性质。

表 5.17　催化剂典型理化性质

项　目	HSDS-9	HSDS-10
金属组成		
MoO$_3$/%	13.83	15.03
CoO/%	3.41	3.68
孔容 /（cm^3/g）	0.57	0.50
比表面积 /（m^2/g）	178	186
孔分布 /%		
>15nm	32.50	16.77
6~15nm	62.13	78.42
<6nm	5.37	4.81

采用 H$_2$-TPR 程序升温还原表征催化剂金属还原性能，结果见图 5.10 和图 5.11。

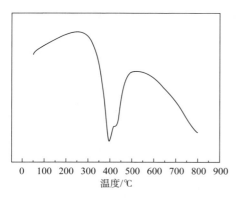
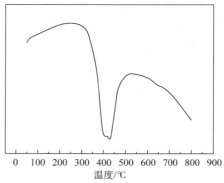

图 5.10　HSDS-9 催化剂 H$_2$-TPR 曲线　　图 5.11　HSDS-10 催化剂 H$_2$-TPR 曲线

如图 5.10 和图 5.11 所示，催化剂的 H$_2$-TPR 谱图中有 4 个耗氢峰。通常认为较低温度的耗氢峰归属为高分散的多层钼物种，载体 Al$_2$O$_3$ 表面上存在四面体空隙和八面体空隙，因此可以推测在 420℃ 的还原峰是占据四

173

面体空隙而形成的表面 Co^{2+} 还原峰，在 660℃ 左右的耗氢峰与表面八面体配位的 Co 有关，高温区的耗氢峰与难以还原的钴和钼物种有关，包括 $CoAl_2O_4$ 以及钼的四面体配位等难还原物种。钼的物种结构均一性程度相对高、易于还原，在硫化过程中可能易于硫化，从而增加催化剂的活性中心数量。

应用拉曼光谱表征催化剂的结构，催化剂拉曼光谱图如图 5.12 和图 5.13 所示。

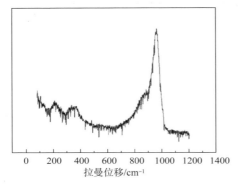

图 5.12　HSDS-9 催化剂拉曼光谱图　　图 5.13　HSDS-10 催化剂拉曼光谱图

在拉曼位移为 $220cm^{-1}$、$320cm^{-1}$、$360cm^{-1}$、$870cm^{-1}$、$950cm^{-1}$ 处出现了特征峰，其中 $220cm^{-1}$ 和 $870cm^{-1}$ 处是 Mo-O-Mo 的特征峰，$320cm^{-1}$ 和 $360cm^{-1}$ 分别为四面体钼和八面体钼的特征峰，$950cm^{-1}$ 处特征峰为 Mo-O-Mo、四面体钼和八面体钼的混合峰。

将制得的 $CoMo/Al_2O_3$ 催化剂原位硫化，并测定 CO 吸附特性，测定结果如图 5.14 和图 5.15 所示。

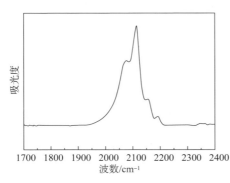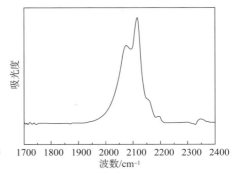

图 5.14　HSDS-9 催化剂的 CO 原位吸附　图 5.15　HSDS-10 催化剂的 CO 原位吸附

从图 5.14 和图 5.15 可以看出，硫化型催化剂的 CO 原位谱图都存在三个特征吸附峰，分别位于 2075cm^{-1}、2157cm^{-1} 和 2192cm^{-1} 处，其中 2075cm^{-1} 处的特征峰为 Co-Mo-S 结构中 Mo 对 CO 吸附的特征峰，2157cm^{-1} 处的特征峰为 Co-Mo-S 结构中 Co 对 CO 吸附的特征峰，而 2192cm^{-1} 处的特征峰为催化剂表面与铝相连的羟基特征峰。

③催化剂制备重复性。

根据以上考察条件确定了高选择性加氢脱硫催化剂载体的最佳制备条件。通过新型负载方法负载适量的活性金属，经过干燥、焙烧，制备出两个牌号的高选择性加氢脱硫催化剂 HSDS-9 和 HSDS-10，并分别进行了重复性制备试验。所得试验结果列于表 5.18 和表 5.19。

表 5.18　HSDS-9 重复性试验

项　目	HSDS-9-1P	HSDS-9-2P	HSDS-9-3P
粒径 /mm	1.31	1.32	1.31
孔容 /（cm^3/g）	0.575	0.579	0.581
比表面积 /（m^2/g）	176	178	175
平均孔径 /nm	13.1	13.0	13.3
强度 /（N/cm）	141	138	143
MoO$_3$/%	13.43	13.75	13.87
CoO/%	3.38	3.42	3.47

表 5.19　HSDS-10 重复性试验

项　目	HSDS-10-1P	HSDS-10-2P	HSDS-10-3P
粒径 /mm	1.31	1.32	1.31
孔容 /（cm^3/g）	0.5	0.51	0.49
比表面积 /（m^2/g）	189	190	185
平均孔径 /nm	10.6	10.7	10.6
强度 /（N/cm）	187	191	194
MoO$_3$/%	15.03	15.21	15.26
CoO/%	3.65	3.70	3.61

由表 5.18 和表 5.19 数据可以看出，经过重复性试验考察，制备的催化剂物化性质基本一致，重复性较好。最终可以确定 HSDS-9 和 HSDS-10 物化性质指标。表 5.20 列出了催化剂物化性质指标。

表 5.20　催化剂物化性质指标

项　目	HSDS-9	HSDS-10
形状	三叶草	三叶草
粒径 /mm	1.1~1.4	1.1~1.4
孔容 / (cm³/g)	≥ 0.52	≥ 0.45
比表面积 / (m²/g)	≥ 160	≥ 170
紧密堆积密度 / (g/cm³)	0.60~0.66	0.64~0.70
强度 / (N/cm)	≥ 100	≥ 120
磨损率 /%	≤ 0.6	≤ 0.6
MoO₃/%	≥ 12.0	≥ 14.0
CoO/%	≥ 2.8	≥ 3.3

④催化剂微反活性评价。

采用微反加氢装置对实验室研制催化剂进行活性评价。原料性质、工艺条件及生成油性质见表 5.21 和表 5.22。催化剂活性评价过程采用相同原料及反应条件，生成油分析硫和氮含量。

表 5.21　催化剂理化性质及微反活性评价数据对比

项　目	HSDS-9	参比剂 -1	HSDS-10	参比剂 -2
组成 /%				
MoO₃	13.52	13.70	15.19	15.41
NiO	—	3.51	—	3.85
CoO	3.39	—	3.66	—
孔容 / (cm³/g)	0.57	0.55	0.50	0.51
比表面积 / (m²/g)	177	175	189	192
紧密堆积密度 / (g/cm³)	0.64	0.63	0.68	0.69
装填体积 /mL	20			
反应温度 /℃	360			
反应压力 /MPa	7.5			
体积空速 /h⁻¹	1.5			
原料油性质				
硫 / (μg/g)	4877.3			
氮 / (μg/g)	360.4			
生成油性质				
硫 / (μg/g)	292.3	317.0	200.0	282.9
氮 / (μg/g)	29.2	26.7	26.3	23.8

项　目	HSDS-9	参比剂-1	HSDS-10	参比剂-2
杂质脱除率/%				
HDS	94.0	93.5	95.9	94.2
HDN	91.8	92.6	92.7	93.4

由表 5.21 可知，在相同反应条件下，研究剂的脱硫活性均优于参比催化剂。

表 5.22　微反加氢生成油组成　　　　%

项　目	比较一		比较二		原料油
	HSDS-9	参比剂-1	HSDS-10	参比剂-2	
总饱和烃	33.9	36.4	37.1	38.9	28.1
链烷烃	20.1	20.7	20.8	21.4	18.0
总环烷烃	13.8	15.7	16.3	17.5	10.1
一环烷烃	3.3	3.6	3.8	4.3	5.5
二环烷烃	7.4	8.2	8.5	8.9	3.6
三环烷烃	3.1	3.9	4.0	4.3	1.0
总芳烃	66.1	63.6	62.9	61.1	71.9
总单环芳烃	50.2	48.7	48.5	47.3	32.5
烷基苯	16.0	15.8	15.8	15.4	18.5
茚满或四氢萘	24.2	23.4	23.3	22.8	10.1
茚类	10.0	9.5	9.4	9.1	3.9
总双环芳烃	14.0	13.3	12.9	12.4	34.4
萘	1.8	1.5	1.5	1.3	1.8
萘类	2.9	2.7	2.6	2.8	17.7
苊类	4.7	4.6	4.5	4.2	8.3
苊烯类	4.6	4.5	4.3	4.1	6.6
三环芳烃	1.9	1.6	1.5	1.4	5.0
胶质	0.0	0.0	0.0	0.0	0.4
合计	100	100	100	100	100

表 5.22 中数据表明，原料油总芳烃含量达到 71.9%，总环烷烃含量为 10.1%，链烷烃含量为 18.0%。经过加氢反应后，HSDS-9 催化剂生成油总芳烃含量降低到 66.1%，总环烷烃含量增加到 13.8%，链烷烃含量为 20.1%。HSDS-10 催化剂生成油总芳烃含量降低到 62.9%，总环烷烃含量增加到 16.3%，链烷烃含量为 20.8%。参比剂-2 生成油总芳烃含量降低到

61.1%，总环烷烃含量为 17.5%，链烷烃为 21.4%。

从生成油组成变化来看，研究剂的脱硫活性优于参比剂，但脱氮性能降低，芳烃饱和能力下降。因此，研究剂在保持较高脱硫活性的同时，降低了催化剂对芳烃加氢饱和活性，有利于提高下游装置的产品收率和产品质量。

从上述研究结果可以得到以下结论。

A. 通过采用改性的拟薄水铝石为原料制备催化剂载体，获得了具有大孔径分布的氧化铝载体，有利于降低催化油浆大分子内扩散影响。

B. 以 Co-Mo 为活性组分，采用大连石油化工研究院成熟的 PA 活性金属负载技术对 Co-Mo 进行负载。钼钴型催化剂加氢脱硫反应路径是直接脱硫过程，芳烃饱和性能相对弱，因此具有一定的选择性脱硫特点。

C. 开发了 HSDS-9 和 HSDS-10 两种具有活性梯度搭配的催化剂级配组合。其中"低"活性脱硫剂能够更多完成反应物中大尺寸分子的加氢脱硫反应，而"高"活性脱硫剂则进一步承接反应物的深度加氢脱硫反应。

D. 本研究催化剂制备流程依托目前成熟的催化剂工业生产线，催化剂制备工艺流程简单合理，容易操作，能够确保本研究催化剂安全环保、高质、高效稳定生产。

5.3.3 高选择性加氢脱硫催化剂体系（HSDS）的反应性能

（1）原料油及评价装置

高选择性加氢脱硫催化剂体系反应性能的评价是在加氢中型试验装置上进行，原料油为减二线油浆（减压单元中间馏分）和全馏分油浆，油浆性质列于表 5.23。从表 5.23 可见，原料密度 > 1.0g/cm³，硫含量在 1.4%~2.2% 之间，质谱组成中总芳烃含量 > 80%，是一种高硫、高芳烃的油浆原料。

表 5.23　油浆原料主要性质

项　目	减二线油浆	全馏分油浆
密度（20℃）/（g/cm³）	1.0719	1.1253
模拟馏程 /℃		
IBP/5%	259/373	222/350
10%/30%	383/407	371/404
50%/70%	425/444	428/459

项　目	减二线油浆	全馏分油浆
90%/95%	476/494	544/600
FBP	543	700
运动黏度（100℃）/（mm²/s）	14.16	39.19
S/N/%	1.48/0.29	2.14/0.25
C/H/%	89.43/8.27	90.05/7.26
残炭 /%	1.76	8.81
灰分 /%	<0.001	0.007
四组分 /%		
饱和分	22.96	9.71
芳香分	74.56	85.93
胶质	2.31	3.87
沥青质	0.17	0.49
质谱组成 /%		
链烷烃	3.7	1.8
环烷烃	11.4	4.7
总芳烃	84.3	92.8
单环 / 双环	8.7/11.7	10.7/12.8
三环 / 四环	17.2/34.2	17.6/34.5
三环 + 四环	51.4	52.1
五环 / 噻吩	0.9/5.6	1.1/9.5
未鉴定芳烃	5.9	6.7
胶质	0.7	0.6

（2）催化剂活性对比评价试验

①减二线油浆活性对比评价试验。

以减二线油浆为原料，在基准反应压力、体积空速 0.35h^{-1}、反应温度 340℃的工艺条件下，在加氢中试装置上对实验室定型 Mo–Co 体系和参比 Mo–Ni 体系催化剂进行了活性对比评价试验，试验结果见表 5.24。可以看出，减二线油浆经过加氢精制，硫含量大幅度降低，密度减小，残炭降低，馏程前移，质谱组成中三环芳烃含量有所增加，四环芳烃含量明显降低。在相同的工艺条件下，Mo–Co 体系精制油浆硫含量为 0.36%、氮含量为 0.22%，参比 Mo–Ni 体系精制油浆硫含量为 0.57%、氮含量为 0.19%。Mo–Co 体系较参比 Mo–Ni 体系具有更好的加氢脱硫性能，同时 Mo–Co 体

第 5 章　净化油浆选择性加氢脱硫技术

系精制油浆理想组分（三环芳烃＋四环芳烃）的损失量较参比 Mo-Ni 体系低 3.3 个百分点，显示出相对较弱的芳烃饱和能力。以减二线油浆为原料，在基准反应压力、体积空速 0.7h^{-1}、反应温度 350℃的工艺条件下，在加氢中试装置上对实验室定型 Mo-Co 体系和参比 Mo-Ni 体系催化剂进行了活性对比评价试验，试验结果见表 5.24。可以看出，Mo-Co 体系精制油浆硫含量为 0.42%、氮含量为 0.23%，参比 Mo-Ni 体系精制油浆硫含量为 0.68%、氮含量为 0.23%，Mo-Co 体系较参比 Mo-Ni 体系具有更加优异的加氢脱硫活性，同时 Mo-Co 体系精制油浆理想组分（三环芳烃＋四环芳烃）的损失量较参比 Mo-Ni 体系低 3.9 个百分点，芳烃饱和性能相对较弱。

表 5.24　减二线油浆活性对比评价试验结果

项　目	新 Mo-Co 体系		参比 Mo-Ni 体系	
工艺条件				
反应压力 /MPa	基准	基准	基准	基准
体积空速 /h^{-1}	0.35	0.7	0.35	0.7
R1/R2 温度 /℃	340/340	350/350	340/340	350/350
产品性质				
密度（20℃）/（g/cm^3）	1.0432	1.0455	1.0417	1.0424
模拟馏程 /℃				
IBP/5%	297/352	296/354	260/350	281/355
10%/30%	367/395	369/398	365/395	371/398
50%/70%	414/435	417/437	415/436	416/437
90%/95%	468/487	470/489	468/487	469/486
FBP	533	539	532	525
S/%	0.36	0.42	0.57	0.68
N/%	0.22	0.23	0.19	0.23
C/H/%	90.41/8.99	85.17/8.91	89.89/9.12	89.88/8.95
残炭 /%	0.06	0.07	0.04	0.03
质谱组成 /%				
总芳烃	82.6	83.0	82.3	82.4
三环	26.4	25.1	26.1	24.9
四环	23.0	25.5	20.0	21.8

②全馏分油浆活性对比评价试验。

以无机膜过滤后的全馏分油浆为原料，在基准反应压力、体积空速
0.35h^{-1}、反应温度 340℃的工艺条件下，在加氢中试装置上对实验室定型
Mo-Co 体系和参比 Mo-Ni 体系催化剂进行了活性对比评价试验，试验结果
见表 5.25。结果表明：Mo-Co 体系精制油浆硫含量（0.56%）远低于参比
Mo-Ni 体系精制油浆硫含量（0.86%），同时 Mo-Co 体系理想组分（三环芳
烃+四环芳烃）损失量远低于参比 Mo-Ni 体系，化学氢耗降低 11%，说明
Mo-Co 体系具有直接脱硫活性好、反应氢耗低的优势，在保证良好加氢脱
硫活性的同时能够有效减少三环芳烃和四环芳烃的加氢饱和。

表 5.25　全馏分油浆活性对比评价试验结果

项　　目	Mo-Co 体系	Mo-Ni 体系
工艺条件		
反应压力 /MPa	基准	基准
体积空速 /h^{-1}	0.35	0.35
R1/R2 温度 /℃	340/340	340/340
氢耗 /%	0.85	0.94
产品性质		
密度（20℃）/（g/cm^3）	1.0871	1.0765
模拟馏程 /℃		
IBP/5%	181/321	181/321
10%/30%	350/390	350/390
50%/70%	417/450	417/450
90%/95%	532/601	532/601
凝点 /℃	16	18
S/%	0.56	0.86
C/H/%	90.96/8.02	90.53/8.33
残炭 /%	4.18	3.78
质谱组成		
总芳烃	91.7	91.1
三环	27.1	25.3

项　目	Mo–Co 体系	Mo–Ni 体系
四环	23.2	20.8
三环 + 四环	50.3	46.1

⊃ 5.3.4　结论

①CAT–Co 催化剂表现出了较好的脱硫选择性和较差的芳烃饱和能力。针对油浆高选择性加氢脱硫的迫切需求，兼顾最大限度降低三环芳烃和四环芳烃损失量，保护剂的活性金属组分宜选择具有较高加氢脱硫活性和较低芳烃饱和活性的 Co–Mo 体系。

②制备具有梯度孔径、梯度活性的加氢保护剂体系。保护剂具有较大的孔容和较大的孔径，可消除大分子在催化剂表面吸附、反应时的扩散阻力，提高催化剂的加氢脱硫性能，保证装置的长周期运转。

③通过采用改性的拟薄水铝石为原料制备催化剂载体，获得了具有大孔径分布的氧化铝载体，有利于降低催化油浆大分子内扩散影响。以 Co–Mo 为活性组分，采用大连石油化工研究院成熟的 PA 活性金属负载技术对 Co–Mo 进行负载。开发了 HSDS–9 和 HSDS–10 两种具有活性梯度搭配的催化剂级配组合。

④本研究催化剂制备流程依托目前成熟的催化剂工业生产线，催化剂制备工艺流程简单合理，容易操作，能够确保本研究催化剂安全环保、高质、高效稳定生产。

⑤活性对比评价试验结果表明：以减二线油浆为原料，在相同的工艺条件下，与参比 Mo–Ni 体系相比，Mo–Co 体系具有更好的加氢脱硫性能，同时 Mo–Co 体系显示出相对较差的芳烃饱和能力，在保证产品硫含量达标的同时可最大限度减少三环芳烃和四环芳烃损失量；以无机膜过滤后的全馏分油浆为原料，在相同的工艺条件下，与参比 Mo–Ni 体系相比，Mo–Co 体系具有直接脱硫活性好、反应氢耗低的优势，在保证良好加氢脱硫活性的同时能够有效减少三环芳烃和四环芳烃的加氢饱和，有利于提升下游针状焦的产品收率和产品质量。

⑥基于催化裂化油浆的性质特点、分子结构特征、加氢脱硫和芳烃饱和反应机理，成功开发了低氢耗高选择性加氢脱硫催化剂级配体系，匹

配最佳工艺条件，解决了加氢脱硫和芳烃饱和逆向精准调控的关键科学问题，可为下游针状焦生产装置提供稳定优质的原料。

5.4 油浆选择性加氢脱硫技术研究

催化裂化油浆富含芳烃、黏度大、热值高，是生产低硫船用燃料油调合组分及制备针状焦等高端碳基材料的理想原料，常规油浆加氢脱硫催化剂存在芳烃损失量过高的问题，因此催化裂化油浆高选择性加氢脱硫的难点在于保证加氢脱硫深度的同时，最大限度降低多环芳烃损失量，实现加氢脱硫和芳烃饱和的逆向精准调控。

（1）催化油浆选择性加氢脱硫规律研究

分别以硫含量 1.50% 的减二线油浆和硫含量 2.15% 的全馏分油浆为原料，采用高选择性加氢脱硫催化剂 HSDS 系列，分别考察反应温度、反应压力和空速对加氢脱硫的影响规律。

表 5.26 为减二线油浆加氢脱硫空速考察试验结果，减二线油浆经过加氢脱硫，硫含量大幅度降低，密度减小，残炭降低明显，多环芳烃含量略有降低，由于减二线脱除了尾部的重质组分，加氢前黏度已较低，加氢后黏度变化幅度不大。空速增加后，在相同的加氢处理条件下，增加空速意味着缩短反应时间，脱硫效果有所降低，在考察的空速范围内加氢精制油浆硫含量小于 0.40%。

表 5.26　减二线油浆加氢脱硫空速考察试验结果

项　目	减二线油浆	条件 1	条件 2
空速 /h^{-1}	—	0.35	0.7
反应压力 /MPa	—	基准 +1.0	基准 +1.0
反应温度 /℃	—	340	340
密度（20℃）/（g/cm^3）	1.0719	1.0331	1.0381
残炭 /%	1.76	0.02	0.03
多环芳烃（三环 + 四环）/%	46.2	43.0	44.5
S/%	1.50	0.31	0.36
运动黏度（100℃）/（mm^2/s）	14.16	11.35	11.73

表 5.27 为减二线油浆加氢脱硫反应温度考察试验结果，可以看出通过提升反应温度，脱硫效果得到提高，反应温度升到一定程度后，脱硫效果上升趋势变缓。

表 5.27　减二线油浆加氢脱硫反应温度考察试验结果

项　目	减二线油浆	条件 1	条件 2	条件 3
空速 /h^{-1}	—	0.7	0.7	0.7
反应压力 /MPa	—	基准 +1.0		
反应温度 /℃	—	340	350	360
密度（20℃）/（g/cm^3）	1.0719	1.0381	1.0282	1.0269
残炭 /%	1.76	0.03	0.02	0.02
多环芳烃（三环 + 四环）/%	46.2	44.5	43.7	42.4
S/%	1.50	0.36	0.27	0.20
运动黏度（100℃）/（mm^2/s）	14.16	11.73	11.70	10.81

表 5.28 为全馏分油浆加氢脱硫反应温度考察试验结果。全馏分油浆的密度、残炭、黏度、硫含量相较于减二线油浆均有所增加。加氢精制后，硫含量由 2.15% 降至 0.4% 左右。提升反应温度，脱硫效果得到提高，密度、残炭、黏度均有所降低，多环芳烃有所降低。

表 5.28　全馏分油浆加氢脱硫反应温度考察试验结果

项　目	全馏分油浆	条件 1	条件 2
空速 /h^{-1}	—	0.35	0.35
反应压力 /MPa	—	基准 +1.0	基准 +1.0
反应温度 /℃	—	340	350
密度（20℃）/（g/cm^3）	1.1253	1.0764	1.0737
残炭 /%	8.8	3.6	3.2
多环芳烃（三环 + 四环）/%	52.1	48.2	46.7
S/%	2.15	0.43	0.37
运动黏度（100℃）/（mm^2/s）	39.19	21.72	20.57

表 5.29 为减二线油浆加氢脱硫反应压力考察试验结果。当反应压力由基准升至基准 +1.0MPa 时，油浆精制生成油的密度略有减少，硫含量变化微小，但多环芳烃含量降低明显，说明适当改变反应压力对硫含量脱除影响相对较小，但对多环芳烃饱和影响较为显著，降低压力不利于芳烃的加氢饱和，因而对保留原料中的多环芳烃有利。

低硫船用燃料油生产技术

表 5.29 减二线油浆加氢脱硫反应压力考察试验结果

项　目	减二线油浆	条件 1	条件 2
空速 /h^{-1}	—	0.35	0.35
反应压力 /MPa		基准	基准 +1.0
反应温度 /℃	—	340	340
密度（20℃）/（g/cm^3）	1.0719	1.0375	1.0331
残炭 /%	1.76	0.02	0.02
多环芳烃（三环 + 四环）/%	45.2	44.8	43.0
S/%	1.50	0.32	0.31
运动黏度（100℃）/（mm^2/s）	14.16	11.43	11.35

表 5.30 为全馏分油浆加氢脱硫反应压力考察试验结果。当反应压力逐渐增加至基准 +2.0MPa 时，与减二线油浆加氢结果相似，多环芳烃含量随反应压力变化幅度较硫含量、残炭以及黏度大，因此适当降低反应压力，在保证产品硫含量达标的同时可最大限度减少多环芳烃损失量，为下游针状焦装置提供更优质的原料。

表 5.30 全馏分油浆加氢脱硫反应压力考察试验结果

项　目	全馏分油浆	条件 1	条件 2	条件 3
空速 /h^{-1}	—	0.35	0.35	0.35
反应压力 /MPa	—	基准 −2.0	基准	基准 +2.0
反应温度 /℃		350	350	350
密度（20℃）/（g/cm^3）	1.1253	1.0913	1.0831	1.0737
残炭 /%	8.8	4.8	3.8	3.2
多环芳烃（三环 + 四环）/%	52.1	55.1	51.2	46.9
S/%	2.15	0.61	0.46	0.37
运动黏度（100℃）/（mm^2/s）	39.19	25.72	24.43	21.10

（2）催化油浆选择性加氢脱硫稳定性试验

以全馏分油浆为原料，选用高选择性加氢脱硫催化剂级配体系（HSDS 体系），在基准反应压力、体积空速为 0.35h^{-1}、反应温度为 350℃、氢油体积比为 500∶1 的工艺条件下，在加氢中试装置上对 HSDS 体系催化剂进行了 2100h 的稳定性试验，稳定性试验结果见表 5.31。

表 5.31　全馏分油浆加氢脱硫稳定性试验结果

项　目	全馏分油浆	
工艺条件		
反应压力 /MPa	基准	
体积空速 /h⁻¹	0.35	
R1/R2 温度 /℃	350/350	
氢油体积比	500	
运转时间 /h	360	2100
产品性质		
密度（20℃）/（g/cm³）	1.0831	1.0842
S/%	0.46	0.49
残炭 /%	3.8	3.9
运动黏度（100℃）/（mm²/s）	24.43	25.24
多环芳烃（三环 + 四环）/%	51.2	51.5

　　稳定性试验结果表明，在反应温度一直保持在 350℃ 的工艺条件下，HSDS 体系精制油浆硫含量始终控制在 0.5% 以下，多环芳烃损失量始终不超过两个百分点，可为下游针状焦装置提供更优质的原料，也可作为优质低硫船用燃料油调合组分，说明高选择性加氢脱硫催化剂级配体系 HSDS 活性稳定性良好。

5.5　36 万 t/a 催化油浆选择性加氢脱硫技术工业应用

　　某炼化企业 36 万 t/a 催化油浆加氢脱硫装置采用大连石油化工研究院研发的催化油浆高选择性加氢脱硫技术方案及配套催化剂，生产低硫船用燃料油调合组分及高端石墨装置原料。

　　该装置于 2020 年 12 月完成催化油浆高选择性脱硫催化剂的装填，2021 年 1 月 10 日产出合格产品，由于该企业催化油浆含有催化剂粉末、硫含量较高，前期采用原料油浆掺入一定比例减压渣油一同进入减压蒸馏单元进行物理脱固，减压蒸馏单元抽出减二线产品进入加氢装置进行脱硫处理，第一周期工艺流程及物料走向示意如图 5.16 所示。

低硫船用燃料油生产技术

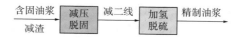

图 5.16　第一周期工艺流程示意

该企业 36 万 t/a 催化油浆加氢脱硫装置第一周期采用减压脱固 – 减二线加氢工艺流程，主要操作条件见表 5.32。加氢装置减二线油浆进料硫含量为 0.9%~1.4%，精制油浆的硫含量为 0.25%~0.36%，硫含量能够满足低硫船用燃料油的内控指标，催化剂表现出了良好的加氢性能。

表 5.32　某炼化企业 36 万 t/a 催化油浆加氢脱硫装置第一周期主要操作条件

项　目		参　数
减压脱固装置	催化油浆进料量 /（t/h）	40.6
	减压渣油进料量 /（t/h）	44.0
	减一线流量 /（t/h）	11.3
	减二线流量 /（t/h）	23.2
	减压尾油外甩量 /（t/h）	47.7
加氢一反	平均温度 /℃	322.7
	一床（入 / 出）/℃	306.3/313.6
	二床（入 / 出）/℃	316.4/339.1
加氢二反	平均温度 /℃	355.9
	一床（入 / 出）/℃	343.5/354.3
	二床（入 / 出）/℃	355.0/368.2
一反入口气油比 /（Nm³/m³）		1010
冷高分压力 /（MPa）		5.98

因减压渣油中的蜡油组分对下游高端石墨产品成焦质量存在不利影响，且掺渣期间减压切割油硫含量明显上升，影响加氢单元脱硫效果，2022 年 11 月，上游三套油浆脱固设施先后开工运行正常，因此加氢脱硫装置开始加工以无机膜脱固后的全馏分油浆，第二周期工艺流程及物料走向示意如图 5.17 所示，经加氢装置加氢后的精制油浆进入减压蒸馏装置，切割范围为 < 350℃馏分、> 350℃馏分，< 350℃馏分进入柴油加氢装置，> 350℃馏分作为生产低硫船用燃料油调合组分及高端石墨材料装置原料。

图 5.17　第二周期工艺流程示意

该企业 36 万 t/a 催化油浆加氢脱硫装置第二周期主要操作条件见表 5.33，在油浆进料量为 23.73t/h，加氢一反平均温度为 302.8℃，加氢二反平均温度为 322.4℃，加氢装置冷高分压力为 5.55MPa 等条件下，加氢油浆经减压蒸馏，减一线油浆流量为 5.98t/h，减二线油浆流量为 12.59t/h，减压油浆尾油外甩量为 5.25t/h。

表 5.33　某炼化企业 36 万 t/a 催化油浆加氢脱硫装置第二周期主要操作条件

项　目		参　数
催化油浆进料量 /（t/h）		23.73
加氢一反	平均温度 /℃	302.8
	一床（入 / 出）/℃	285.2/291.7
	二床（入 / 出）/℃	296.0/320.3
加氢二反	平均温度 /℃	322.4
	一床（入 / 出）/℃	314.3/319.9
	二床（入 / 出）/℃	319.3/330.4
一反入口气油比 /（Nm³/m³）		1047
冷高分压力 /（MPa）		5.55
减压蒸馏装置	催化油浆进料量 /（t/h）	24.01
	减一线流量 /（t/h）	5.98
	减二线流量 /（t/h）	12.59
	减压尾油外甩量 /（t/h）	5.25

脱固后油浆及精制油浆性质见表 5.34。脱固后油浆原料密度（20℃）为 1.0963g/cm³，50℃运动黏度为 178.7mm²/s，100℃运动黏度为 10.87mm²/s，硫含量为 0.81%，残炭值为 6.28%，氮含量为 1979 mg/kg。精制油浆的密度（20℃）为 1.0771g/cm³，50℃运动黏度为 129.3mm²/s，100℃运动黏度为 10.10mm²/s，硫含量为 0.38%，残炭值为 2.79%，氮含量为 1932mg/kg。第二周期脱固油浆原料的硫含量较第一周期的减二线原料硫含量明显降低，因此加氢反应温度较第一周期有明显的降低。本加氢装置采用的是高选择性加氢脱硫催化剂方案。

表 5.34　某炼化企业 36 万 t/a 催化油浆加氢脱硫装置原料及产品性质

项　目	测试方法	脱固油浆	精制油浆
密度（20℃）/（g/cm³）	GB/T 13377	1.0963	1.0771
凝点 /℃	GB/T 510	3	−2

项　目		测试方法	脱固油浆	精制油浆
运动黏度（50℃）/（mm²/s）		GB/T 11137	178.7	129.3
运动黏度（100℃）/（mm²/s）		GB/T 11137	10.87	10.10
残炭 /%		GB/T 17144	6.28	2.79
S/%		SH/T 0689	0.81	0.38
C/%		SH/T 0656	91.42	91.07
H/%		FRIPP513-1	7.46	7.96
N/（mg/kg）		SH/T 0704	1979	1932
四组分 /%	饱和分	QF040058	8.60	9.72
	芳香分		83.47	88.42
	胶质		7.73	1.70
	沥青质		0.20	0.16

从表 5.34 可以看出，加氢后精制油浆的硫含量能够满足低硫船用燃料油的内控指标，但因加氢深度有限，油品的密度降低幅度较小，因此可以作为生产低硫船用燃料油调合组分，经过油品罐区的调合可生产 RMG380 低硫船用燃料油。

参 考 文 献

［1］王峰，赵德智，曹祖宾，等 . 催化裂化油浆的加工工艺及进展［J］. 当代化工，2003，32（1）：1-5.

［2］Lin C，Wang J，Chen S，et al. Thermal treatment of fluid catalytic cracking slurry oil：determination of the thermal stability and its correlation with the quality of derived cokes［J］. Journal of Analytical and Applied Pyrolysis，2018，135：406-414.

［3］中国石化管理干部学院 . 加氢技术（1）［M］. 北京：中国石化出版社，1999.

［4］Eley D D，Haag W O，Gates B C，et al. Advances In Catalysis［M］. New York：Academic Press，1998.

［5］Ertl G，Knozinger H，Weitkamp J. et al. Handbook of Heterogeneous

Catalysis. ［M］. Weinheim：VCH Verlagsgesellschaft mbH，1997.

［6］Grange P. Catalytic Hydrodesulfurization ［J］. Catalysis Reviews，1980，
　　21（1）：135–181.

［7］Moreau C，Bekakra L，Durand R. Hydrodenitrogenation of quinoline
　　over mechanical mixtures of sulphided cobalt–molybdenum and nickel–
　　molybdenum alumina supported catalysts ［J］. Catalysis Today，1991，10
　　（4）：681–687.

［8］安高军，柳云骐，柴永明，等. 柴油加氢精制催化剂制备技术 ［J］.
　　化学进展，2007，19（2）：243–249.

［9］Sergio L González–Cortés，Xiao T C，Costa P M F J，et al. Urea–organic
　　matrix method：an alternative approach to prepare Co $MoS_2/\gamma–Al_2O_3$ HDS
　　catalyst ［J］. Applied Catalysis A General，2004，270（1）：209–222.

［10］葛晖，李学宽，秦张峰，等. 油品深度加氢脱硫催化研究进展 ［J］.
　　化工进展，2008（10）：1490–1497.

［11］刘佳，胡大为，杨清河，等. 活性组分非均匀分布的渣油加氢脱金
　　属催化剂的制备及性能考察 ［J］. 石油炼制与化工，2011，42（7）：
　　21–27.

［12］贾燕子，孙淑玲，杨清河，等. 钒作为加氢催化剂活性组分的研究
　　Ⅰ. 钒对 $NiMo/Al_2O_3$ 催化剂加氢性能的影响及表征 ［J］. 石油学报
　　（石油加工），2011，27（5）：663–667.

［13］R. L. C. Bonné，Steenderen P V，Moulijn J A. Selectivity of
　　Alumina Supported Vanadium and Molybdenum Catalysts in the
　　Hydrometallisation of VO–TPP. A Kinetic Evaluation ［J］. Bulletin des
　　Sociétés Chimiques Belges，1991，100（11-12）.

［14］王燕，孙素华. $Co–Mo/Al_2O_3$ 加氢催化剂的制备及工业应用 ［J］. 石
　　油化工，2002，31（10）：840–842.

［15］胡大为，杨清河，孙淑玲，等. 磷对 $MoCoNi/Al_2O_3$ 催化剂性能及活性
　　结构的影响 ［J］. 石油炼制与化工，2011，42（5）：1–4.

［16］齐和日玛，李会峰，袁蕙，等. Al_2O_3 性质对加氢脱硫催化剂 Co–Mo/
　　Al_2O_3 活性相形成的影响 ［J］. 催化学报，2011，32（2）：240–249.

［17］Cen Zhang，Michael Brorson，Ping Li，et al. $CoMo/Al_2O_3$ catalysts
　　prepared by tailoring the surface properties of alumina for highly selective

hydrodesulfurization of FCC gasoline［J］. Applied Catalysis A General，2019，570：84–95.

［18］石垒，张增辉，邱泽刚，等. P 改性对 Mo–Ni/Al$_2$O$_3$ 煤焦油加氢脱氮性能的影响［J］.燃料化学学报，2015，43（1）：74–80.

［19］Zhang Mengjuan，Li Panpan，Tian Zhiqun，et al. Clarification of active sites at interfaces between silica support and nickel active components for carbon monoxide methanation［J］. Catalysts，2018，8（7）：293.

［20］J Medema，CV Stam，V. H. J. de Beer. Roman spectroscopic study of Co–Mo/γ–Al$_2$O$_3$ catalysts［J］. Journal of Catalysis，1978，53（3）：386–400.

［21］Trine Marie HartmannDabros，AbhijeetGaur，Delfina Garcia Pintos，et al. Influence of H$_2$O and H$_2$S on the composition，activity，and stability of sulfided Mo，CoMo，and NiMo supported on MgAl$_2$O$_4$ for hydrodeoxygenation of ethylene glycol［J］. Applied Catalysis A General，2018，551：106–121.

［22］Jaap A. Bergwerff，Tom Visser，Bert M. Weckhuysen. On the interaction between Co– and Mo–complexes in impregnation solutions used for the preparation of Al$_2$O$_3$–supported HDS catalysts［J］. A combined Raman/UV–vis–NIR spectroscopy study. Catalysis Today，2008，130（1）：117–125.

［23］刘文洁，张庆军，隋宝宽，等. 氧化镍含量对渣油加氢脱金属催化剂性能的影响［J］.炼油技术与工程，2017，47（12）：48–50.

［24］赵国利，王少军，凌凤香，等. 磷对 CoMoP 浸渍液及催化剂活性组分结构影响的激光拉曼光谱法研究［J］.分析测试学报，2012（10）：1298–1302.

［25］王奇，柯明，于沛，等. Ce 浸渍方式对 CoMo/CeAl$_2$O$_3$ 催化剂反应性能影响［J］.化工进展，2019，38（7）：3163–3169.

［26］韩璐，周亚松，魏强，等. NiW/Al$_2$O$_3$ 催化剂酸性与加氢活性的调变及对重油加氢脱氮性能的影响［J］.燃料化学学报，2014，42（10）：1233–1239.

［27］Zhou Wenwu，Zhou Yasong，Wei Qiang，et al. Gallium modified HUSY zeolite as an effective cosupport for NiMo hydrodesulfurization catalyst and the catalyst's high isomerization selectivity [J]. Chemistry, 2017, 23 (39): 9369-9382.

[28] Johnson R G, Bell T A. Effects of Lewis acidity of metal oxide promoters on the activity and selectivity of Co-based Fischer-Tropsch synthesis catalysts [J]. Journal of Catalysis, 2016, 338: 250-264.

第 6 章

▼

低硫船用燃料油调合生产技术

6.1 调合工艺

油品调合是船用燃料油制备过程中的最终关键环节，通过机械混合使多种组分油实现微观和宏观上的融合。由于船用燃料油的组分油大多黏度较大，因此该混合过程在大规模空间展开。混合的目的是调整船用燃料油的种类，提升燃料油的质量，最终获得所需的低硫船用燃料油。在这一过程中，选取何种工艺、何种设备和何种方式使共混效果更好尤为关键。

⤳ 6.1.1 间歇调合工艺

间歇调合的主要设备包括组分油罐、调合罐、泵及流量计等。间歇调合工艺是利用油罐进行调合，有时也称离线调合或批量的罐式调合。先把待调合的组分油等按所规定的调合比例，分别送入调合罐内，再用泵循环、电动搅拌等方法将它们均匀混合成为一种产品，图 6.1 为间歇调合工艺示意。

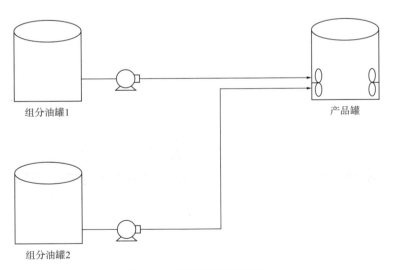

图 6.1 间歇调合工艺示意

这种调合方法操作简单，不受装置馏出口组分油质量波动影响，目前大部分炼油厂采用此调合方法。缺点是需要数量较多的组分油罐，调合时间长、易氧化、调合过程复杂、油品损耗大、能源消耗多、调合作业必须分批进行，调合比不精确。在具体操作中有以下两种方案：

①组分油罐与成品油调合罐分开，各装置生产的组分油先单独进组分油罐，确定调合的目的产品，然后采样分析组分油的质量指标，通过计算公式或经验确定调合量进成品油调合罐。

②不分组分油罐和成品油调合罐，各装置生产的组分油合流进罐，采样分析罐中油品质量指标，符合调合的产品质量指标即可出厂，而不符合调合产品质量指标的油品，将再一次与其他组分油进行调合，其他组分的调合量通过计算或经验来确定。

间接调合工艺通常采用带有搅拌器的调合罐。搅拌器由罐壁伸入罐内，搅拌器的叶轮是船用推进式螺旋桨型。每个罐可装一个或几个螺旋桨，它转动时罐内油产生两个方向运动：一个是油沿螺旋桨的轴线方向向前运动，受到罐壁阻碍时沿罐壁上升至另一侧下降，从而形成垂直方向的圆周运动；另一个是油沿螺旋桨的旋转方向做圆周运动，使其上下翻腾最终达到均匀的目的。

调合罐的基本结构是由带油料进出口的罐体和蒸汽盘管加热器组成。为了强化混合，提高调合效率，一般会在罐内加装喷嘴、喷射系统或机械搅拌器。单个调合罐的大小主要由调合能力、调合速率所决定，但也要考虑油品黏度大小的影响。

影响搅拌调合所需功率的几个因素[1]如下：

①罐的容积与高径比。一般认为搅拌器叶轮排出油品体积等于罐内油品容量的2~3倍，即罐内油品全部被搅拌循环2~3次时，调合即达均匀。因此，罐容积是选择搅拌器功率最重要的依据，容积越大，所需总功率越大。罐的形状系指高度与直径之比（H/D），比值越大，静压头就越大，所需总功率也就越大，当比值等于或小于0.8时，可不考虑对所需功率的额外影响。

②介质黏度。油品黏度越高，流动阻力越大，搅拌功率也就越大。在黏度小，即流体的雷诺数值大于10000时，可不考虑黏度对功率的影响。而介质黏度也与搅拌时的温度有关，因此一般在罐式搅拌时，通常利用罐内底部的盘管进行蒸汽加热，使调合油具有较好的流动性，降低黏度，提高混合效果。

③搅拌时间。如果连续搅拌时间长，则所需搅拌器功率就较小；反

之，要求短时间内完成调合，应使用较大功率搅拌器。

④搅拌运行方式。以两组分为例，可有三种运行方式：A.两组分同时进罐，边进边搅，全部进罐后继续搅拌 2h；B.组分一先进罐，组分二开始进入时启动搅拌，组分二进完后继续搅拌 2h；C.两组分全进罐后才启动搅拌，可要求在 8h、2h 以至 1h 内达到均匀的目的。实测结果表明第一种方式每单位容积所需动力最小。

◯ 6.1.2　连续调合工艺

连续调合也可称为管道调合，主要设备包括组分油罐、产品罐、泵、管道混合器或调合泵、在线性质分析仪表、在线流量计、上位机及控制系统等。连续调合工艺通过上位机计算出目标产品的各组分调合比例，通过控制系统打开泵组及流量计等，实时采集分析数据和计量数据进行比例调控和实时优化，最终产品进入产品罐内，图 6.2 是连续调合工艺的示意[2]。

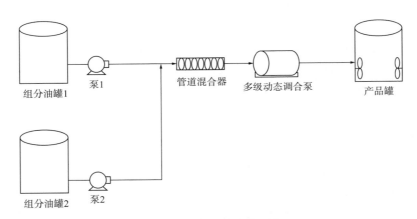

图 6.2　连续调合工艺示意

（1）管道调合简介

管道调合（包括油罐–管道调合）是利用自动化仪表控制各个被调合组分流量，并将各组分油按预定比例送入总管和管道混合器，使各组分油在其中混流均匀，调合成为合乎质量指标的成品油；或采用先进的在线性质分析仪表连续控制调合油的质量指标，各组分油在管线中经管道混合器混流均匀达到自动调合的目的。经过均匀混合的油品从管道另一端出来，如其理化指标和使用性能达到预定要求，则油品可直接灌装或进入产品罐储存。

调合系统需要保持两种或两种以上物料的一定比值关系。目前通常以低成本为计算目标，输入或直接检测各组分油的性质数据、成本、目前产品的性质、比例范围等限制条件，通过系统进行调合方案优化，实现调合比例的实时调整，保证连续调合达到产品的指标。

（2）调合组成

管道调合一般由下列部分组成：

①组分油罐、产品罐，用于组分油和产品油的存储。

②组分管道，每一个管道应包括泵、计量表、控制阀、温度传感器、止回阀、压力调节阀等；组分管道的多少视调合油品的组分数而定，一般有3~5条管道，通道的口径和泵的排量、各种仪表设备的选型等，由装置的调合能力和组分比例的大小、产品理化性质等决定，各组分管道的口径和泵的排量是不同的。

③总管、混合器，各组分通道出口均与总管相连，各组分按预定的准确比例汇集到总管；总管上会安装一个或多个管道混合器或动态均质器，物料在此被混合均匀，并再次进入总管输送至罐内。

④在线质量仪表，主要是黏度计、密度计、闪点仪表、硫分析仪等，尤其在采用质量闭环控制或优化控制调合时，必须设置在线质量仪表。在线仪表的选型需要根据组分油的流量、理化性质等确定。

⑤自动控制和管理系统，根据控制管理水平的要求，可选用不同的计算机及辅助设备。

（3）管道混合工艺

①罐式在线调合：将组分油从罐内抽出，经在线分析仪及控制系统确定不同的比例组分油进产品罐。

②罐式调合直接出厂：把调合和装油出厂两种作业结合在一起，将组分油从罐内抽出，经在线分析仪及控制系统确定不同的比例组分油调合直接出厂。

③馏出物在线调合进油罐：装置馏出物经在线分析仪及控制系统确定不同的比例组分油调合进罐。

④馏出物直接调合出厂：把装置馏出物与组分油直接在管道内调合出厂，多余部分送入成品罐储存。

管道调合可使组分油储存罐减少并可取消调合罐，燃料油可随用随调，且能连续作业，这样可节省燃料油的非生产性储存，减少油罐容量。

组分油能得到合理利用，尤其对批量较少的油品，避免质量过剩，可以提高一次调合合格率，燃料油质量可一次达到指标。减少中间分析，节省人力，取消多次油泵转送和混合搅拌，节约时间，降低能耗。由于全部过程为密闭操作，减少了油品氧化蒸发，降低了损耗。管道调合适用于大批量的调合。若在线控制仪表稳定、可靠，可确保调合精确度，则可在操作中优化调合方案。因此，各炼厂都在油罐调合成功应用的基础上，积极采用新技术推广管道自动调合。

6.1.3 两种调合工艺的比较

无论罐式调合还是管道调合，主要的设备需求均包括储罐、管道、泵及流量计等仪表。罐式调合由于需要油品在罐内进行混合，因此储罐除具有存储油品的功能外，还需要增加搅拌设施。而管道调合除上述设备外，还需要管道混合器或动态混合器、在线分析仪等仪表设备。由于船用燃料油的调合工艺条件一般不太苛刻，所以可根据调合装置的能力和物料性质直接选用合适的泵。无论哪种调合工艺，调合装置的关键设备是混合设备，如间歇调合的调合罐，连续调合的柯涅尔均化器、普罗波尔什奥尼尔斯蒸发器、静态混合器等，这些混合设备直接影响着调合效率和调合质量。

在处理量上，罐式调合受罐容限制，往往只能生产与炼厂罐容相匹配的产品，同时，受产品质量影响，如发生产品质量不合格的情况，还需要进行倒罐，影响生产效率。而连续调合通过连续调合设备和在线仪表的监控，可直接对产品质量进行调整，产品直接进罐或出厂，有利于大批量生产。

油罐调合是把定量的各调合组分依次或同时加入调合罐中，加料过程中不需要度量或控制组分的流量，只需确定最后的数量。当所有的组分配齐后，调合罐便可开始搅拌，使其混合均匀。调合过程中可随时采样化验分析油品的性质，也可随时补加某种不足的组分，直至产品完全符合规格。这种调合方法工艺和设备均比较简单，不需要精密的流量计和高度可靠的自动控制手段，也不需要在线质量检测手段。因此，建设此种调合装置所需投资少，易于实现。此种调合装置的生产能力受调合罐大小的限制，只要选择合适的调合罐，就可以满足一定生产能力的要求，但劳动强度大。

管道调合是把全部调合组分以正确的比例同时进行输送，在管道内流经混合器后即混合均匀，从管道的出口得到质量符合规格要求的最终产品。这种调合方法需要有满足混合器要求的连续混合器，需要有能够精确计量、控制各组分流量的计量器和控制手段，还要有在线质量分析仪表和计算机控制系统。由于该调合方法具备上述这些先进的设备和手段，管道调合可以实现优化控制，合理利用资源，减少不必要的质量过剩，从而降低成本。

综上所述，油罐调合适合批量小、组分多的油品。在产品品种多、缺少计算机技术装备的条件下更能发挥其作用。而生产规模大、品种和组分数较少，又有足够的吞吐储容量和资金能力时，管道调合更有优势。在一般情况下，油罐批量调合所用设备简单，投资较少；管道连续调合相对投资大，但效率更高。具体采取何种调合方法，需做具体的可行性研究，进行技术经济分析后确定。

影响调合质量的因素很多，调合设备的调合效率、调合组分的质量等都直接影响着调合后的油品质量。这里主要分析工艺和操作因素对调合后油品质量的影响。

（1）组分精确计量

无论是油罐间歇调合还是管道连续调合，精确的计量都是非常重要的。精确的计量可以保证各组分投料时按正确的比例进行调合。间歇调合虽然不要求投料时流量的精确计量，但要保证投料最终的精确数量；而对于连续调合，组分流量的精确计量至关重要，因此需要选择精确的流量计，若组分比例严重失调，则需要控制系统通过优化算法进行调整，但会影响调合产品的最终质量。连续调合设备的优劣，除混合器外，还取决于该系统的计量及其控制的可靠性和精确的程度，它应该确保在调合总管的任何部位取样，其物料的配比都是正确的。

（2）温度

无论是组分油还是产品油，都需要选择适宜的伴温和调合温度，温度过高可能引起油品氧化或热变质，温度偏低使组分的流动性能变差而影响调合效果，增加混合难度。因此，要根据各组分油及产品油的物性来确定，轻质组分油可以不用伴热，或者采用较低温度来伴热，如 55~65℃；重质组分油则需要比较高的温度伴热，如 80~100℃；调合温度一般也会在 70~90℃；调合完成后产品的储存也需要一定温度进行伴热，保持流动性。具体温度需要根据炼厂工艺、组分油种类进行调整。

6.2　调合设备与仪表

6.2.1　调合设备

目前，常用的油品调合工艺可分为两种方式：油罐调合和管道调合。油罐调合有时称为间歇调合、离线调合、批量的罐式调合。管道调合有时称连续调合、在线调合、连续在线调合。这两种调合工艺都有各自的特点和适用场合。

（1）油罐调合

油罐调合是将待调合的组分油按所规定的调合比例，分别送入调合罐内，再用泵循环、电动搅拌等方法将它们在油罐内混合均匀从而形成一种产品。这种调合方法操作简单，不受装置馏出口组分油质量波动影响，目前大部分炼油厂采用此调合方法；缺点是调合时间长，油品损耗大，能源消耗多，调合过程受调合罐的数量、罐容等影响，调合比不精确，产品不合格时需要利用空罐进行倒罐。在具体操作中有以下两种方案：

①组分油罐与燃料油调合罐分开，调合罐和组分油罐可以相互调换。各装置生产的组分油先单独进组分油罐，确定调合的目的产品，然后采样分析组分油的质量指标，通过计算公式或经验确定调合量进成品油调合罐。

②不分组分油罐和燃料油调合罐，各装置生产的组分油合流进罐，采样分析罐中油品质量指标，符合调合的产品质量指标即可出厂，而不符合调合产品质量指标的，将其他组分油通过计算或经验确定调合量进调合罐，并循环，再进行质量检测。

油罐调合的主要设备是罐内侧向伸入式搅拌器，叶轮为船用螺旋桨型的搅拌器由储罐的侧壁伸入罐内，通过法兰盖与罐体的开口法兰相连接。由于螺旋桨的转动，使罐内液体产生两个方向的运动，一个沿着螺旋桨轴线方向向前运动，另一个沿螺旋桨圆周方向运动，其方向与螺旋桨的旋转方向相同。轴线方向的运动，由于受到罐壁的阻碍而使罐内液沿着罐壁做圆周方向的运动。而液体沿螺旋桨圆周方向的运动，使罐内液体上下翻动，流动状态如图6.3所示。这样就使罐内液体得到搅拌，并可防止罐内沉积物的堆积，相比其他形式更为经济。

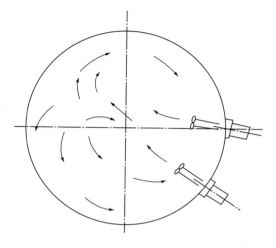

图 6.3　流动状态图

侧向伸入式搅拌器适于安装在大中型立式储罐上，每台调合罐根据油罐大小及油品黏度可设置1~4个搅拌器。考虑进油管位置、搅拌器桨叶与罐底或加热器等物件的距离等影响，应最大限度减小搅拌时的扰动对进油的干扰，目前多数船用燃料油的罐内搅拌器以近似相对的位置，采用对向搅拌的方式进行混合。

（2）管道调合

管道调合通常是从油罐和管道组成的闭环，利用自动化控制设备、分析仪表等将被调合组分以规定的流量，按预定比例送入总管和管道混合器，使各组分油在其中混流均匀，调合成为符合质量指标的燃料油；利用先进的在线性质分析仪表实时监测调合燃料油的质量指标，并利用管道混合器等增加混流的静设备或动设备等达到均匀调合的目的。经过均匀混合的油品从管道另一端出来，其理化指标和使用性能达到预定要求，油品可直接灌装或进入燃料油罐储存。

管道调合的主要设备是管道混合器，其工作原理是让流体在管线中流动冲击各种类型板元件，增加流体层流运动的速度梯度或形成湍流，层流时是"分割 - 位置移动 - 重新汇合"；湍流时，流体除上述三种情况外，还会在断面方向产生剧烈的涡流，有很强的剪切力作用于流体，使流体进一步分割混合。由于混合元件的作用，流体时而左旋时而右旋，不断改变流动方向，不仅将中心液流推向周边，而且将周边流体推向中心，从而达到良好的径向混合效果，最终混合形成所需要的乳状液。由于其安装在管

201

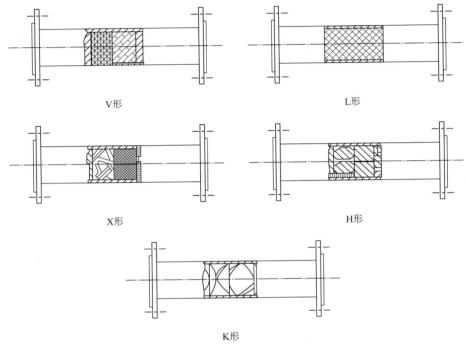

道内，没有运动部件，只有静止元件，所以是一种静设备。流体逐次流过混合器每一混合元件前缘时，即被分割一次并交替变换，最后由分子扩散达到均匀混合状态。目前常见的管道混合器结构如图6.4所示[1]。

V形

L形

X形

H形

K形

图6.4　混合器结构示意

（3）多级动态调合泵

除了管道混合器（静态混合器）外，还可以增加动设备，提高均质效果，采用动态调合设备可以进行油品的连续调合，提高产品质量。多级动态调合泵通过叶轮转子将黏度高的重油和轻油吸入壳体腔室内，并随着初步预混预调使各种成分的介质实现了初步混合调制并输送到降黏单元，由降黏单元对高黏度的重油、渣油实施碎裂处理，从而降低混合油液的黏性，再经过调合处理使油液均匀性得到保证，该调合器可以对以直馏渣油、减压渣油或一定比例的轻组分为原料的多种成分实施有效、快捷的预混、降黏及调合处理，将工业废油调合成船用燃料油，不仅能为石化企业带来可观的经济效益，还能有效降低环境污染，是一种提高石油能源利用率的有效方法。图6.5是一种适用于船用燃料油调合的动态混合器结构示意。

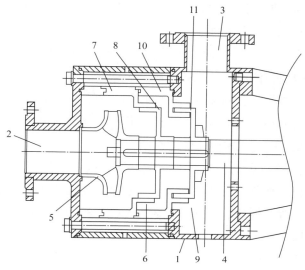

图 6.5　动态混合器结构示意

1—壳体；2—进液口；3—出液口；4—转轴；5—叶轮转子；6—降黏单元；7—降黏定子；
8—降黏转子；9—调合单元；10—调合定子；11—调合转子

⊃ 6.2.2　连续调合常用在线质量分析仪表

本部分主要介绍在线黏度计、在线密度计、在线总硫分析仪，简单介绍在线闪点分析仪。

（1）在线黏度计

在线黏度计可用于任何黏度量程及任何流体的黏度测量，该设备对黏度微小变化有很高的敏感度。即使在某些苛刻的条件下，也可得到所期盼的准确度，而且有母系的、可安装的或手提式设备可供固定或便携安装。通过在线测量过程中的液体黏度，可以得到液体流变行为的数据，对于预测产品工艺过程的工艺控制、输送性及产品在使用时的操作性有着重要的指导价值。目前欧、美、日等先进国家或地区，在实际工程和工业生产中，皆采用在线黏度计直接监控产品黏度，通过在线测量过程中的液体黏度，得到液体流变行为的数据变化。

目前在线黏度计主要有两大类：振动式、旋转式。

振动式在线黏度计原理：传感器探头在流体中做一定频率的振幅运动，由于会受到流体黏性阻尼的作用，探头的振幅会衰减，补充由于流体黏性阻尼而损失的能量，使探头的振幅维持在与流体作用之前的状态，则这部分补充的能量与流体的黏度有关。测量出这部分补充的能量，即可以按照一定的关系求出流体的黏度。

旋转式在线黏度计原理：将进入待测流体中的物体旋转，或者维持物体静止，而使物体周围的流体做旋转运动时，由于存在剪应力作用，这些流体中的物体将会受到黏性力矩的作用。假若保证旋转等条件相同，此时黏性力矩的大小将随着流体黏度的变化而变化，只需测量黏性力矩的大小，即可按照黏度公式求出流体的黏度。

优缺点：振动式安装简便，清洗方便，但不能控制剪切率，黏度随物料黏度变化而变化，对非牛顿流体无意义，单点测量受环境振动影响较大。旋转式可改变转速、可评价流体流变性，适用于任何流体，但价格较高，清洗麻烦。

（2）在线密度计

在线密度计（也称在线密度变送器）是一种用于连续在线测量液体的浓度和密度的设备，可直接用于工业生产过程。密度计采用先进技术，包括：一个电容式差压传感器及与其相连接的、插入生产过程的一对压力中继器。在两个压力中继器之间有个温度传感器，用来补偿过程液体的温度变化。智能在线密度计为二线制密度变送器，主要用于工业过程控制，在线密度计根据浓度与密度的大小产生相应的 4~20mA 信号，可通过数字通信进行远程校准与监测。在线密度计的安装形式分为直插式、法兰式和沉入式。但要注意的是，在线密度计的原理是建立在静压基础上的双法兰差压法。由于所测液体有时并不是静止的，而是不断地循环和搅动，因此，用静压原理测试密度的装置就必须克服这些影响。在不适合直接测量的地方要增加辅助测试罐，让密度计工作在流速和波动很小的地方，以保证密度计读数的稳定。

（3）在线闪点分析仪

在线闪点分析仪目前多采用催化氧化法和燃烧法。燃烧法是模拟 GB/T 261—2021《闪点的测定 宾斯基—马丁闭口杯法》制定的。催化氧化法原理：油气和铂催化剂接触，在铂催化剂作用下发生热化学反应，随着油气浓度的变化，其反应的热量也发生变化。油温升高其油气浓度亦升高，通过测量油气浓度来测定闪点。燃烧法温度较高容易发生结焦，催化氧化法反应温度低，不易发生结焦，建议采用催化氧化法原理的闪点分析仪表。表 6.1 为在线闪点分析仪厂家及产品。

表 6.1　在线闪点分析仪

序　号	厂　商	原　理	特　性	除　焦
1	ICON	燃烧法	模拟实验室状态	加热吹扫 / 溶剂除焦
2	BARTEC	催化氧化	测量温度低，不易结焦	加热吹扫
3	华天通力	催化氧化	测量温度低，不易结焦	
4	ATACE	催化氧化	测量温度低，不易结焦	

（4）在线总硫分析仪

在线总硫分析仪要求能及时有效准确地测量低硫船用燃料油的硫含量，并能够反馈测量数据以便现场生产监测及低硫船用燃料油连续调合控制系统数据采集，实现低硫船用燃料油硫含量的在线检测及数据采集功能。硫含量分析方法主要有库仑滴定法、醋酸铅法、化学发光法、紫外荧光法和 X 射线荧光光谱分析法。其中，前四种检测方法都需要加入参与反应的气体或载气，设备复杂。而 X 射线荧光光谱分析法是一种非接触的无损检测方法。目前，可以进行油品中硫含量在线分析检测的设备主要采用的方法有以下三种：紫外荧光法、单波长色散 X 射线荧光光谱法和 X 射线吸收法。以分析方法为基础对市场上主要设备厂家进行了调研，详见表 6.2。

表 6.2　不同检测方法的在线总硫分析仪对比

项　目	紫外荧光法	单波长色散 X 射线荧光光谱法	X 射线吸收法
分析原理	样品进入六通阀，在载气的带动下进入裂解管，裂解管内样品在富氧和高温（1100℃）的环境中燃烧，生成 CO_2、H_2O 和 SO_2，除水后通过照射紫外光分析 CO_2 背景下 SO_2 产生的荧光强度，从而计算出总硫含量	50W 强度的 X 光源通过分光镜，选择对硫敏感的 0.5373nm 波段照射样品，样品中的 S 原子被激发，通过第二个分光镜再次过滤，选择 S 原子激发强度最高的 K_α 射线进行检测，从而得出硫含量	在 1" 直径的测量池两侧分别安装 X 光源和检测器，低强度 X 光源（9W）照射样品，由于 S 原子吸收 X 射线从而降低了 X 光强度，通过检测衰减程度从而计算出总硫的含量
应用领域	轻质油品和气相分析（主要分析汽油、柴油、液化石油气、天然气、瓦斯气等）	轻质油品（主要分析汽油、柴油等）	重质油品（主要分析原油、渣油、船用燃料油、汽柴油脱硫装置原料等）
检测下限	0.02mg/L	0.6mg/L	0.02mg/L
检测上限	1000mg/L	3000mg/L	1000mg/L
检测周期	60s	60s	60s
重复性	±1%FS	±2%FS	±1%FS
公共使用条件	仪表风、压缩空气和氮气	仪表风、工业氮气	仪表风

项　目	紫外荧光法	单波长色散 X 射线荧光光谱法	X 射线吸收法
常规维护	需定期更换光源、裂解管、六通阀、膜式除水过滤器等部件	需定期更换动力窗膜、X 光源、高压电源等部件	常规来讲，十年内无须更换备品备件
现场应用情况分析	1. 紫外荧光法常规分析终馏点（FBP）在 350℃以下的样品，而船用燃料油 FBP 在 500℃以上。 2. 检测氧化燃烧系统。 3. 需要现场配备氮气和压缩空气管线。 4. 紫外荧光法针对样品预处理也有较高的要求，船用燃料油不适用	1. 单波长法在线总硫测量池直径仅为 6.35mm，对于船用燃料油进入分析仪表可能会造成凝结、结蜡等问题，且无法排放。 2. 重油或残渣会对动力窗膜造成影响。无论是分析仪表还是预处理的过程均不适用于船用燃料油	1. X 射线吸收法在线总硫设计的初衷就是分析船用燃料油和原油等重质油品，因此从技术上考虑了重油堵塞、清洁、光透过率等问题。 2. 无须进行样品预处理。 3. 该方法向下兼容了汽柴油脱硫装置原料分析，反而无法在汽柴油脱硫装置出口使用

由表 6.2 可见，X 射线荧光光谱分析作为一种非接触的无损检测方法，能够真正实现在线连续检测；因为不与介质直接接触，所以能够克服试样温度高、压力大等对于检测不利的因素。

基于 XRF 原理，可将 X 射线荧光光谱分析仪分为反射式和透射式两类。

反射式即通过检测出荧光产额的大小，然后计算出该原子在试样中的含量。相对于用于激发试样的特征 X 射线光子的能量来说，荧光产额的能量非常小，对于原油，由于检测窗和原油的接触，不可避免地会产生附黏膜，对反射式影响很大。而穿过试样的特征 X 射线，由于检测光程比附黏膜大许多，更便于提高检测精度。透射式即检测通过试样的特征 X 射线光子的大小就能计算出该原子在试样中的含量。被测试样（原油）通过连接在管线上的采样旁路进入测量单元，在 X 光的照射下测量时间达 100~300s，即可得出管路中介质的总硫含量。分析过程中，原油在检测单元中持续流动。

6.3　调合指标预测方法

⊃ 6.3.1　指标模型

本部分主要介绍目前低硫船用燃料油调合时主要应用的黏度模型、密度模型、倾点模型、闪点模型等，包括大连石油化工研究院自主开发的预测模型[3]。

（1）常用黏度预测模型

黏度是重质船用燃料油中最为重要的性质指标，是划分油品牌号的依据，因此，对适用于重质船用燃料油的黏度模型进行研究，有利于指导调合生产。现有的物理预测模型常用于原油调合，对于高黏度比的组分油调合黏度的预测大多是基于区域性稠油数据的经验公式，这些公式只对特定区域特定组分的稠油才有很高的预测精度，能否应用于重质船用燃料油的黏度预测值得研究。

① Arrhenius 黏度模型。

Arrhenius 黏度模型是国际通用的黏度调合计算模型，被推荐用于计算混合原油的黏度[4]。该模型建立在高黏度比的基础上，在计算稠油和轻质油混合黏度方面表现较好[5]。

$$\lg \mu_m = \sum V_i \lg \mu_i \qquad (6.1)$$

式中　μ_m——调合油品同温度下的黏度；

　　　μ_i——i 组分同温度下的黏度；

　　　V_i——i 组分在调合油中的体积分数。

该模型的缺点是对低黏度比或混合油中含有过多沥青质沉淀体系的计算精度不高[6]。重质船用燃料油的调合体系，调合组分一般在三种或三种以上，且有两种或两种以上的组分黏度较为接近。另外，重质船用燃料油的残渣型调合组分油，往往某些组分的沥青质含量较高，如渣油、煤油、柴油等，在计算过程中会导致偏差较大。因此，该模型在重质船用燃料油的黏度预测上存在一定的局限性。

② 双对数黏度模型。

双对数黏度模型是美国标准局的黏度调合计算模型[7]，广泛应用于混合油品的调合，在目前的重质船用燃料油的实际调合生产中，该模型应用最多。但该模型不适用于计算非牛顿体混合油的黏度，以及组分油黏度指数差距较大的混合油黏度。另外，有研究表明，其计算黏度会随低黏度原油的比例变化而变化[8]。

$$\lg \lg \mu_m = \sum V_i \lg \lg \mu_i \qquad (6.2)$$

式中　μ_m——调合油品的运动黏度；

　　　μ_i——i 组分同温度下的运动黏度；

　　　V_i——i 组分的体积分数。

在重质船用燃料油的黏度预测计算中，经常使用双对数模型的变形公式计算黏度系数 $\upsilon_{i,50}$，即

$$\upsilon_{i,50} = 19.20 + 33.5\lg\lg(\mu_{i,50} + 0.85) \tag{6.3}$$

式中　$\upsilon_{i,50}$——组分 i 在 50℃时的黏度系数；

　　　$\mu_{i,50}$——组分 i 在 50℃时的运动黏度；

　　50℃时，常数值取 0.85。

假设组分油的黏度系数与质量分数呈线性关系，即

$$\upsilon_{m} = \sum\varphi_{i}\upsilon_{i,50} \tag{6.4}$$

式中　υ_{m}——调合油品的混合黏度系数；

　　　φ_{i}——组分 i 的质量分数。

利用 υ_{m} 和式（6.3）可反推出 50℃时的混合油运动黏度 $\mu_{m,50}$。

虽然该模型在重质船用油的调合生产中应用较多，但是一般都忽略了组分油中的非牛顿流体，因此计算中存在一定的误差。但对于黏度差距较大的重质船用燃料油的调合组分来说，该模型的预测能力具有一定的参考价值。

③ Cragoe 黏度模型。

Cragoe 黏度模型提出了一种表征流体流动性能的流函数概念，并在实验数据的基础上认为流函数 L 是具有加和性的[9]。Cragoe 黏度模型不仅适用于低黏度混合油，还可用于稠油黏度比值大于 10^{3} 的系统[4]。因此，对于稠油掺稀后的黏度计算可用该模型。

$$\begin{cases} \mu_{m} = 5\times10^{-4}\exp(1000\ln 20 / L_{m}) \\ L_{m} = \sum_{i=1}^{n}X_{i}L_{i} \\ L_{i} = \dfrac{1000\ln 20}{\ln\mu_{i} - \ln(5\times10^{-4})} \\ \sum_{i=1}^{n}X_{i} = 1 \end{cases}$$

式中　μ_{m}——混合油黏度；

　　　X_{i}——第 i 种组分油的质量分数；

　　　μ_{i}——第 i 种组分油的黏度；

　　L_{m}，L_{i}——混合油、第 i 种组分油的 L 计算值。

重质船用燃料油与原油调合油最根本的区别在于重质船用燃料油含有黏度较大的劣质组分油，这使得很多黏度模型在用于重质船用燃料油的黏

度预测上准确性差。而 Cragoe 黏度模型区别于其他物理模型的优点是它适用于各种黏度比体系，但是否对多组分的残渣型重质船用燃料油调合适用仍待进一步考察[10]。

④ Bingham 黏度模型。

Bingham 黏度模型是将黏度的概念与电阻概念类比，结合实验数据发现黏度的倒数是有加和性的，于是提出了以倒数混合规则为基础的黏度预测模型[11]。

$$\frac{1}{\mu_m} = \sum_{i=1}^{n} \frac{\varphi_i}{\mu_i} \qquad (6.5)$$

式中 μ_m——混合油黏度；

　　φ_i——组分 i 的体积分数；

　　μ_i——组分 i 的黏度。

针对 Bingham 黏度模型的研究目前还比较少见，该模型对多组分油品调合的适配性仍需要大量的实验来考察。作为一种对非牛顿流体黏度的预测模型，可通过实验数据的对比来进一步讨论其在重质船用燃料油调合中应用的可能性。

⑤ Cragoe 修正模型 I。

$$\begin{cases} \mu_m = 5 \times 10^{-4} \exp\left(1000 \ln 20 / L_m\right) \\ L_m = \sum_{i=1}^{n} X_i L_i + \sum_{j=1}^{n-1} \sum_{k=j+1}^{n} C_{jk} X_j X_k \\ L_i = 1000 \ln 20 / \left[\ln \mu_i - \ln\left(5 \times 10^{-4}\right) \right] \\ C_{jk} = 2\left(2L_{jk} - L_j - L_k\right) \\ L_{jk} = 1000 \ln 20 / \left[\ln \mu_{jk} - \ln\left(5 \times 10^{-4}\right) \right] \end{cases}$$

⑥ Cragoe 修正模型 II。

Cragoe 修正模型 I 增加了实验量，对于重质船用油生产企业来说无疑增加了油品生产周期，应用较难。针对新疆某混合原油，研究人员根据实验数据建立了 C_{jk} 与 2 种组分原油黏度函数间的经验关系，引入 C_{jk} 得到修正模型 II，其中 C_{jk} 的计算方法如式（6.6）所示。

$$C_{jk} = 0.0302\left(L_j + L_k\right) - 16.2404 \qquad (6.6)$$

（2）常用凝点预测模型

现有混合原油凝点计算模型，主要是使用者通过归纳实验数据得出的经验或半经验公式，对其建模所用的油样往往具有较好的计算精度，而对于其他原油的计算精度却各不相同，在使用这些模型时，首先需要对模型的适用性加以评价，针对特定的研究对象，筛选出计算精度较高的模型。目前常见的凝点计算模型主要有李闯文模型、刘天佑模型 Ⅰ、刘天佑模型 Ⅱ 及陈俊模型。

李闯文模型和刘天佑模型都是通过对新疆各油区有代表性的单井及由其组成的混合原油的实验数据，对线性模型加以修正得到，采用这些模型不仅需要知道各组分原油的凝点，还需要知道组分油每两种油按 1∶1 混合后的凝点。陈俊在对混合原油凝点数据的分析过程中发现，两组分原油等质量配比后，混合原油凝点的实测值和线性加权方法计算值之差的绝对值与两组分原油各自凝点之差的绝对值之间具有良好的相关性，由此提出了一种计算混合原油凝点的新方法，仅需知道各组分原油的凝点，就可以预测各配比条件下混合原油的凝点。本书试从以上几个模型中优选出适用于某管道混合原油凝点预测的模型。

以上几种方法都采用混合规则方法，主要区别在于配比修正参数 B_{ij} 和混合油性质修正参数 C_{ij} 的计算方法不同。若采用李闯文模型、刘天佑模型 Ⅰ 和刘天佑模型 Ⅱ，除了各组分油的凝点和比例外，还需知道组分油两两等配比混合后的凝点；而陈俊模型只需知道各组分油凝点和比例即可计算混油凝点。

李闯文模型：
$$\begin{cases} B_{jk} = \left[\lg\left(100X_j\right) / \lg\left(100X_k\right) \right]^{sgn\left(C_{jk}\right)} \\ C_{jk} = 2\left(2T_{jk} - T_j - T_k\right) \\ T_G = \sum_{i=1}^{n}\left(X_i T_i\right) + \sum_{j=1}^{n-1}\sum_{k=j+1}^{n}\left(B_{jk}C_{jk}X_j X_k\right) \end{cases}$$

刘天佑模型 Ⅰ：
$$\begin{cases} B_{jk} = 1 - \dfrac{X_k}{2} + \dfrac{X_j}{2} \\ C_{jk} = 2\left(2T_{jk} - T_j - T_k\right) \end{cases}$$

刘天佑模型 Ⅱ：$T_G = \sum_{i=1}^{n} X_i T_i + n^n X_1 X_2 \cdots X_n \left(T_{1/n} - \dfrac{1}{n}\sum_{j=1}^{n} T_j \right)$

陈俊模型：
$$\begin{cases} T_G = \sum_{i=1}^{n}\left(X_i T_i\right) + \sum_{j=1}^{n-1}\sum_{k=j+1}^{n}\left(B_{jk}C_{jk}X_j X_k\right) \\ B_{jk} = 1 - \dfrac{X_k}{2} + \dfrac{X_j}{2} \\ C_{jk} = \pm 0.698 \left| T_j - T_k \right|^{1.1456} \end{cases}$$

式中　T_G——混合原油凝点；

　　　X_i——组分油 i 的掺入比例；

　　　T_i——组分油 i 的凝点；

　　　T_{jk}——组分油 j 和 k 等比例混合后的凝点；

　　　n——组分油的种类数；

　　　$T_{1/n}$—— n 组分油等比例混合后的凝点。

（3）闪点模型

①公式法。

混合油的闪点可按式（6.7）估算，闪点的调合指数和调合计算适用于开口杯法或闭口杯法的各种闪点测定装置测得的数据。但必须用同样装置测定的数据来计算同样开闭口闪点的数值。

$$I_{混} = \sum I_i V_i \tag{6.7}$$

式中　$I_{混}$——混合油的闪点指数；

　　　I_i—— i 混合组分的闪点指数；

　　　V_i—— i 混合组分的体积分数。

闪点指数可通过油的闪点指数的关系式（6.8）表示：

$$\lg I = -6.1188 + \frac{4345.2}{T + 383} \tag{6.8}$$

式中　I——油的闪点指数；

　　　T——油品的闪点，℉。

②线图查定法[1]。

根据蒸气压导出的理论相关闪点公式作成线图，如图 6.6 所示，最适于轻质油闪点的查定。例如查定闪点 24.4 ℃的油 30%（摩尔）和闪点 48.9 ℃的油 70%（摩尔）的混合油的闪点时，由图 6.6 左侧 0% 线的 24.4 ℃点和图 6.6 右侧 100% 线的 48.9 ℃点连接成直线，则此线与 30%（摩尔）线相交点处沿闪点温度线平行引向左侧竖线，则与之相交点

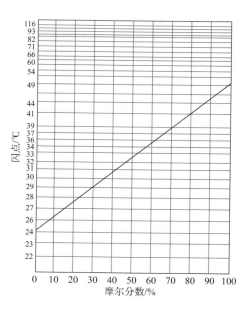

图 6.6　闪点线图

的 28.9℃，即推定为该混合油的闪点。开口杯法闪点或闭口杯法闪点均可使用，但每一查定必须用相同方法的两个闪点。

③将已知各混合组分油或混合油的闪点和混合体积分数代入式（6.9），即可算出混合油或混合组分油的闪点。本法最适于重质油闪点的计算。

$$F_{\mathrm{m}} = 100 \lg \left(\frac{V_1}{V_1 + V_2} 10^{-F_1/100} + \frac{V_2}{V_1 + V_2} 10^{-F_2/100} \right) \qquad (6.9)$$

式中　F_{m}——混合油的闪点，℃；

　F_1、F_2——各混合组分油的闪点，℃；

　V_1、V_2——各混合组分油的体积分数，%。

如需按质量分数混合时，应将各混合组分或混合油用密度换算成体积分数后计算。所得数为近似值，比实测值高 2~13℃。本计算法对于轻质油的结果偏差较大。

➲ 6.3.2　智能模型

（1）最小二乘支持向量机（LSSVM）

在重质船用燃料油调合领域，调合油由轻质组分油和重质组分油通过一定的配比调合而成。但轻、重组分油性质差距较大，尤其是黏度存在数量级上的差距，因此组分油的调合比例对黏度有着很大的影响。目前，生产商的调合比例是通过一般模型计算、经验优化、调合小样验证的方式得到的。但是，现有的重质燃料油计算模型大多基于原油调合的数学模型来计算，应用过程中发现，在黏度、倾点等非线性指标的预测上存在误差大、参考性不高的问题。因此，开发新手段准确预测调合产品性质指标，对调合比例的确定具有重要意义。

最小二乘支持向量机作为一种新颖的人工智能技术，已越来越广泛地运用于各个学科。支持向量机在解决小样本、非线性及高维模式识别中表现出许多优势，可用于分类和回归分析。它是一种不依赖具体函数形式的通用拟合方法，具有建模效率高、预测精度高、自适应能力强等特点。在数据库的基础上，利用 LSSVM 模型对重质船用燃料油调合各指标进行预测，准确性高，应用前景广阔。

LSSVM 回归的基本思想是：利用一种非线性映射 φ 将一个由 n 维输入数据 x_i，和一维输出数据 y_i 组成的训练样本集 $D = \{(x_i,\ y_i) \mid i = 1,2,\cdots,N \}$，

从原空间映射到特征空间 $\varphi(x_i)$，从而将低维特征空间的非线性回归问题转化为高维特征空间的线性回归问题[12]。在此高维特征空间中构建线性最优决策函数：

$$y(x) = \omega^T \varphi(x) + b \qquad (6.10)$$

式中　ω——权向量，$\|\omega\|^2$ 反映了模型的复杂度；

　　　b——变量系数。

利用结构风险最小化原理，要使实际风险降至最低，则 ω、b 的解应使式（6.11）取得极小值：

$$R = \frac{1}{2}\omega^T\omega + cR_{\mathrm{emp}} \qquad (6.11)$$

式中　c——正则化参数，可实现对拟合精度和模型复杂性之间的折中；

　　　R_{emp}——误差控制函数。

LSSVM 方法选用的是误差二范数的平方，因此优化问题可以表示为：

$$\min J(\omega,\ e) = \frac{1}{2}\omega^T\omega + \frac{1}{2}\gamma\sum_{i=1}^{N}e_i^2 \qquad (6.12)$$

使得 $y_i = \omega^T\varphi(x_i) + b + e_i$，$i=1,\ 2,\ \cdots,\ N$

式中　e_i——误差；

　　　γ——正则化参数，$\gamma=2c$。

根据上述优化函数式定义拉格朗日函数：

$$L(\omega,b,e,\alpha) = J(\omega,e) - \sum_{i=1}^{N}\alpha_i\left\{\omega^T\varphi(x_i) + b + e_i - y_i\right\} \qquad (6.13)$$

式中　α_i——拉格朗日乘子，即支持向量。

对式（6.13）进行优化得：

$$\begin{cases} \dfrac{\partial L}{\partial \omega} = 0 \ \rightarrow\ \omega = \sum_{i=1}^{N}\alpha_i\varphi(x_i) \\[3mm] \dfrac{\partial L}{\partial b} = 0 \ \rightarrow\ \sum_{i=1}^{N}\alpha_i = 0 \\[3mm] \dfrac{\partial L}{\partial e_i} = 0 \ \rightarrow\ \alpha_i = \gamma e_i \\[3mm] \dfrac{\partial L}{\partial \alpha_i} = 0 \rightarrow\ \omega^T\varphi(x_i) + b + e_i - y_i = 0 \end{cases} \qquad (6.14)$$

其中，i 为 1，2，$\cdots$，N。

消去变量 ω、e，可得矩阵方程：

$$\begin{bmatrix} 0 & l^T \\ l & \Omega + \dfrac{1}{\gamma}I \end{bmatrix} \begin{bmatrix} b \\ \alpha \end{bmatrix} = \begin{bmatrix} 0 \\ Y \end{bmatrix} \tag{6.15}$$

$$Y = [y_1, y_2, \cdots, y_N]^T$$

$$\alpha = [\alpha_1, \alpha_2, \cdots, \alpha_N]^T$$

式中 l——单位矩阵，$l = [1, \cdots, 1]^T$；

I——$N \times N$ 阶单位矩阵；

Ω——N 阶核函数矩阵，$\Omega = \left[\varphi(x_i)^T \varphi(x_j) \right]_{N \times N}$。

应用最小二乘法可从式（6.15）中求得 α 与 b。

根据 Hilbert-Schmidt 原理，对于任何对称函数成为内积核函数的充分必要条件是满足 Mercer 条件，即存在核函数 $K(x_i, x_j)$，使得 $K(x_i, x_j) = \varphi(x_i)^T \varphi(x_j)$，因此 LSSVM 的函数估计形式为：

$$y(x) = \sum_{i=1}^{N} \alpha_i K(x, x_i) + b \tag{6.16}$$

基于 LSSVM 建立预测模型。建立重质船用燃料油非线性指标的预测模型的基本步骤如下[13]：

①根据重质船用燃料油调合组分的性质，确定调合组分、性质参数（或指标），构建最小二乘支持向量机的学习样本，包括输入样本调合比例数据和样本实测性质参数数据。

②输入学习样本到最小二乘支持向量机中进行样本学习，获得输入参数和输出参数的精确映射关系。

③输入新的样本调合比例数据到最小二乘支持向量机中进行预测。

④增添新的学习样本到最小二乘支持向量机，不断提高模型的预测能力。

（2）神经网络模型

传统意义上的调合模型大多采用的是物理模型，普适性较好。这种方法需要先对调合过程机理有一定的认识，并要给出模型的解析表达式。在具体建模过程中，需要根据实际情况来调整这种表达式。

近年来，智能算法出现很多模型，比如模拟退火、遗传算法、禁忌搜索、神经网络、天牛须搜索算法、麻雀搜索算法等。这些算法不需要具体某一性质的数学表达式，也不受限于非线性模型，通常具有自适应性，可以通过学习提高预测准确度。神经网络模型是智能运算模型之一，与传统建模方法比较，神经网络模型的最大优点在于：无须预先给出模型的数学表达式；具有对过程数据进行自组织、自学习的特点，便于在使用过程中不断完善；对过程信息可实现分布式存储，对输入信号有一定程度的抗干扰性。

前向型人工神经网络[1]，是由输入层、输出层及隐含层互连而成的三层网络（见图 6.7），网络的结构是由最小可执行单元神经元组成的，每个神经元包括两种运算。第一，把 n 个输入量加权求和，得出该神经元的活动状态 $a = -Q + \sum_{i=1}^{n} x_i w_i$，其中 Q 为该神经元节点的阈值，用于调节节点的活动状态，x_i 为输入量，w_i 为连接权重系数；第二，每个节点有一输出函数 $Y = f(a)$，将该节点的活动状态转换成输出信号，一般选用 S 型函数作为输出函数：$f(a) = 1/(1 + e^{-a} a_0)$。

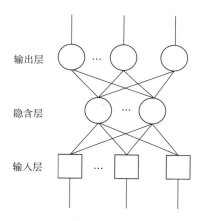

图 6.7　前向型人工神经网络

设输入层有 $N+1$ 个神经元，对应于 N 个输入值和一个偏值（bias），隐含层有 $M+1$ 个节点，其中也有一个偏值，输出层有 L 个神经元。

假设第 k（$k=1$，2，$\cdots$，P）个实验样本的第 i 个输入参数为 x_i^k，隐含层第 h 个节点输出值为 y_h^k，输出层第 j 个节点输出值为 z_j^k，每一节点的输入值与输出值通过非线性的 Sigmoid 函数变换。如果输入层与隐含层之间的权值为 w_{hi}，隐含层与输出层之间的权值为 w_{jh}，则各节点的输出按式（6.17）计算：

$$\begin{cases} y_h^k = f\left(\sum_{i=1}^{N} w_{hi} x_i^k + \theta_h \right) \\ z_j^k = f\left(\sum_{h=1}^{M} w_{jh} y_h^k + \theta_j \right) \end{cases} h = 1, 2, \cdots, M \ j = 1, 2, \cdots, L \quad （6.17）$$

式中　θ_h——隐含层各节点的内部阈值；

θ_j——输出层各节点的内部阈值。

在输入层和隐含层之间各设一个神经元 bias，即第 0 个节点，取它的指定输出值为 1.0，对于隐含层，令 $\theta_h = w_{j0} x_0^k \left(x_0^k \approx 1.0 \right)$，则式（6.17）中的自变量部分可表示成式（6.18）：

$$\sum_{i=1}^{N} w_{hi} x_i^k + w_{j0} x_0^k = \sum_{i=0}^{N} w_{hi} x_i^k \qquad （6.18）$$

对于输出层也可作类似处理，于是：

$$\begin{cases} y_h^k = f\left(\sum_{i=0}^{N} w_{hi} x_i^k \right) \\ z_j^k = f\left(\sum_{h=0}^{M} w_{jh} x_h^k \right) \end{cases} h = 1, 2, \cdots, M \ j = 1, 2, \cdots, L \qquad （6.19）$$

式（6.19）在数学形式上不含阈值 0，它们已经隐含在相应的权值并且与其他权值一样可以在迭代过程中予以优化。如果在 $[-1，1]$ 区间给权重 w_{hi} 和 w_{jh} 随机赋值，那么对每一个输入模式 P，网络的总平均误差 E 为：

$$E = \frac{\sum_{k=1}^{P} \sum_{j=1}^{L} \left(d_j^k - z_j^k \right)^2}{LP} \qquad （6.20）$$

式中　P——送入输入层的训练模式数；

L——输出层的处理单元数；

d_j^k——第 k 个训练模式在第 j 个处理单元上的期望输出值；

z_j^k——第 k 个训练模式在第 j 个处理单元上的实际输出值。

式（6.20）也可写为：

$$E = \frac{1}{LP} \sum_{k=1}^{P} \sum_{j=1}^{L} \left\{ d_j^k - f\left[\sum_{h=0}^{M} w_{jh} f\left(\sum_{i=0}^{N} w_{hi} x_i^k \right) \right] \right\}^2 \qquad （6.21）$$

由于转移函数是连续可微的，显然式（6.21）是每个加权的连续可微函数，反过来，为了使误差函数最小，用梯度下降法求得优化的权值，该权值总是从输出层开始修正，然后修正前层权值。根据梯度下降法，由隐含层至输出层的连续加权调节量为：

$$\Delta w_{jh} = -\eta \frac{\partial E}{\partial w_{jh}} = \eta \sum_{k=1}^{P} \left(d_j^k - z_j^k\right) f'\left(s_j^k\right) y_h^k = \eta \sum_{k=1}^{P} \delta_j^k y_h^k$$

$$\delta_j^i = f'\left(s_j^k\right)\left(d_j^k - z_j^k\right) = f'\left(s_j^k\right)\Delta_j^k \qquad （6.22）$$

$$\Delta_j^k = d_j^k - z_j^k \cdots$$

式中 $s_j^k = \sum_{h=0}^{M} w_{jh} f\left(\sum_{i=0}^{N} w_{hi} x_i^k\right)$;

η——学习速率;

δ_j^k——输出节点的误差信号。

对数 Sigmoid 型压缩函数为:

$$f'\left(s_j^k\right) = z_j^k\left(1.0 - z_j^k\right) \qquad （6.23）$$

由输入层到隐含层的加权修正量可用分层链导法求得:

$$\Delta w_{hi} = -\eta \frac{\partial E}{\partial w_{hi}} = -\eta \sum_{k=1}^{P} \frac{\partial E}{\partial y_h^k} \frac{\partial y_h^k}{\partial w_{hi}} = \eta \sum_{k=1}^{P} \sum_{j=1}^{L} \left(d_j^k - z_j^k\right) f'\left(s_h^k\right) x_i^k = \eta \sum_{k=1}^{P} \delta_h^k x_i^k$$

$$\delta_h^k = f'\left(s_h^k\right) \sum_{i=1}^{L} w_{jh} \delta_j^k = f'\left(s_h^k\right) \Delta_h^k \qquad （6.24）$$

$$\Delta_h^k = \sum_{j=1}^{L} w_{jh} \delta_j^k$$

式中 η——学习速率;

s_h^k——隐含节点的误差信号, $s_h^k = \sum_{i=0}^{N} w_{hi} x_i^k$。

对 Sigmoid 型压缩函数:

$$f'\left(s_h^k\right) = y_h^k\left(1.0 - y_h^k\right) \qquad （6.25）$$

1986 年有人提出一种改善 BP 训练时间的方法,称为动量法。同时保证了过程的稳定性。该方法是为每个加权调节量上加一项正比于前次加权变化的值。这就要求每次调节完后,都要把调节量记住,以便在下面的加权调节中使用。

从隐含层到输出层附加有冲量项的加权调节公式为:

$$\Delta w_{jh}^{(t)} = \eta \sum_{k=1}^{P} \delta_j^k y_h^k + \alpha \Delta w_{jh}^{(t-1)} \qquad （6.26a）$$

计算权重公式为:

$$w_{jh}^{(t)} = w_{jh}^{(t-1)} + \Delta w_{jh}^{(t)} \qquad （6.26b）$$

从输出层到输入层附加有冲量项的加权调节公式为:

$$\Delta w_{hi}^{(t)} = \eta \sum_{k=1}^{P} \delta_h^k x_i^k + \alpha \Delta w_{hi}^{(t-1)} \tag{6.27a}$$

计算新的权重公式为：

$$w_{hi}^{(t)} = w_{hi}^{(t-1)} + \Delta w_{hi}^{(t)} \tag{6.27b}$$

式（6.26）和式（6.27）中，η 为学习速率；α 为动量系数，通常限定在 $0 < \alpha < 1$ 的范围内，加入这一动量后，使得该调节向底层的平均方向变化，不致产生大的摆动，即冲量项起到缓冲平滑的作用；$w_{hi}^{(t)}$ 为第 i 个元素与隐含层第 h 个元素之间第 t 次迭代训练的连接权重。

BP 训练算法实现步骤：

当多层网络确定以后，所需要的训练数据组应已准备好。根据前面讨论的 BP 算法就可以对网络进行训练了。BP 训练步骤如下：

①在 $[-1, 1]$ 区间内给权重 w_{jh} 和 w_{hi} 随机赋值，并设定训练允许误差 $\varepsilon (\varepsilon > 0)$。

②计算隐含层及输出层的输出，依次正向进行：

$$y_h^k = f\left(\sum_{i=1}^{N} w_{hi} x_i^k\right) （隐含层） \tag{6.28}$$

$$z_h^k = f\left(\sum_{h=1}^{N} w_{jh} x_h^k\right) （输出层） \tag{6.29}$$

③对送入输入层的 P 个训练模式继续步骤①至步骤②，根据式（6.30）计算总的平均平方误差 E：

$$E = \frac{\sum_{k=1}^{P}\sum_{j=1}^{L}\left(d_j^k - z_j^k\right)^2}{LP} \tag{6.30}$$

④开始网络的反向传播：从输出层开始反向转移到输入层，根据式（6.31），计算输出层每一节点的梯度下降项：

$$\delta_j^k = z_j^k \left(1.0 - z_j^k\right)\left(d_j^k - z_j^k\right) \tag{6.31}$$

⑤继续反向传播：转到隐含层，根据式（6.32），计算隐含层相对于每一个 δ_j^k 的 δ_h^k：

$$\delta_h^k = y_h^k \left(1.0 - y_h^k\right) \sum_{j=1}^{L} w_{jh} \delta_j^k \tag{6.32}$$

⑥已知输出层的 δ_j^k 和隐含层的 δ_h^k，用式（6.33）和式（6.34）计算权重变化：

$$\Delta w_{jh}^{(t)} = \eta \sum_{k=1}^{P} \delta_j^k y_h^k + \alpha \Delta w_{jh}^{(t-1)} \qquad (6.33)$$

$$\Delta w_{hi}^{(t)} = \eta \sum_{k=1}^{P} \delta_h^k x_i^k + \alpha \Delta w_{hi}^{(t-1)} \qquad (6.34)$$

⑦已知权重变化,根据式(6.35)和式(6.36)计算权重:

$$w_{jh}^{(t)} = w_{jh}^{(t-1)} + \Delta w_{jh}^{(t)} \qquad (6.35)$$

$$w_{hi}^{(t)} = w_{hi}^{(t-1)} + \Delta w_{hi}^{(t)} \qquad (6.36)$$

对所有的训练模式,重复步骤②至步骤⑦,直至平方误差为 0 或充分小为止。

根据上述 BP 模型的基本算法及其他算法,编制了神经网络计算程序,可以很方便地对实验样本集进行各种计算机训练和预报实验。

神经元网络作为一种有效的非线性逼近器已得到了广泛的重视。应用于汽油或柴油调合过程的建模的优点是适应性强,它还可以通过在线学习调整参数,来跟踪实际系统的缓慢变化,尤其适用于汽油组分经常发生变化的调合情况。

6.4 低成本优化调合方法

⊃ 6.4.1 线性优化

线性优化是应用数学上的线性规划进行运筹学上的寻优计算,理论上最完善,实际应用也最广泛。主要用于研究有限资源的最佳分配问题,即对有限的资源进行最佳方式的调配和最有利的使用,以便最充分地发挥资源的效能,获取最佳的经济效益。由于有成熟的计算机应用软件的支持,采用线性优化模型安排生产计划,并不是一件困难的事情。在总体计划中,用线性优化模型解决问题的思路是,在有限的生产资源和市场需求条件约束下,求利润最大的总产量计划。该方法的最大优点是可以处理多品种问题。

(1)线性优化模型
满足以下三个条件的数学模型称为线性优化模型:
①该问题可以用一组变量(决策变量)来表示一个解决方案。

②有目标函数，是决策变量的线性函数。

③有约束条件，可用一组线性等式或不等式来表示。

线性优化问题的一般形式为：

$$\max(\min) f(x_1, x_2, \cdots, x_n) = c_1 x_1 + c_2 x_2 + \cdots + c_n x_n \qquad (6.37)$$

$$\text{s.t.} \begin{cases} a_{11}x_1 + a_{12}x_2 + \cdots + a_{1n}x_n \leqslant (=, \geqslant) b_1 \\ a_{21}x_1 + a_{22}x_2 + \cdots + a_{2n}x_n \leqslant (=, \geqslant) b_2 \\ \qquad\qquad\qquad \vdots \\ a_{m1}x_1 + a_{m2}x_2 + \cdots + a_{mn}x_n \leqslant (=, \geqslant) b_m \\ x_1, x_2, \cdots, x_n \geqslant 0 \end{cases} \qquad (6.38)$$

式中 c_1，c_2，$\cdots$，c_n——目标函数系数或价值系数；

b_1，b_2，$\cdots$，b_m——资源系数。

（2）线性优化模型的标准形式

线性优化模型的标准形式是目标函数要求最小，所有约束条件都是等式约束，且所有的决策变量都是非负的。

$$\min f(x_1, x_2, \cdots, x_n) = c_1 x_1 + c_2 x_2 + \cdots + c_n x_n \qquad (6.39)$$

$$\text{s.t.} \begin{cases} a_{11}x_1 + a_{12}x_2 + \cdots + a_{1n}x_n \leqslant (=, \geqslant) b_1 \\ a_{21}x_1 + a_{22}x_2 + \cdots + a_{2n}x_n \leqslant (=, \geqslant) b_2 \\ \qquad\qquad\qquad \vdots \\ a_{m1}x_1 + a_{m2}x_2 + \cdots + a_{mn}x_n \leqslant (=, \geqslant) b_m \\ x_1, x_2, \cdots, x_n \geqslant 0 \end{cases} \qquad (6.40)$$

其化简形式为：

$$\min f(x) = \sum_{j=1}^{n} c_j x_j \qquad (6.41)$$

$$\text{s.t.} \begin{cases} \sum_{j=1}^{n} a_{ij} x_j = b_i, i = 1, 2, \cdots, m \\ x_j \geqslant 0, j = 1, 2, \cdots, n \end{cases} \qquad (6.42)$$

用矩阵形式表示：

$$\min f(x) = c \times x \qquad (6.43)$$

$$\text{s.t.} a \times x = b, x \geqslant 0 \qquad (6.44)$$

任一线性规划模型都可以转化为标准形式。

①若目标函数求最大值，则只需将目标函数的系数乘 –1，就可以变为求解最小值问题，求得其最优解后，把最优目标函数值反号即得原问题的目标函数值。

②若约束条件为不等式，若是"≤"则加入松弛变量，若是"≥"，则加入剩余变量，将不等式变为等式。

③对于无约束变量 $x_k = x_1 - x_2$（x_1，$x_2 \geq 0$）。

（3）线性规划模型的求解

线性规划模型的可行解有无穷多个，与某一凸集上的无穷多个点一一对应，可以证明，最优解必定在凸集的顶点，而顶点的个数是有限的，单纯形法是采用跨越式的方式，高速求解最优解的一种方法，图 6.8 为单纯形法流程。

基本思路：

①首先将线性规划问题转化为标准形式；

②求解初始可行解；

③判断是否为最优解；

④如果不是最优解，则迭代到其相邻的基本可行解并在此检验。

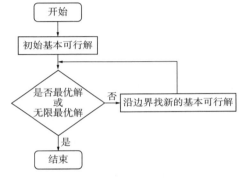

图 6.8　单纯形法流程

单纯形法把寻优的目标集中在所有基本可行解中，是从一个初始的基本可行解出发，寻找一条达到最优基本可行解的最佳途径。

6.4.2　智能优化

智能优化时采用智能算法，如遗传算法、鸟群算法、差分进化算法等进行方案寻优的优化方法，在进行低成本调合方案优化时的具体步骤（见图 6.9）如下。

①检测分析用于燃料油调合的原料油的各项指标；

②建立目标函数；

③建立样本集；

④建立配方模型；

⑤优化配方模型；

⑥将步骤⑤得到的调合配方输出至下一流程控制系统执行。

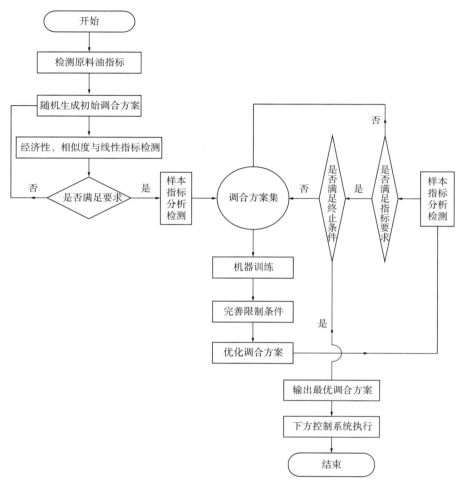

图 6.9　智能算法流程

采用该调合方法，可以有效利用劣质能源调合燃料油，且调合周期短，但调合成本高。

在具体实施过程中：

在步骤①中，所述指标指国家标准规定的燃料油必须满足的质量指标。

在步骤②中，所述目标函数为燃料油调合成本最低值函数，即通过函数求得单位数量调合燃料油中各原料油所占的比例与各自的采购价格的乘积的和的最低值，即

$$Y = \min\left(\sum_{i=1}^{n} P_i x_i\right) \tag{6.45}$$

式中　n——原料油的种类，n=1，2，3，…，i；

P_i——第 i 种原料油的市场价格；

x_i——第 i 种原料油所占的调合比例，$\sum_{i=1}^{n} x_i = 1$；

Y——调合成本。

在步骤③中，还包括以下步骤：

A. 随机生成调合配方样本。

B. 对样本进行经济性筛选。

$$\sum_{i=1}^{n} P_i x_i \leq Price_{盈利} \tag{6.46}$$

其中，$Price_{盈利}$ 是设定的目标值，用来判定所产生的调合成本是否满足盈利条件。采用加权平均方法获得配方样本的调合成本，若调合成本低于市场价格，则具有盈利可能，经济性合格。

如配方样本成本高于市场价格，则抛弃该样本，随机生成下一个配方样本，进行成本计算。

C. 对满足步骤 B 的样本进行线性指标的筛选，筛选公式如式（6.47）所示。

$$\sum_{i=1}^{n} c_i x_i \leq c_{标准} \tag{6.47}$$

其中，$c_{标准}$ 是第 i 个指标的标准限定值，用来判断第 i 个指标是否能够满足标准要求。利用加权平均方法获得配方样本的各项线性指标，如硫含量、水含量及各种金属含量等限定指标，若指标符合国家标准，则进入下一步筛选过程；如配方样本的指标不符合国家标准，则抛弃该样本，重新生成配方样本，直至线性指标均达到要求。

D. 对步骤 C 的样本进行相似度的筛选，筛选公式如式（6.48）所示。

$$\sum_{i=1}^{n} |x_i - x_j| > Similar, \ 1 \leq j < i, \ i \leq n \tag{6.48}$$

设置相似度控制参数 $Similar$，该参数用来判断两个样本是否过于相似，防止样本分布不均匀、不合理；生成第 i 个样本后，从第一个样本（$j = 1$）开始依次检验每个样本与新生成的 i 样本的相似度，若任何一个相似度小于相似度控制参数，则抛弃该样本，并重新生成。

将满足上述线性指标、调合成本及相似度的配方样本存入样本方案集并继续生成下一个样本重复上述筛选过程，直至样本方案集中的样本总数达到 $10 \times (n-1)^2$ 为止，其中，n 为原料油的种类数。

在步骤④中，包括如下步骤：

A. 检测样本方案集中配方样本油品的黏度、密度、倾点及闪点，并计算各样本的碳芳香度指数。

B. 对样本方案集中的样本进行训练，从而获得训练工具对黏度、密度、倾点、闪点及碳芳香度指数指标的预测能力。

具体为：利用样本方案集中的样本及其黏度、密度、倾点、闪点和碳芳香度指数限定指标检测结果，对限制条件中的黏度等非线性指标预测模型进行训练，获得约束条件中的各限定指标预测模型的系数，从而进一步完善限制条件；所述训练工具优选为人工神经网络或支持向量机等工具。

C. 求解出优选调合方案；所述求解方法优选为遗传算法或鸟群算法。

在步骤⑤中，检测步骤④中得到的优选调合方案是否符合黏度、密度、倾点、闪点及碳芳香度指数等指标要求。

如果检测结果不满足国家标准或检测结果满足国家标准但寻优代数未达到设定值（如人工设定可选 100 代），则将寻优样本放回至样本集，利用新的样本集重复步骤④修正配方模型，直至所得调合配方满足优化终止条件。

6.5　调合软件

从 20 世纪 70 年代起，面对经常变化的原油品质及原油价格，以及不断推出的政府环保法案，国外的一些炼油厂就意识到了优化汽油调合的必要性[1]，并在 20 世纪 80 年代初开发了最早的离线调合优化系统，用于指导调合操作。如美国的 Texaco 炼油厂在 20 世纪 80 年代就开发了 OMEGA 系统[14]，并在 20 世纪 90 年代初升级为 StarBlend 系统。进入 20 世纪 90 年代，随着油品性质在线分析技术（主要是近红外分析技术）的日趋成熟，一些控制软件厂商如 Honeywell、ABB、SetPoint（后来被 AspenTech 收购）等，纷纷针对在线管道调合开发了各自的调合优化软件包[15, 16]。这些软件包基本上都采用了分级优化的思想，如采取常规比例控制、计划优化、在线优化及先进控制、高级计划优化的结构，如图 6.10 所示。

6.5.1　国外调合软件

国外在调合软件开发上具有很多经验，很多应用于汽柴油调合等工业项目上，具有很好的应用效果。

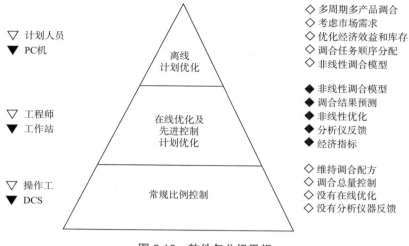

图 6.10　软件包分级思想

（1）霍尼韦尔成品油在线调合技术

自 1987 年霍尼韦尔在 ESSO 公司加拿大 Nanticoke 炼油厂投入使用油品在线优化调合技术以来，已经在全球 150 多个炼油厂投入使用了 300 多个应用模件。在国内，自 2003 年霍尼韦尔为大连石化成功投用了在线汽油调合项目后，短短五六年间，相继为兰州石化、上海石化、海南炼化、哈尔滨石化实施了成品油调合项目[17-19]。对所有调合资源进行全周期整体优化，实现成品油质量过剩最小，从而使调合效益最大化。

典型的成品油在线调合解决方案包括以下四个软件：

①离线调合调度优化软件：Blend。

②在线调合优化控制软件：Open BPC。

③在线调合比例控制软件：EBC 或 BRC。EBC 基于霍尼韦尔 Experion PKS C300 系统，而 BRC 是基于第三方 DCS 系统。

④库存监视软件：IM。

其中，调合调度优化软件 Blend 是计划调度层面的解决方案，它能根据组分油生产能力（产量、性质），通过建立罐区虚拟调合模型，预测多个周期内的调合生产形势，在满足罐存及机泵、管线等约束条件下，合理安排调合调度计划，使高标号产品产量最大化即调合效益最大化，图 6.11 为霍尼韦尔控制示意图。

调合优化控制软件 Open BPC 属于执行层面的解决方案，能针对某个 Blend 给出的调合批次，根据在线质量分析仪提供组分油的性质，对成品

225

油质量进行基于模型（调合规则）的预测控制；并根据成品油质量的在线反馈，对调合规则在小范围内的漂移进行修正，对成品油性质实施精密卡边控制，从而确保 Blend 给出的优化调合调度计划得到贯彻和实施。同时，Open BPC 是一个在线优化控制软件，优化控制周期可在 3~15min 内调整。

Open BPC 模块是进行在线调合优化的非线性优化器。它基于先进的优化技术，根据产品的质量指标，组分的成本，组分的可用量和组分质量指标来计算调合属性。Open BPC 在满足产品质量指标的前提下进行有效的调合优化。Open BPC 优化器每个控制周期运算一次，根据分析仪的反馈信号调整配方，每次优化后的配方均会自动下载到 EBC，用以调整各组分的比率。

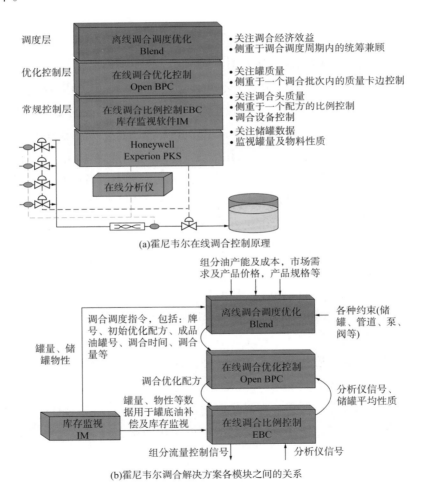

(a)霍尼韦尔在线调合控制原理

(b)霍尼韦尔调合解决方案各模块之间的关系

图 6.11　霍尼韦尔控制示意图

EBC 模块负责管理从调合开始一直到调合结束的整个顺序控制过程，确保被调合产品的各项指标符合质量要求。EBC 调合的设定值来自 Open BPC 模块或通过手动输入。在 EBC 控制下，各组分泵和添加剂泵按照设定的顺序启动，流量控制器也根据给定信号对相应的流量进行控制。不论是在调合的开始阶段、稳定阶段还是结束阶段，都要严格控制各组分和添加剂的流量比值，以确保准确地按预定的体积量混合。EBC 还负责分析仪信号的处理和其他设备故障的处理，负责提供在线属性分析仪界面，显示分析仪信号，计算属性的统计值（如平均值）和属性的偏差。Open BPC 利用分析仪的反馈信号可进行调合优化或属性补偿控制。

EBC（或基于第三方 DCS 的 BRC）是实时性更强的在线控制软件，它主要用于对组分油流量进行严密的比例控制，根据 Open BPC 提供的优化配方实施调合，并对调合设备（泵、阀、分析仪、流量计等）按调合批次的要求进行监视和控制。

Open BPC 属于过程优化控制层面的解决方案，EBC（或基于第三方 DCS 的 BRC）则属于常规控制层面的解决方案。作为 DCS 系统的鼻祖和过程控制领域内的领导者，霍尼韦尔完全有能力在任何第三方 DCS 系统上，开发调合比例控制软件 BRC。

库存监视软件 IM 能对诸如罐量、液位、温度、物料性质（RON、MON、RVP、芳烃含量、烯烃含量、苯含量等）等储罐数据进行监视管理，并将这些数据自动传递给调合软件（EBC、Open BPC），从而实现调合与库存监视的高度协同（调合软件在进行罐底油补偿计算时需要罐底油的罐量及物性数据）。

（2）Aspen 油品调合优化技术

① Aspen MBO（Multiperiod Blend Optinuzation）。

Aspen MBO 是一个多周期调合优化工具。可以在多个周期的基础上为每次调合任务生成最优调合配方；在调度的层次上进行调合优化；支持线性调合模型；考虑产品罐底；支持自动将最优配方通过调合控制接口（BCI–Blend Control InteIface）导入调合控制系统。Aspen MBO 属于 Aspen PPIMS（多周期线性规划优化工具）应用中的一个模块。

② Aspen Blend。

Aspen Blend 将 Aspen PIMS 优化器和 DMCplus 多变量动态矩阵控制器结合到一起，以实现每次调合过程的优化控制。在调合过程中，通过对调度优化产生的配方在线调整保证产品的质量指标，同时优化组分的使用。

（3）ABB 多级调合控制技术

ABB 公司的调合解决方案主要由调节比例控制、高级在线控制与优化和离线优化与规划三个不同的系统组成。图 6.12 为 ABB 多级调合系统示意。

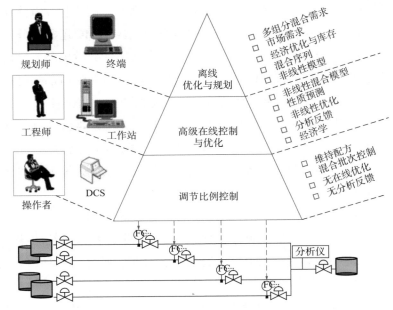

图 6.12　ABB 多级调合系统示意

①调节比例控制系统——Regulatory Blend Control（RBC）。

作为混合控制策略的第一级，ABB 的 RBC 软件在 ABB 的 Advant Master 或 Advant Open Control System（OCS）上运行，用以启动 / 停止一次调合任务，从而调节组分流量以维持给定的配方。使用标准的接口生成调合指令或从上层系统（如 ABC）下载调合指令，现场设备选择或组态，人工或自动，维持一个目标流量和目标调合总量，控制泵开启顺序，调合总流量自动爬升 / 降低，显示当前的以及累计的状态和调合结果。该系统可以单独工作，也可以与 ABB 或其他供应商的高级控制装置协同工作。

②高级在线混合控制和优化系统——Advanced On-line Blend Control and Optimization（ABC）。

作为混合控制策略的第二级，ABC 提供调合指令管理、调合设备组态、调合前优化、在线调合优化控制、调合过程监视及报表等功能。它从一个调合计划优化系统下载电子调合指令，或者用户直接创建调合指令。

调合操作人员可以选择一条指令并执行调合任务。ABC 模块在调合过程中，以一定的周期监控产品罐累积性质并及时调整配方使产品质量达标。

③离线优化和规划系统——Off-line Optimization and Planning System（OOPS）

混合控制策略的第三级是混合配方的离线优化，提前考虑精炼过程。这是由炼油厂规划人员在终端上完成的，然后将优化的配方下载到 ABC 系统，以进行进一步的在线控制和优化，并最终由 RBC 执行。规划者通常可以根据炼油厂的运营情况一次规划多个配方。

（4）Shell 多周期调合优化软件

StarBlend 是一个多周期调合优化工具，可以为每次具体的调合任务生成调合配方。其原型是美国 Texco 炼油厂开发的 OMEGA 调合优化软件，后来在其基础上经过重新开发升级为 StarBlend，现在归 Shell 公司所有[20]。

（5）Technip 在线调合与调度优化系统

Technip 公司的调合管理和控制技术包括多周期调合调度、调合过程多变量控制。

① FORWARD。

FORWARD 是一个调度优化系统。用以优化未来的调合任务，生成调合指令。

② ANAMEL。

ANAMEL 在线调合多变量控制和优化系统，以减少质量过剩，实现产品质量在线认证 / 发运。

（6）Foxboro 调合优化系统

Foxboro 公司的调合优化系统 BOSS（Blend Optimization and Supervisory System）是一个在线有约束调合优化器。它和 DBS（Digital Blending System）及 NMR（核磁共振）分析仪一起使用，根据实时产品质量分析值提供最优调合比例设定值。BOSS 与绝大多数其他系统不同的是，其采用 NMR 分析仪，而不是近红外（NIR）分析仪。

（7）横河（Yokogawa）在线汽油调合控制系统

Yokogawa 公司的调合系统作为 EXA-OMS（油品储运软件包）系统的一部分，其在线汽油调合控制示意如图 6.13 所示，主要由两部分组成：

① Exablend 批量管道调合，自动路径选择 / 组态；

② Exabpc 多变量调合质量控制和优化。EXA-OMS 的其他部分包括：Exatim（罐存监控管理）、Exatrans（油品移动监控）、Exaomc（任务监督及

与炼厂调度系统接口）、Exapath（油品移动路径自动选择）。

在线汽油调合使用先进的近红外在线管道油品调合技术，设置一个调合头，完成汽油的 3 种牌号顺序调合。该系统硬件方面主要由 BPC/BOM 服务器、BOM 操作站和 NR800 型傅里叶变换近红外分析仪、质量流量计、气动薄膜调节阀、管道式静态混合器等现场测量、控制仪表及罐区设备组成。系统软件使用的是日本 Yokogawa 公司的调合系统，如图 6.13 所示，包括调合订单管理模块 BOM、调合优化控制模块（BPC，含 ExaSMOC 先进控制软件包和 ExaRQE 质量预估软件包）、调合控制模块 Blend。

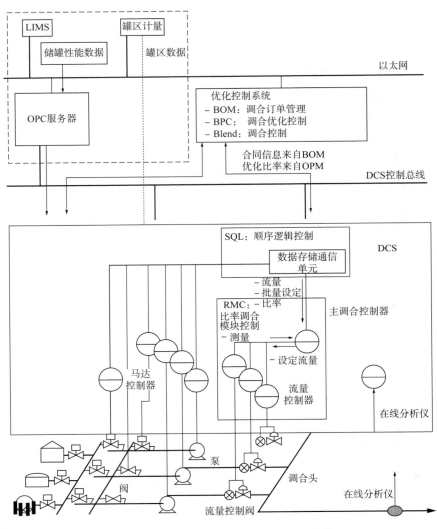

图 6.13　Yokogawa 在线汽油调合控制示意

➲ 6.5.2 国内调合软件

（1）中控 supBlend 油品在线优化调合

supBlend 油品在线优化调合解决方案是石油供应链（PSC–Petroleum Supply Chain）产品线的重要组成部分。它由 PSC–BOM（Blending Order Management）、PSC–BPC（Blending Property Control）和 PSC–BRC（Blending Ratio Control）三个子模块构成，分别位于管理层、优化层及 DCS 控制层。以上三者通过 OPC 实现数据交互，分别完成调合配方管理、调合优化控制及在线比例控制等功能（见图 6.14）。

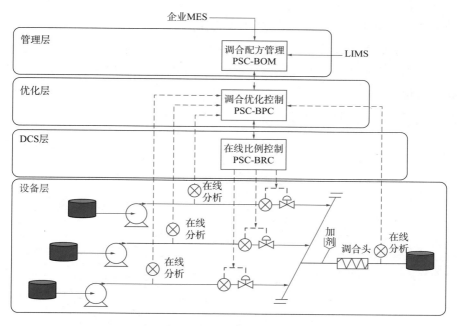

图 6.14　中控 supBlend 油品在线优化调合示意

如图 6.14 所示，硬件系统包括 PSC–BOM 客户端、调合服务器（PSC–BOM/PSC–BPC）及 OPC 服务器。PSC–BRC 由 DCS 行业专用模块实现。分析仪系统将组分油及产品在线分析结果通过 Modbus 实时传送到 DCS。调合过程的工艺操作界面借助于 DCS 操作站实现。

（2）辛孚原油数据库与分析系统（SP–CLEVA©）

辛孚原油数据管理与分析系统（SP–CLEVA©）为辛孚公司完全自主知识产权、技术世界领先的原油切割软件，包含原油切割分析（分子级切割）、

第
6
章

低硫船用燃料油调合生产技术

原油混炼模拟、混炼配方优化、自动导入实验室评价数据、自动导入快评数据并扩充为详评数据、自动导出计划优化 assay 表等功能。其中，切割原油获得任意馏分分子组成的功能是全球首个真正意义上的分子级切割技术。

SP-CLEVA© 还可与辛孚全球原油数据库配套使用。辛孚全球原油数据库包含全球 4000 多套原油评价数据、分子数据，并每季度更新，是目前世界范围内数量最多、数据更新最及时的原油数据库。SP-CLEVA© 还可兼容雪弗龙、BP、用户自建等原油数据库。

SP-CLEVA© 可与原油快评分析仪（核磁或近红外）结合，将原油快评数据准确扩充为详评数据，精确度经长期实际应用验证达 95% 以上，并可输出各馏分段的分子组成数据，大大增强了快评系统的评价能力，为企业的计划优化和流程模拟提供充足的数据信息。

SP-CLEVA© 采用核磁或近红外分析仪对原油进行快评，得到油品数据后，利用大数据库进行油品预测，得到馏分切割方案，如图 6.15 所示。虽然该数据库并没有用于调合，但其油品数据分析、计算等方法可以为开发燃料油调合的先进技术提供借鉴。

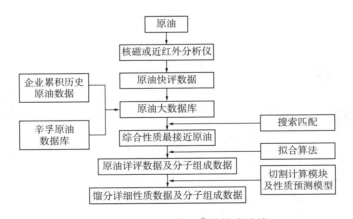

图 6.15 SP-CLEVA© 的技术路线

（3）汽油在线调合技术

目前很多炼厂采用汽油在线调合技术，实现以调合规则（调合属性预测模型）为基础的多变量预测优化调合控制，结合在线分析仪提供的质量反馈校正，实现以成品油质量为控制目标的在线管道优化调合技术。

中国石油某炼厂的成品油在线调合技术采用的工艺流程如图 6.16 所示，可实现成品油的在线调合，提高生产效率。

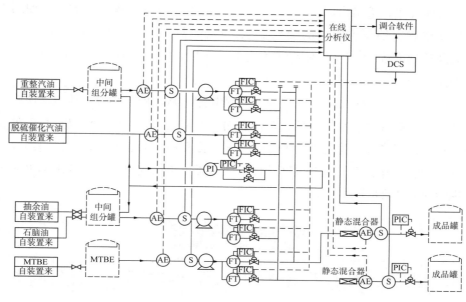

图 6.16　工艺流程

⊃ 6.5.3　中国石化低硫船用燃料油优化调合软件

　　燃料油调合是改善油品品质，拓展陆上炉用及船用燃料油资源和降本增效的重要手段。2010 年中国石化燃料油公司成立后，根据公司发展需求和市场情况，燃料油调合量大幅增加。但是燃料油调合面临诸多问题，如调合组分的多样性、调合产品质量严格化、产品价格竞争激烈等，燃料油调合方案的确立需要通过大量的人工计算以及试验、分析才能得出，时效性与经济性差。因此，燃料油调合方案管理与制定存在很大的优化空间。燃料油调合方案优化是将掌握的调合组分资源合理地在限定指标内实现配比的优化，其目的是优化一个或多个目标，进而提高生产效率、降低生产成本，为企业带来更大的经济效益和市场竞争力。燃料油调合优化问题属于给定约束条件的调合配比优化问题，具有很高的计算复杂性。

　　低硫船用燃料油优化调合系统是大连石油化工研究院开发的一款针对低硫船用燃料油多组分调合生产的专用软件[21]。经过多年研发目前开发到第四代，以价格最优为目标，建立多组分低硫船用燃料油优化调合方案，是低硫船用燃料油优化调合软件的初衷。综合考虑原油供应、原油种类与数量、指标规范、调合成本、产品质量等限定因素，通过组分油调合配比的智能优化，给出可调整和可选择的全局最优（次优）调合方案，方便用户获取燃料油调合组分的数据信息、指标规范条件、产品优化方案等。提高计划准确性、方案时效性和成本经济性，实现可降本增效的综合管理体系。

图 6.17 是燃料油调合管理系统功能构架，从功能上划分主要包括用户管理、数据管理、数据分析、指标预测、方案优化五部分。可以预测多种原料油掺混指标，优化燃料油调合方案，提高油品调合效率，为原料油数据管理、指标管理和调合方案管理等业务提供决策支持，可有效地辅助实现燃料油调合的降本增效。

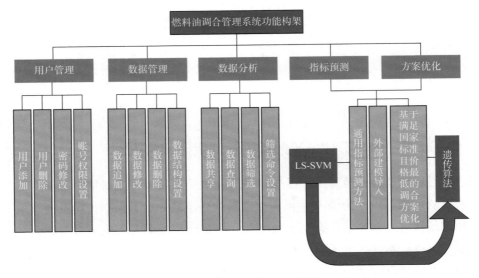

图 6.17　燃料油调合管理系统功能架构

用户管理模块包含用户综合管理和安全退出两个功能，便于用户进行权限管理及密码设置，对不同用户赋予相应权限，提高软件使用安全性。

数据分析模块涵盖燃料油调合方案优化所涉及的业务数据，并按照初始需求数据、指标预测数据及方案优化数据进行分类管理，包括数据追加、数据修改、数据删除、添加列、修改列名、数据导入、数据导出及退出管理八项功能。指标预测具有依据产品需求进行数据计算的功能，方便用户对产品的性能指标进行预测。方案优化包含优化计算模块和智能预测模块。其中优化计算模块的黏度预测公式采用了通用模型和自主开发的 DvM 模型，可选取合适的模型进行方案计算；智能预测模块分为"指标预测"和"方案优化"两种，指标预测采用最小二乘支持向量机方法预测多组分混合指标，方案优化采用差分进化算法预测调合方案。

该软件创新地结合了数据库进行船用燃料油调合组分和调合方案数据管理，对于多组分调合采用了数学模型预测和智能算法预测，同时可进行多组分调合方案优化计算，为低硫船用燃料油的优化调合提供技术支撑，也为实现连续调合奠定基础。

该软件已为多家低硫船用燃料油生产企业提供调合方案，有效提高了生产管理效率，具有良好的应用效果。

以某炼厂的三种组分油为例，组分油 1、组分油 2 和组分油 3 的主要性质如表 6.3 所示。

表 6.3　某炼厂组分油性质

项　　目		组分油 1	组分油 2	组分油 3
产量 /（万 t/ 月）		14.00	1.15	0.70
成本 /（元 /t）		3721	1420	3100
运动黏度（50℃）/（mm²/s）		173.9	123.3	2.284
密度 /（kg/m³）（20℃）		926.4	1083.9	863.4
碳芳香度指数（CCAI）		799	961	828
硫含量 /%		0.36	0.88	0.00678
闪点（闭口）/℃		158.5	86.5	83.5
倾点 /℃		−6	−10	−33
灰分 /%		0.023	0.416	0.023
酸值 /（mgKOH/g）		0.09	0.1	0.01
残炭 /%		4.47	9.61	0.01
水分 /%		0.2	0	0
沥青质 /%		1.1	2.73	<0.05
金属 /（mg/kg）	V	6.11	10.81	0
	Na	0	4.48	0

利用三组分，以成本最低为目标建立方案，测算结果如图 6.18 所示，为了实现成本最低，黏度下限达 100mm²/s，成本最低为 3054.1 元 /t。数据管理系统的应用，可以大大节省计算最优方案的时间，并且提高准确性，实现生产企业综合效益的提升。

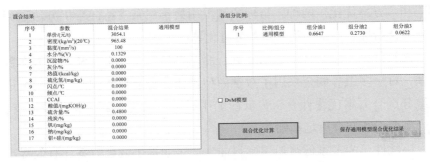

图 6.18　某炼厂三组分调合方案测算结果

6.6　典型低硫船用燃料油调合方案

中国石化针对相关炼厂采购的低硫原油、含硫原油和高硫原油等原料特点，结合全厂工艺流程，分别制定了低硫船用燃料油生产方案，建立了调合组分和基础配方数据库及关键性质优化模型。以固定床渣油加氢工艺生产低硫重质组分油，以无机膜脱固和加氢改质工艺生产催化油浆组分油，结合炼厂全流程优化低硫重质船用燃料油组分生产、调合配方和调合方案。以下为三种典型原料的生产技术路线。

6.6.1　高硫原油生产低硫船用燃料油技术路线

高硫渣油深度加氢脱硫技术在中国石化某 390 万 t/a 渣油加氢装置进行了工业应用，在确保催化原料生产的前提下，利用该固定床渣油加氢装置可以稳定生产低硫重质船用燃料油调合组分，典型配方见表 6.4 和表 6.5。该技术对于加工高硫渣油原料的沿海炼厂固定床渣油加氢装置，如需生产低硫重质船用燃料油调合组分，该技术具有较好的适应性。

表 6.4　加氢生产低硫船用燃料油技术路线典型配方（一）

项　　目	加氢常渣	催化油浆	产品180
比例 /%	85~90	10~15	100
产量 /（万 t/a）	85~90	10~15	100
运动黏度（50℃）/（mm²/s）	157.8	245.7	160~168
密度（20℃）/（kg/m³）	919.7	1099.8	935~943
硫 /%	0.3894	1.0163	0.45~0.48
CCAI	803	955	805~813

表 6.5 加氢生产低硫船用燃料油技术路线典型配方（二）

项 目	加氢常渣	催化油浆	催化二中油	催化柴油	产品 180
比例 /%	59.00	16.00	15.00	10.00	100.00
产量 /（万 t/a）	59.00	16.00	15.00	10.00	100.00
运动黏度（50℃）/（mm²/s）	470.52	1376.60	41.36	2.68	168.00
密度（20℃）/（kg/m³）	938.8	1122.0	1022.0	965.7	979.1
硫 /%	0.31	0.91	0.58	0.34	0.45
CCAI	798	971	911	922	849

◘ 6.6.2 含硫原油生产低硫船用燃料油技术路线

中国石化某炼油厂加工含酸低硫原油。根据原油种类以及性质，在保证常压减压塔进料酸值 ≤ 1.0mgKOH/g 条件下，通过调整各原油的比例关系，以混合减渣油、加氢柴油和催化油浆等作为低硫船用燃料油或调合组分，生产配方见表 6.6。

表 6.6 含硫原油切割生产低硫船用燃料油配方

项 目	混合减渣	加氢柴油	催化油浆	产品 180
比例 /%	65.00	28.00	7.00	100.00
产量 /（万 t/a）	31.76	13.68	3.42	48.86
运动黏度（50℃）/（mm²/s）	19773	2	3899	175
密度（20℃）/（kg/m³）	971	876	972	943
硫 /%	0.65	0.01	0.8	0.48
CCAI	805	846	816	810

◘ 6.6.3 低硫原油生产低硫船用燃料油技术路线

中国石化某炼化公司所加工的原油为石蜡基低硫原油，性质比较好，常压渣油产量为 110 万 t/a，常压渣油的黏度偏低，结合馏程数据对常压渣油进行深拔，提升常压渣油的黏度，减压渣油用来作为低硫船用燃料油调合组分，生产配方见表 6.7。

表 6.7 低硫原油切割生产低硫船用燃料油配方

项 目	常压渣油（>365℃）	减压渣油（>480℃）	催化油浆	催化柴油	产品 180
比例 /%	31.80	43.20	6.00	19.00	100.00
产量 /（万 t/a）	15.90	21.60	3.00	9.50	50.00

低硫船用燃料油生产技术

项 目	常压渣油 （>365℃）	减压渣油 （>480℃）	催化油浆	催化柴油	产品180
运动黏度（50℃）/（mm²/s）	98.7	7901	350	2	127
密度（20℃）/（kg/m³）	940	961	1105	938	957
硫 /%	0.15	0.23	0.45	0.17	0.21
CCAI	820	799	970	908	832

参 考 文 献

［1］蔡智，黄维秋，李伟民，等.油品调合技术［M］.北京：中国石化出版社，2005.

［2］李遵照，徐可忠，薛倩，等.残渣型船用燃料油连续调合工艺研究［J］.石油炼制与化工，2018，49（5）：92-96.

［3］刘名瑞，王晓霖，王海波，等.重质船用燃料油黏度预测模型研究［J］.石油炼制与化工，2019，50（3）：29-35.

［4］宋延贵.基础油粘度调合计算程序探讨［J］.胜炼科技，1999（2）：37-43.

［5］孟庆萍.混合原油黏度计算模型［J］.油气储运，2007，26（10）：22-24.

［6］赵瑞玉，展学成，张超，等.特超稠油黏度的影响因素研究［J］.油田化学，2016，33（2）：319-324.

［7］王婷，阳绪斌，张衡，等.稠油掺稀后混油黏度计算方法的研究［J］.管道技术与设备，2012（1）：18-19.

［8］李闯文.混合原油流变性及其配伍规律的研究［D］.北京：中国石油大学（北京），1992：68-69.

［9］明亮，敬加强，代科敏，等.塔河稠油掺稀黏度预测模型［J］.油气储运，2013，32（3）：263-266.

［10］蒋学文.新疆混合原油凝点、黏度计算模型研究及其应用［D］.北京：中国石油大学（北京），2005：1-16.

［11］张俊，曹学文，张楠，等.油品二元掺混黏度预测模型评价研究

〔J〕. 石油化工高等学校学报，2013，26（6）：65-70.

〔12〕朱家元，杨云，张恒喜，等，基于优化最小二乘支持向量机的小样本预测研究〔J〕. 航空学报，2004，25（6）：565-568.

〔13〕刘名瑞，肖文涛，张雨，等. 最小二乘支持向量机在重质燃料油调合中的应用〔J〕. 石油化工自动化，2017，53（1）：33-36.

〔14〕Calvin W D，Leon S L，Allan D W，et al. OMEGA：An Improved Gasoline Blending System for Texaco〔J〕. Interfaces，1989，19（1）：85-101.

〔15〕董昌宏. 原油在线调合系统应用〔J〕. 化工管理，2020（24）：127-128.

〔16〕章晶，刘少坤. 润滑油调和技术的发展及应用〔J〕. 石油商技，2009，27（2）：64-67.

〔17〕王聪，赵国玺. 在线调和优化技术的应用〔J〕. 石油化工自动化，2010，46（1）：13-16.

〔18〕蒋凡，何盛宝，刘东嵩，等. 汽油在线调合及移动自动化系统的应用〔J〕. 石油化工自动化，2004（6）：39-41.

〔19〕李东阳. 汽油在线优化调合系统在长岭石化的应用〔J〕. 中外能源，2012，17（4）：89-92.

〔20〕B Rigby，L S Lasdon，A D Waren. The evolution of Texco's blending system：From OMEGA to StarBlend〔J〕. Interface，1995，25（5）：64-83.

〔21〕丁凯，刘名瑞，王佩弦，等. 船用燃料油现状及未来发展分析〔J〕. 当代化工，2023，52（6）：1453-1457.

船用燃料油相容性及稳定性评价方法

燃料油调合是指按照油品的质量要求、炼油厂的生产能力及市场的订单要求将组分油调合为合格的燃料油，是改善油品品质、拓展陆上炉用及船用燃料油资源和降本增效的重要手段。目前由于船用燃料油市场竞争激烈，调油行业管理薄弱，在利益的驱使下，个别调油商不遵循 ISO 8217 和 GB 17411 标准中规定的燃料油应是由石油获取的烃类均匀混合物。大量的煤制油及劣质油被用作调合原料制备燃料油，虽然调合后的油品也满足 GB 17411 中各项指标，但在使用过程中会出现管路和滤器堵塞、燃烧不良、腐蚀磨损加剧等问题。因此，必须开发控制手段，找出适用于调合重质船用燃料油的稳定性评价方法，避免调油商调出劣质油品，增加安全隐患[1-4]。

7.1 船用燃料油稳定性要求

7.1.1 油品稳定性机理

相比原油，船用燃料油的原料多为炼化渣油，已经被多次热加工等工艺处理，因此调合后的体系中沥青质含量更高，结构组成更复杂，稳定性更差。从组分油物理性质上来看，调合船用燃料油原料主要分为重质与轻质馏分油。轻质组分油密度小而重质组分油密度较大，二者通过物理混合后于静置环境中，由于密度的差异出现分层现象，导致重质燃料油的混合体系稳定性变差。从化学极性上看，原油中形成胶团结构的组分通常是具有高芳香性和高杂原子含量的分子，它们在极性的作用下形成胶团。重质燃料油中的分子极性可分为三类：烷烃及环烷烃的偶极矩极小，属于非极性分子；带侧链芳烃偶极矩次之，属于具有一定极性的分子；非烃化合物偶极矩最大，属于强极性分子。有研究者认为氢碳原子比和杂原子含量是影响重质油组分极性变化规律的重要因素。但也有研究发现，杂原子在组分分子中所处的位置可能也会影响重质油各组分偶极矩的大小。石油中沥青质的杂原子含量最高，其中的杂原子主要有硫、氮、氧及多种微量金属。因为杂原子的存在会使分子中局部电荷不平衡，所以，硫、氮、氧等杂原子是沥青质分子产生永久偶极子的内在原因。杂原子存在形态不同，使沥青质分子含有多个偶极子，产生不同的偶极矩，从而表现出不同的极性；杂原子含量越高，沥青质的极性越大，极性分子通过氢键作用、偶极作用及电荷转移作用等缔合成胶核（大分子聚合物）。体系稳定性除与沥青质自身性质有关外，很大程度上取决于胶质及油分之间的相互作用。胶质对沥青质在体系中的分散起着胶溶剂的作用，其含量决定胶溶程度，影响沥青质的稳定。因此，不同组分油调合而成的重质船用燃料油，会因分子极性的差异而稳定性有所不同。由于分子极性的"同性相容，异性相斥"规律，极性差异较大的组分会导致燃料油组分之间分层，从而使燃料油稳定性变差。

⊃ 7.1.2　稳定性评价方法

虽然油品稳定性的测定方法有很多，但大多以原油调合为基础。研究混合原油相容性的前提是判断原油胶体体系的稳定性。目前主要通过检测沥青质的絮凝情况，来表征原油的胶体稳定性。下面列出目前相对来说适用范围广、认可度较高的一些评价方法[5-9]。

（1）电导率法

电导率法是研究沥青质分相行为中最常用的方法之一。Fotland 将正构烷烃加入原油中，研究了此过程中体系电导率的变化情况，观察到沥青质初始沉积点时原油体系的电导率会发生明显的变化，这一现象在沥青质含量为 0.3%~9% 的四种油品中均得到了验证；仅当沥青质产生聚沉时体系的质量分数电导率才会减小，所以，质量分数电导率的最大值可以用来表征渣油体系沥青质的聚沉。

Fotland 利用质量归一化电导率法测定体系沥青质沉积情况。沥青质聚沉起始点的测定通过质量归一化电导率的最大值实现，即以体系的电导率除以油品所占质量分数结果的最大值定义为沥青质沉积起始点。研究采用乙烷到庚烷沉积同一沥青质，发现所得沥青质沉积起始点随正构烷烃碳数增加呈线性变化。研究人员采用电导率法研究了原油、减压渣油及几种不同深度超临界流体萃取抽余油的沥青质沉积问题，发现油品中加入甲苯和正庚烷时试样电导率都会有随试剂的加入呈先上升后下降的趋势，因此认为，将油品中加入正庚烷后其电导率的最大值处作为沥青质沉积点的说法有欠妥当；而将电导率曲线做一次微分，一次微分曲线上有一最高点，这个最高点在加入甲苯做试剂时是不会出现的。因此可将油样 – 正庚烷电导率一次曲线的最高点作为沥青质沉淀点。后期也有研究人员对电导率法进行了改进，建立了质量分数电导率法表征重油胶体稳定性。该方法将质量分数电导率最大值时正庚烷的质量比（文中指每克油中加入的正庚烷量）定义为胶体稳定性参数，该参数能够很好地表征渣油的胶体稳定性，且能够与渣油的热反应过程相关联。

（2）黏度法

黏度法的原理是给定条件下大多数纯液体或悬浮物（假设是层流状态）其黏度大多是固定的，而与剪切力或速率梯度无关。但是，其他溶液和悬浮物相对于牛顿流体的偏差可以观测得到。以正戊烷、正庚烷、正壬烷滴加入原油中，体系中的黏度都出现了与加入非沉淀剂黏度持续下降不同的现象，即出现黏度增加的加入点。研究者将这个点作为沥青质沉淀起始点，而这种方法测得的结果与目视法观察到的结果基本一致。研究人员以国内几种原油及其减压渣油为研究对象，在不同油样中按比例逐渐加入沥青质沉淀剂——正庚烷，然后测定每种油样随体系正庚烷含量不同其黏度的变化情况。研究发现，油样的黏度随正庚烷浓度增加而降低；但在正庚烷添加到一定程度后，油样的黏度就不再下降，反而增加。根据 Einstein 于 1906 年提出的黏度计算公式［式（7.1）］，认为分散介质中分散有刚性球形质点时，体系的黏度会增加，这时认为体系中的沥青质已经开始沉积。当然，再加入更多的正庚烷对原油／渣油进行稀释，这种稀释作用仍会强于沥青质颗粒对体系黏滞作用的影响，使体系黏度又下降。为了说明沥青质沉积的情况，以原油／渣油体系中加入甲苯的情况做比较说明。如在油样中加入甲苯，则混合物的黏度会随甲苯含量增加而下降，不会出现像正庚烷／油样体系那种黏度偏离的现象。

$$\gamma = \gamma_0(1 + 2.5\phi) \tag{7.1}$$

式中　γ——含球形质点分散体系的黏度；

　　　γ_0——分散介质的黏度；

　　　ϕ——体系中所含分散相的体积分率。

该方法测定结果较为准确，仪器简单，适用于大多数油样。研究人员利用黏度法确定胜利原油、辽河和单家寺混合原油及其减压渣油的沥青质初始沉积点（P_0 点）。实验分别测定了一系列正庚烷或甲苯稀释比下原油－正庚烷溶液、原油－甲苯溶液的运动黏度，但溶液配制到沥青质聚沉过程的测定耗时较长，需要大量的重复数据，工作量大，很难大范围应用。

（3）表面张力法

Sheu 用动力学界面张力法（DIFT）研究了不同酸性条件下沥青质甲

苯酸溶液界面的沥青质吸附动力学，溶液 pH 值从 0.5 到 7 不等。结果表明：沥青质浓度低于或接近 CMC，动态界面张力与扩散控制密切相关，溶液 pH 值在 3~7 范围内变化，DIFT 单调递减；沥青质浓度高于 CMC，动态界面张力变化规律与其他浓度不同，虽开始也呈现单调下降的趋势，但在 40~70min 后达到最小值，之后缓慢地上升，最后达到稳定状态；达到最小值的时间因 pH 值不同而存在差异；界面张力开始上升即为沥青质胶束形成的标志。Vuong 也采用过类似方法作为沥青质沉积点的评定方法。该方法作为表征沥青质缔合程度的一种手段，用于判断原油沥青质分相行为变化时，测定仪器比较敏感、干扰因素较多、获得的不稳定区域范围太大，无法精确判断出沥青质的 P_0 点。

（4）光学法

光学法在胶体稳定性方面的研究报道很多。其缺点在于：沥青质含量低的原油，或者高度稀释后的深色原油，光学仪器响应不灵敏，很难通过光学现象判断沥青质沉积的发生。可采用近红外光谱的方法来考察体系沥青质沉淀情况。沥青质沉淀点处正庚烷 / 甲苯比例对沥青质的甲苯溶液的浓度进行作图，曲线有一个明显的拐点。将拐点处定义为稳定性大小的评价指数。利用分光光度法分别研究了油品、沥青质溶液中沥青质沉积问题，从而得出对应油品的胶体稳定性情况。油样中沥青质稳定性可由油样 – 甲苯溶液中滴加沉淀剂（正庚烷）分析，通过连续滴定直至固相出现。实验过程为：配制沥青质的甲苯溶液，用正庚烷滴定，实验设定波长为 740nm，用分光光度计测定滴定过程中溶液的透光率，结果表明：溶剂的稀释作用导致透光率先上升，沥青质聚沉成颗粒，使光发生散射，透光率开始下降；将透光率最大值处正庚烷的量定义为该甲苯稀释比下沥青质的 P_0 点。该方法特别适用于颜色浅且黏度小的油样，而对黏度大或者颜色深的油品，需要通过溶剂稀释来实现，加大了工作量。也可采用荧光光度法研究不同温度，压力、组成对沥青质沉积的影响。荧光光度法是基于某些物质被入射光照射后，吸收特定频率的光波，并激发出荧光的原理建立的；在原油被沉淀剂稀释的过程中，入射光照射后，激发出的荧光信号强度也随溶液浓度的变化而改变，而信号强度的转折点即沥青质相变化的标志。油品间物理性质相差很大，透明度存在 8~9 个数量级的差异，因而该方法的适用性受到一定的限制。

（5）超声波法

微米级的沥青质结晶颗粒在原油中开始出现时，其产生的声阻抗率不同于液态的原油组分，这些颗粒成为入射光波的散射体，从而产生声散射现象，因此可通过声散射现象判断沥青质的形态变化。此方法的优点是可实现在线测量，适用于任何油品种类，结果的可信度较高，通过沉淀剂滴定过程中沥青质的粒径分布的变化判断沥青质沉淀发生的起始点；引起粒度分布明显突变的沉淀剂量被定义为沥青质的 P_0 点。

（6）目视法（显微镜法）

采用高倍偏光显微镜直接观察原油中加入正构烷烃后沥青质的絮凝情况。放大倍数越高的显微镜，可以观测到的沥青质絮凝体的颗粒尺寸越精细。目视法的优点是能够直观反映原油组分改变时的变化，但仅适用于常温常压条件。这种目视法在暗处或在重质油中可能会比较困难也不够准确。这种情况下可以考虑制备很稀的试样在显微镜下观察。

7.2 稳定性评价标准

重油是组分复杂、黏度较高、组分不稳定、不透光的混合体系，需要从理论、实验等各方面对重油胶体稳定性测试方法的可靠性进行系统研究。目前，对于原油体系的稳定性，国内外研究者在某些假设基础上提出了一系列评价方法和预测参数。但由于不同方法侧重点及原理不同，以及原油组成性质的复杂性，很多方法的实用性受到限制，准确性也受到影响，很难有效地指导工业实践，还需要进一步验证、改进和完善。重油常用的稳定性测定方法有很多，目前常用的有 SH/T 0702、ASTM D7060、ASTM D7061、ASTM D4740，但多用于测定石油和渣油的稳定性，目前专门针对调合燃料油的稳定性测定方法没有，以下介绍目前广泛应用的稳定性评价方法。

➲ 7.2.1 SH/T 0702

SH/T 0702《残渣燃料油总沉淀物测定法（老化法）》是测试残渣燃料油在储存或使用过程中是否发生沉淀物析出的技术，通过残渣燃料油潜在的沉淀倾向来预测油品在储存或使用过程中的稳定性。残渣燃料油在储存或使用过程中，其中的沥青质会以沉淀物的形式析出。这种沉淀物会造成很多问题，甚至使燃料油不能使用。沥青质一旦析出，很难使其重新解胶至原来的状态。通过燃料油预处理使其加速老化沉淀，然后过滤。它包括热老化和化学老化法，其中热老化法是指在特定的温度下加热一定时间，化学老化法是指加入一定量的正构烷烃，然后测试在沥青质所需芳香烃和油相能提供的芳香烃之间的平衡打破后，是否会发生沥青质的析出。然后通过 SH/T 0701《残渣燃料油总沉淀物测定法（热过滤法）》评价燃料油预处理后的总沉淀物，测试装置如图 7.1 所示。总沉淀物是指一定量的试样通过规定的滤纸进行过滤，分离出不溶解于一种主要是烷烃的洗涤溶剂的有机物和无机物的总量。具体实验步骤为：试样在 100℃下通过规定的仪器过滤后，把滤纸上的总沉淀物经溶剂洗涤和干燥后，进行称重。其中 GB 17411 规定船用残渣燃料油的总沉积物（老化法）不大于 0.1%。

图 7.1　总沉淀物测试装置

⇒ 7.2.2　ASTM D7060-12（2014）

ASTM D7060-12（2014）是测定残渣油和重质燃料油的最大絮凝率和胶溶能力的试验方法（光学检测法）。沥青质以胶态悬浮体存在于原油中，但是沥青分子悬浮体由于多余应力和不相容性的扰动，可能聚结和絮凝。其中若一种调合物的胶溶能力高于它的最大絮凝速率，那么该调合物就可认为是稳定的。因此可以采用胶溶能力（P 值）来研究重质船用燃料油的胶体稳定性的变化趋势。该测试法能够帮助渣油燃料油的买卖双方确定成品燃料油产品的储存安定性及确定他们的产品是直馏渣油燃料油还是裂解燃料油，对原油炼制和燃料油交易具有重要意义。P 值法所用设备如图 7.2 所示。

测定胶溶能力（P 值）试验步骤：①选取 100g 待测定的调合船用燃料油，放在 100℃左右真空干燥箱加热 0.5h。②将两份质量都在 15g 左右的样品放入自动稳定性分析仪中进行加热，使样品的温度达到要求的 150℃。③控制仪器每 10min 用正十六烷稀释试样一次，直到光学探测器探测到有沥青质絮凝产生，通过软件计算测定的 P 值，油品处于稳定性时，P 值范围在 1.10~1.55 时，两个分析结果的差值不应该超过 0.07。

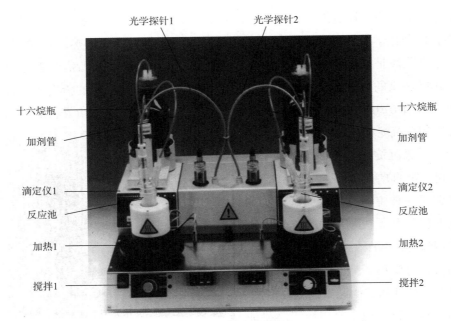

光学探针1　光学探针2

十六烷瓶　　　　　　　　　　　　　　　　十六烷瓶
加剂管　　　　　　　　　　　　　　　　　加剂管

滴定仪1　　　　　　　　　　　　　　　　　滴定仪2
反应池　　　　　　　　　　　　　　　　　反应池

加热1　　　　　　　　　　　　　　　　　加热2

搅拌1　　　　　　　　　　　　　　　　　搅拌2

图 7.2　P 值法所用设备

⊃ 7.2.3　ASTM D7061

ASTM D7061 是一种采用近红外光源扫描设备测定正庚烷造成含沥青质的重燃料油相分离的标准测试方法。该法描述了一种评价油品储存稳定性的快速灵敏的方法。该标准是将油样溶解于甲苯中（因油样不同采取不同油样－甲苯溶液质量比例），将体系均匀分散，然后油样－甲苯溶液与正庚烷体积比 2∶23 混合后引起沥青质凝聚，剧烈摇动 6s 后油样出现相分离。将混匀的试样装入一个专门配套的试管中，相分离速率是由测定试管底部到顶部透光率随时间的变化来确定的。分离性数值低时表明油品是稳定存在的。测量示意如图 7.3 所示，分散性数值的评价标准如表 7.1 所示，分散性数值在 0~5 时，油品被认为是稳定的，沥青质不会絮凝。分散性数值在 5~10 时储存稳定性大大降低。但是，这种情况下沥青质不会絮凝，除非处于更恶劣的条件下，如储存、老化及加热。如果分离性数值超过 10，油样的储存稳定性很低，沥青质极易絮凝，或已经絮凝。该法适合于对炼油厂的油品进行稳定性评价，炼油厂可使用该法控制并优化其炼油过程。油品消费者可使用该法测试其油品储存前、储存过程中及储存后的稳定性。该法不适用于预测混合前油品是否相容。

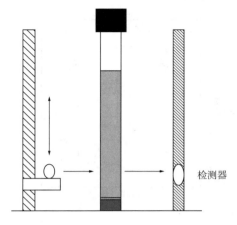

检测器

图 7.3　ASTM D7061 测量示意

表 7.1　分散性数值评价标准

分散性数值	油品特征
0~5	油品是稳定的，沥青质不会絮凝
5~10	稳定性较低，油品不储存、老化和加热，沥青质不会絮凝
>10	油品相容稳定性较差，沥青质容易絮凝，或已经絮凝

该方法对于船用燃料油的稳定性评价具有一定的局限性。因为调合燃料油属于轻重组分油混合，不可避免地在调合完成后，会析出一定量的沥青质，样品每次的析出速度会有所差异，而该方法对沥青质的析出进行了严密的检测，因此试验结果不具有重复性。

➲ 7.2.4　ASTM D4740–04

ASTM D4740–04 标准是采用斑点试验（Spot Test）来描述残渣燃料油的清洁度和相容性的标准试验方法。这一标准适用于 100℃温度下黏度低于 50mm²/s 的渣油燃料油或渣油与燃料油的混合油样，试验装置如图 7.4 所示。图 7.5 从左到右是一级到五级斑点试验对照图，可用来判定混合原油配伍性情况，也可以用来判定油品的稳定性情况。级数越高稳定性越差。图 7.6 为调合油品的一级斑点成像图，表 7.2 为斑点试验评价标准。本标准试验方法目前用于预测残渣燃料油的清洁度及残渣燃料油与其他油品混合后的相容性。由于目前缺少调合燃料油相容稳定性的预测方法，很多机构采用斑点试验来预测调合船用燃料油组分油之间的配伍相容性，从而确定调合后油品是否稳定。

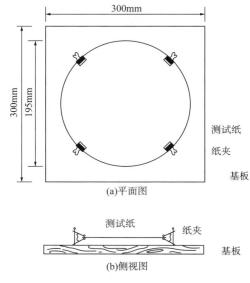

图 7.4　斑点试验装置

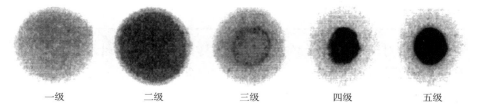

图 7.5　斑点试验分级对照图

图 7.6　调合油品的斑点成像图

表 7.2 斑点试验评价标准

斑点等级	斑点特征
一级	斑点均匀，内部无环状物
二级	斑点内部有细微而模糊的环状物
三级	斑点内部有明显的薄的环状物，比本色稍微黑一点
四级	有比三级等级更浓的环状物，亦比本色稍黑
五级	斑点内部环状物几乎为固体或近于固体，环心比本底黑色黑得多

7.3 梯度性质法的评价探索

7.3.1 油品梯度性质

重质船用燃料油在混合一段时间后形成的沉积主要分为三种情况：①由于组分油密度上的差异导致油品分层；②组分油中直链烃较多，而蒽、菲等分子形成核结构，通过氢键作用等吸附直链烃，包覆后形成大量块状沉淀；③含有煤焦油成分，煤焦油中具有大量的酚类和萘类，在高温等外界条件的影响下会形成胶质物，容易形成沉淀。因而，重质燃料油的稳定性影响因素多，评价方法较原油复杂[10-14]。

7.3.2 梯度性质法简介

根据重质船用燃料油自身的特点开发了全新的稳定性测试方法即梯度性质法，通过模拟实际环境对燃料油在储运过程中的影响，提高老化速度，判断油品稳定性，是能够检测调合后油品储存稳定性的一种新方法。

梯度性质法的主要操作步骤：①将调合燃料油在50~80℃的恒温烘箱中预热，使油品可以均匀流动。②准备梯度老化管，将梯度老化管的下层取样口和上层取样口密封。③将预热好的油品装入梯度老化管中，封闭进样口。④将梯度老化管竖直放置，使之在一定温度下老化。⑤老化结束后，取上层样品和下层样品，分别测量黏度和密度等性质。⑥根据性质差来判断调合油品是否已老化分层，以作为稳定性的判定依据。

（1）试验方法

①将新调合好的燃料油装入稳定性老化管中，将稳定性老化管的所有进样口和取样口密封，使之在一定温度下老化。

②老化结束后，从稳定性老化管的上层取样口和下层取样口分别取出上层样品和下层样品，对取出的样品进行运动黏度、密度性质指标的检测。

③将稳定性老化管下层样品密度与上层样品密度之差定义为梯度密度差，并作为主要考察指标。将逆流黏度计测得的稳定性老化管下层样品黏度与上层样品黏度之差定义为梯度黏度差，并作为次要考察指标。

④根据 GB/T 1884《原油和液体石油产品密度实验室测定法（密度计法）》测定上层样品和下层样品的梯度密度差。

根据 GB/T 11137《深色石油产品运动粘度测定法（逆流法）和动力粘度计算法》测定上层样品和下层样品的梯度黏度差。

（2）计算方法

梯度密度差 $\Delta\rho$ 按式（7.2）计算：

$$\Delta\rho = \left| \rho_{下} - \rho_{上} \right| \tag{7.2}$$

式中：$\rho_{下}$——试样在稳定性老化管下层的密度，kg/m^3；

$\rho_{上}$——试样在稳定性老化管上层的密度，kg/m^3。

梯度黏度差 $\Delta\gamma$ 按式（7.3）计算：

$$\Delta\gamma = \left| \gamma_{下} - \gamma_{上} \right| \tag{7.3}$$

式中　$\gamma_{下}$——试样在稳定性老化管下层的黏度，mm^2/s；

$\gamma_{上}$——试样在稳定性老化管上层的黏度，mm^2/s。

⊃ 7.3.3　梯度性质法应用

梯度性质法最开始是为了考察油品在梯度性质上的变化而制定的，因此，第一代稳定性老化管为玻璃材质，具有进样口、上层取样口和下层取样口。各口需要用高真空硅油和生料带密封。Ⅰ代稳定性老化管如图 7.7 所示。

其后，对稳定性老化管进行了升级，采用不锈钢材质，内径与长度不变，但上、下取样口设置球形阀，上、下两端采用螺纹帽密封。配有固定架，以保证稳定性老化管竖直稳定。Ⅱ代稳定性老化管如图 7.8 所示。

低硫船用燃料油生产技术

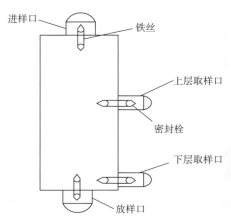

图 7.7 Ⅰ代稳定性老化管

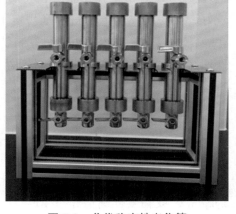

图 7.8 Ⅱ代稳定性老化管

为了进一步实现快速稳定性评价，建立了船用燃料油稳定性分析评价装置，如图 7.9 所示。该装置内有四个可上、下取样的不锈钢离心管，离心开始后可通过中心活动轴，使不锈钢离心管在水平方向上离心。该装置温度最高可设置为 80℃，转速最高 4000r/min。可设置离心时间，离心结束后自动停止并降温。

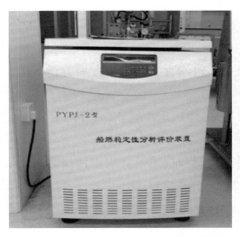

图 7.9 船用燃料油稳定性分析评价装置

密度差为梯度性质法的一个关键指标，黏度差为次要指标。

① 180# 船用残渣燃料油。

调合燃料油在一定温度下老化，当各层黏度值不超过标准规定上限（180mm²/s），同时上、下层样品的梯度密度差不超过 10kg/m³ 或黏度差不超过 8mm²/s 时（或根据企业内部标准制定），认为调合燃料油的稳定性较好；当各层黏度值超过标准规定上限（180mm²/s），或梯度密度差超过 10kg/m³，或黏度差超过 8mm²/s，满足其中之一时，认为调合燃料油的稳定性不好，需要调整生产方案或者配方。

②380# 船用残渣燃料油。

调合燃料油在一定温度下老化，当各层黏度值不超过标准规定上限（380mm²/s），且上、下层样品的梯度密度差不超过 15kg/m³ 或黏度偏离值不超过 15% 时（或根据企业内部标准制定），认为调合燃料油的稳定性较好；当各层黏度值超过标准规定上限（380mm²/s），或梯度密度差超过 15kg/m³，或黏度偏离值超过 15% 时，满足其中之一时，认为调合燃料油的稳定性不好，需要调整生产方案或者配方。

参 考 文 献

［1］薛倩，刘名瑞，张会成，等.重质船用燃料油稳定性评价方法［J］.炼油技术与工程，2016，46（8）：48-51.

［2］张红宇.RMG180 低硫重质船燃工业生产［J］.齐鲁石油化工，2022，50（3）：195-199.

［3］丁凯，刘名瑞，王佩弦，等.船用燃料油现状及未来发展分析［J］.当代化工，2023，52（6）：1453-1457.

［4］胡晓微.中燃油品质量保障探索［J］.中国远洋航务，2014（6）：44-46.

［5］李颖，刘美，赵德智.船用燃料油的调和技术及其稳定性研究［J］.石油化工高等学校学报，2012，25（6）：14-17.

［6］张龙力.渣油胶体稳定性的研究［D］.北京：中国石油大学（北京），2003.

［7］张蕾蕾.重油掺混配伍相容性研究［D］.青岛：中国石油大学（华东），2011.

［8］王俊敏.原油胶体稳定性检测方法的评价及改进［D］.青岛：中国石油大学（华东），2014.

［9］张会成，颜涌捷，齐邦峰，等.渣油加氢处理对渣油胶体稳定性的影

响［J］.石油与天然气化工，2007，36（3）：197-200.

［10］刘名瑞，项晓敏，张会成，等.梯度黏度法研究重质船用燃料油稳定性［J］.石油炼制与化工，2015，46（11）：96-100.

［11］刘美，赵德智.调合制备船用燃料油的研究［J］.应用化工，2010，39（11）：1718-1721.

［12］薛倩，张雨，刘名瑞，等.煤焦油沸腾床加氢制备180号船用燃料油调合组分［J］.石油炼制与化工，2015，46（10）：90-94.

［13］于连海.煤基合成燃料油的研究与开发［D］.杭州：浙江大学，2005.

［14］刘建中，仇进，杜亚平.用重残油配制燃料油的研究［J］.燃料与化工，2015，46（9）：49-51，54.

第8章

船用燃料油中有害物质及其检测方法

船用燃料油既是船舶航行的动力来源，也是船舶公司经营中承担的最大成本，同时是国家海事等主管部门关于船舶防污染治理的重点对象。随着燃料油国际、国家标准的不断更新及大气污染防治法等相关法规的日益严格，船用燃料油的质量指标受到了极大的关注。与此同时，随着船用燃料油市场竞争越来越激烈，市场上供应的燃料油质量参差不齐，航运安全受到重视。

GB 17411—2015《船用燃料油》规定船用燃料油应该是由石油制取的烃类均匀混合物，不含无机酸和使用过的润滑油。船用燃料油中也不得加入任何导致船舶无法正常运行的添加剂和有害废弃物，否则会危害船舶和机械设备、对人体产生危害并增加污染物排放。然而不法企业在生产、调合低硫船用燃料油时，为了追求利润会添加页岩油、"轮胎油"、使用过的废润滑油、有机溶剂等劣质废物。页岩油是油页岩在热加工过程中有机质经热分解后得到的产物，可能会含有高浓度的酚类化合物，比从石油产品中制取的燃料油的品质差。"轮胎油"实质上是添加了废旧轮胎粉末的燃料油，属于掺假油，会导致分油机抱死、管路堵死，严重的会导致分油机损坏甚至报废；使用过的废润滑油组成差异可能非常大，特别是使用时间过长的废润滑油可能含有较多的金属颗粒或其他有害物质，对船舶发动机系统的使用造成损害；有机溶剂主要包括石油基溶剂、有机氯化物和甲酯类化合物，会破坏润滑油膜，造成油泵和发动机气缸的异常磨损。

劣质燃料油会对船舶发动机系统造成严重的危害，因此，船用燃料油用户对油品的选择和使用越来越重视。劣质燃料油主要具有密度大，黏度高，凝点高，硫、灰分、残炭值、沥青、水分、金属（硅、铝、钒和钠）等含量高，稳定性差等特点。其中高残炭值、高硅铝、高沥青含量容易造成燃油高压油泵的柱塞与套筒偶件和油头针阀偶件卡死。高灰分、高硅铝含量、其他硬质颗粒及燃烧不良产物容易在缸套与活塞环之间形成磨料磨损，尤其是高硅铝含量产生的磨损速度很快。高硫含量且气缸供油量长期不匹配容易使缸套表面发生腐蚀磨损。高钒钠含量容易引起高温腐蚀。过高的蜡含量有可能在油品中结晶析出，沉积并堵塞管道，造成供油不畅，由于其燃烧性能好，暂不列为有害物质。

因此，船舶在使用船用燃料油，尤其是低硫燃料油或超低硫燃料油时，要符合 GB 17411《船用燃料油》要求。同时，在使用过程中应科学存储、加强净化、优化燃烧、选择适宜的气缸油及气缸油的注油量和吹扫量等，以避免燃料油对机器设备造成损伤，确保船舶安全航行。

8.1 船用燃料油中有害物质

8.1.1 硫

硫含量是船用燃料油的重要指标。在燃料油标准中均把硫含量作为主要的环保质量控制指标，因此需要严格控制硫含量。GB 17411—2015《船用燃料油》规定船用馏分燃料油按照硫含量分为Ⅰ、Ⅱ和Ⅲ三个等级，要求硫含量分别不高于 1.0%、0.5% 及 0.1%。RMA 和 RMB 类残渣燃料油按照硫含量分为Ⅰ、Ⅱ和Ⅲ三个等级，要求硫含量分别不高于 3.5%、0.5% 及 0.1%，RMD、RME、RMG 及 RMK 类残渣燃料油按照硫含量分为Ⅰ和Ⅱ两个等级，要求硫含量分别不高于 3.5% 和 0.5%。硫含量低于 0.5% 称为低硫船用燃料油，硫含量低于 0.1% 称为超低硫船用燃料油。表 8.1 为来自不同供应商的低硫船用燃料油主要性质测试数据[1]。

表 8.1 不同供应商的低硫船用燃料油主要性质测试数据

项　目	质量指标	燃料油 A	燃料油 B	燃料油 C	测试方法
运动黏度（50℃）/（mm²/s）	≤ 180	132.8	101.6	164.1	GB/T 11137
密度（15℃）/（kg/m³）	≤ 991	940.0	931.8	934.4	SH/T 0604
碳芳香指数 CCAI	≤ 870	813	808	805.1	GB 17411
硫含量 /%	≤ 0.5	0.450	0.470	0.315	GB/T 17040
闪点（闭口）/℃	≥ 60	90	97	117	GB/T 261
硫化氢含量 /（mg/kg）	≤ 2	<1	<0.6	<1	IP 570
酸值（以 KOH 计）/（mg/g）	≤ 2.5	0.59	0.20	1.09	GB/T 7304
总沉淀物（老化法）/%	≤ 0.1	0.03	0.01	0.01	SH/T 0702
残炭 /%	≤ 18	4.94	7.76	4.86	GB/T 17144
倾点 /℃	≤ 30	3	−9	24	GB/T 3535
水分（体积分数）/%	≤ 0.5	<0.03	0.06	0.20	GB/T 260
灰分 /%	≤ 0.1	0.002	0.018	0.009	GB/T 508
钒 /（mg/kg）	≤ 350	12.6	8	6	IP 501

项 目	质量指标	燃料油 A	燃料油 B	燃料油 C	测试方法
钠 / (mg/kg)	≤ 100	1	5	1	IP 501
铝 + 硅 / (mg/kg)	≤ 60	4	15	29	IP 501
净热值 / (MJ/kg)	≥ 39.8	43.96	41.8	42.0	GB/T 384

2015 年 12 月 2 日，我国交通运输部发布了《珠三角、长三角、环渤海（京津冀）水域船舶排放控制区实施方案》（以下简称《方案》），首次设立船舶大气污染物排放控制区，控制船舶硫氧化物、氮氧化物和颗粒物排放。《方案》要求，自 2016 年 1 月 1 日起，排放控制区内有条件的港口，可以实施高于现行排放控制要求的措施，包括船舶靠岸停泊期间使用硫含量不高于 0.5% 的燃料油。自 2017 年起，船舶在排放控制区内的核心港口区域靠岸停泊期间（靠港后的一小时和离港前的一小时除外），应使用硫含量不高于 0.5% 的燃料油。2018 年起，这一要求范围扩大至排放控制区内所有港口内靠岸停泊的船舶；2019 年起扩大至进入排放控制区的所有船舶。而 IMO 对全球航行船舶的硫氧化物排放限制新规已于 2020 年 1 月 1 日正式生效，法规要求所有全球航行船舶使用的燃料油硫含量不能超过 0.5%[2]。

船用燃料油中的含硫化合物可分为非杂环和杂环两大类，即硫化物和噻吩[3]。非杂环含硫化合物包含硫醇、硫醚和二硫化物。硫醇的腐蚀性强且其腐蚀作用会随温度的升高而增大，同时还能与其他组分共同氧化降低燃料油稳定性，不仅造成燃料系统的腐蚀，也会引起发动机本身的腐蚀。易挥发的硫醇还具有特殊难闻的刺激性气味，在储存、装油及使用时污染环境。硫醇、硫醚和二硫化物容易通过加氢脱除，而含杂环的噻吩类化合物很难脱除，是船用燃料油中硫的主要存在形式，其占燃料油中硫化物的 85% 以上[4~7]。

船用燃料油燃烧后会排放出对环境和人类健康有害的 SO_x 气体及硫酸盐颗粒物。其中，SO_x 气体以及硫酸盐颗粒物是形成酸雨的主要物质，对大气污染最为严重，还会导致人体健康问题。燃料油中的含硫化合物的燃烧会形成酸性物质，腐蚀发动机缸体和排气系统[8, 9]。

对以蠕墨铸铁为材质的缸套来说，正常状态的主机运行须保证气缸残油中含有一定的碱度及铁。燃料油中的硫燃烧所产生的硫氧化物与水汽结合生成硫酸，气缸油中的碱性添加剂与硫酸会发生中和反应，中和不足会导致酸性过度，形成低温腐蚀。若气缸油中总碱值与燃料油实际含硫量不匹配而中和过度，剩余的碱值主要成分是氢氧化钙，与燃气中的二氧化碳在高温下生成碳酸钙，此物聚集在活塞顶部和第一道活塞环处会像磨刀石一样很快把缸套表面的珩磨纹磨掉。同时，过量的气缸油也会导致活塞顶部钙化物的堆积，高热负荷较容易导致活塞环断环、窜气、粘连等故障。因此，当船舶从高硫燃料油切换成低硫燃料油时，应选择合适的注油率和适用牌号的气缸油，加强使用低硫燃料油时的主机管理。

硫化氢是高毒性气体，低浓度时有臭鸡蛋气味。人员暴露于高浓度硫化氢下会导致嗅觉丧失、头痛、头晕眼花，更高的浓度则会致命。硫化氢可以在炼制过程中形成，也可能在储油罐、产品驳船和用户罐中的燃料油中逐渐形成。硫化氢可以液相或气相形式存在，二者之间的转换程度和速度取决于多种因素，例如物质的组成和化学性质、温度、浓度、搅拌强度、储存时间、加热和环境条件、储罐形状、损耗及通风等。当人员进入油罐、打开装货罐顶盖、进入空罐后，或者当油罐充罐和/或加热时，硫化氢会从排出口或排出管道窜入燃料管线，更换过滤器也可能会接触硫化氢。因此，为了保护船员、码头操作人员及检验人员，GB 17411—2015《船用燃料油》把硫化氢作为安全的重要指标，要求船用馏分燃料油和船用残渣燃料油中硫化氢含量不超过 2.0mg/kg，以降低暴露在硫化氢中的风险，但此限制并不构成安全水平或消除在封闭的空间里形成的高浓度硫化氢气体的风险。船东和航运公司应保持适当的安全操作和设计程序，以保护可能暴露于硫化氢中的船员和其他人员的安全。

⊃ 8.1.2 无机元素

（1）钙元素

在古生物成油过程中，生物体中的钙主要以有机钙化合物的形式残留在油中，另一小部分以无机钙化合物形式存在。在采油过程中，含钙岩层中的无机钙盐颗粒被石油包裹并随石油一起被采出，一般为松散颗粒、磨蚀物或含钙微粒。采油过程中注入某些含钙的油田化学剂，如缓蚀剂、钻井液、防垢剂或堵塞剂等与岩层反应生成含钙的有机或无机化合物。在石油炼制过程中，原油经历脱金属、脱硫、脱氮反应，接触到各类催化剂，部分钙元素会在一定条件下生成环烷酸钙、碳酸钙及硫酸钙等各类含钙化合物。

研究表明，随着原油的重质化、劣质化及原油的深度开采，原油中钙的含量越来越高。目前国内多数原油的钙含量可达300mg/kg，国外多数原油中钙含量在100mg/kg左右，甚至苏丹部分产地原油高达1990mg/kg[10]。虽然在石油加工过程中采取多种方式来降低成品油中的钙元素含量，但无法将所有含钙化合物完全清除。原油中钙含量的升高，直接导致燃料油中钙元素含量的升高。有文献表明，多数保税燃料油的钙含量为25mg/kg左右，硫含量多数为3%左右，而多数内贸燃料油的钙含量为60mg/kg左右，硫含量多数为0.5%以下。

使用过的润滑油含有大量的清净剂和抗磨剂等添加剂，清净剂主要是钙基，抗磨剂通常是锌磷化合物。含有使用过润滑油的燃料油中钙含量过高，易在活塞顶部堆积白色钙化物，它们会进入活塞环与缸套表面，破坏油膜造成磨粒磨损，导致缸套异常磨损，对船舶发动机系统的使用造成损害。GB 17411—2015《船用燃料油》规定，当燃料油中钙元素含量大于30mg/kg且磷或者锌元素含量大于15mg/kg时，则认为燃料油中含有使用过的润滑油。如果燃料油中仅钙元素含量超过30mg/kg，而磷或者锌元素含量都没有超过15mg/kg时，则不能认为燃料油中含有使用过的润滑油。

（2）硅、铝元素

与高硫船用燃料油相比，低硫船用燃料油中的铝和硅盐类催化剂粉末更多，这主要是因为低硫船用燃料油的调合组分在催化裂化过程中会带入硅和铝，并随着脱硫工序的增加，带入的硅和铝含量不断增加，尤其在催化裂化油浆中含有较多细小且硬的催化剂微粒，表8.2为某催化裂化油浆与滤后油浆的性质对比数据[11]。催化剂颗粒主要成分是铝和硅的氧化物，也就是金刚砂（Al_2O_3）、石英（SiO_2）及与陶瓷相似的八面沸石，行业称Catalyst Fines（Cat-Fines）。铝、硅氧化物颗粒非常坚硬，进入燃油系统后会对高压油泵、柱塞和套筒造成异常磨损，还会使喷油器异常磨损，造成喷油雾化不良，同时也会造成缸套、活塞环、排气阀等异常磨损，影响设备稳定运行和使用寿命[12]。

表 8.2　某催化裂化油浆与滤后油浆的性质对比数据

项　目	油浆	滤后油浆
灰分 /%	0.070	0.004
运动黏度（50℃）/（mm²/s）	122.76	105.72
密度（20℃）/（kg/m³）	1082.4	1074.6

项　目	油浆	滤后油浆
金属含量 / （μg/g）		
钠	10.1	9.0
钙	5.7	3.7
钒	<0.2	<0.2
硅	257	13.7
铝	278	9.4
硅 + 铝	535	23.1

　　燃料油进机前，燃料油中 Cat-Fines 含量应尽可能地低。船用发动机制造商曼恩柴油机规定进机燃料油中 Cat-Fines 含量最大值为 10mg/kg；柴油机短期运行时，Cat-Fines 含量最大值为 15mg/kg。中国船级社（CCS）规定应尽可能地采取净化、过滤等措施将燃料油中的 Cat-Fines 含量降至最低水平，以保证进机燃料油中的 Cat-Fines 含量不超过 10mg/kg 或满足机械设备的要求，在某些情况下可提高到 15mg/kg。

　　催化剂在炼油过程中会磨损产生细粉。当 8~15μm 的催化剂细粉混入燃料油，含量达到 10mg/kg 以上后，很容易混入主副机缸套表面的油膜和石墨层内，导致缸套内表面、活塞环急剧磨损，造成活塞环卡阻、断裂甚至拉缸。而断裂的活塞环会造成燃烧室漏气，燃烧变差，引发航运故障[13]。

（3）钠、钒元素

　　钠在燃料油中通常以油不溶态形式存在，但某些钠可能以在船上处于不能去除的状态存在。在大多数情况下，钠含量高与海水的污染有关。1%的海水会使燃料油中钠含量增加 100mg/kg，基本上不含水的燃料油通常钠含量大约为 10~50mg/kg。极少情况下，在炼油过程中使用的氢氧化钠也可能是污染的来源。去除钠可以直接通过去除沉降罐中的水和离心处理。采用适当的方法可以将 90% 以上的钠除去，尤其是采用离心的方法。

　　钒是燃料油中的天然组分，它以含有其他元素的复杂化学分子形式溶解在残渣燃料油中。当燃料油燃烧时，这些金属元素会转化为氧化物、硫化物或更复杂的化合物颗粒，聚集成为灰分[14]。这些固体颗粒在一定温度下会部分液化，这种状态的灰分会黏附于燃烧系统的部件表面，它们会以"热腐蚀"或其他方式损坏部件。例如，钒酸钠的熔点是 535℃，而这个温度可以通过从腐蚀的表面产生的其他金属氧化物得到降低，理论上可以降到400℃以下。通常认为钠钒比为1:3时灰分熔解温度最低。但这仅针对 Na_2SO_4 和 V_2O_5 两种化合物组成的灰分混合物而言。

8.1.3 酸性化合物

由酸性化合物引起的高酸性燃料油往往会加速船用内燃机的毁坏，这种毁坏首先发生在燃料油的注入设备中。因此，GB 17411—2015《船用燃料油》规定船用馏分燃料油和内河船用燃料油的酸值不大于0.5mg/g，船用残渣燃料油酸值不大于2.5mg/g。由环烷基原油生产的燃料油酸值可能高于规定的数值，在使用上是可以接受的，但是，供应商和买方间有责任协商一个双方可接受的酸值。如果酸值明显高于上述规定值，则表明燃料油可能含有大量的酸性化合物或存在其他污染物。然而值得注意的是，酸值低于上述规定值并不能保证不会出现与燃料油酸性物质有关的问题。酸值与燃料油腐蚀性之间，目前还没有公认的对应关系。含有强酸性物质的燃料油，即使按照规定的标准方法检测不到低含量强酸，也不符合船用燃料油标准要求，因为强酸的存在与燃料油腐蚀性之间有相互对应关系。

石油酸由环烷酸、脂肪酸、芳香酸及酚等物质组成，其主要成分为环烷酸，约占原油中总酸量的95%。在炼油过程中，会采用脱酸剂法、吸附分离及加氢精制等技术脱除酸性化合物。船用燃料油中的酸性化合物主要以环烷酸、脂肪酸及酚类等含氧化合物的形式存在。环烷酸是指分子结构中含有饱和环状结构的酸及其同系物。脂肪酸是由碳、氢、氧三种元素组成的一类化合物，脂肪酸会导致燃油喷射系统中承受高温、高压的偶件接触面上积炭，失去润滑性能，甚至卡阻。燃料油发火性能不好，产生后燃，导致燃烧室温度升高；在活塞下行过程中，没有完全燃烧的油雾会继续燃烧，高温燃气就会破坏缸套内上部的油膜，产生积炭并吸附在缸套内表面，最终导致快速而严重的拉缸。酚类化合物是指羟基与芳烃核（苯环或稠苯环）直接相连形成的有机化合物，如苯酚和间苯二酚，它们含有发火性能非常差的苯，带有苯环的环状分子结构受热后很难破裂，在燃烧过程中会产生后燃，并容易出现燃烧不完全现象，导致积炭。此外，酚类化合物呈微酸性，具有腐蚀性，也会腐蚀发动机。

多年以来，为了应对原油价格的上涨，部分调油企业将煤焦油和页岩油调合混入船用燃料油中以降低成本。但非石油烃类物质的加入不符合

GB 17411—2015《船用燃料油》规定，GB 17411—2015 要求"燃料油应是由石油制取的烃类均匀混合物"。更重要的是在实际应用过程中，劣质低硫燃料油给船舶机械设备的运行带来不少故障，使得主、副机设备突发故障或使船舶失去动力。由于非石油烃中含有的酚类物质结构不稳定，易造成航运中出现泵送、分油机及燃烧等环节的堵塞、积渣和结焦等故障。即使船用燃料油符合现行标准的全部指标，也无法保证船机燃油系统的安全。2018 年 6 月，在美国得克萨斯州休斯敦加油的多艘船舶出现柱塞偶件咬死、油泵损坏等故障。新加坡、印度尼西亚等地加油的船舶也出现类似的问题。燃油检测公司 VPS（Veritas Petroleum Services）和瑞士通用公证行 SGS（Societe Generale de Surveillance）主要依据 ASTM D7845《多维气相色谱 / 质谱法测定船用燃料油中的化学物质》进行检测，把故障归因于含量为 300~1000mg/kg 的对枯基苯酚，并判断不稳定的酚类是造成故障的主要原因之一。酚类的熔点都比较高，例如对枯基苯酚的熔点是 72~75℃。因为对枯基苯酚的熔点高且润滑性差，当对枯基苯酚的晶体进入栓塞偶件时，会导致柱塞偶件咬死、油泵损坏等故障。酚类污染源有可能来自页岩油，资料显示，页岩油中酚类化合物可以达到 1000~8000mg/L。不法商家为了追求利润，会将这些劣质油混入船用燃料油中，最终导致船舶柴油机故障频发等事故。对枯基苯酚是几十种烷基酚结构中的一种，大面积的故障应该是来源于常量级别酚类总污染物。因此，有研究人员认为船用燃料油常规定量指标合格并不能保证不出故障，建议加测酚含量作为重要补充，而对枯基苯酚仅为众多烷基酚结构中的一种，测出少数几种酚结构意义并不太大，常量级别的酚总量的检测更有意义。

⮞ 8.1.4 生物产品和脂肪酸甲酯

目前大量的生物燃料是通过酯交换反应生成的产品，即去除甘油酯组分生产出脂肪酸甲酯（FAME），通常称为生物柴油。生物柴油也可能含有脂肪酸乙酯（FAEE）。

目前 GB 17411—2015《船用燃料油》特指来源于石油的原料，不包括任何生物原料，FAME 含量限制在"微量"级。然而，在现行供货物流情况下，将 FAME 混入燃料油的做法，使得在船舶市场上某些馏分燃料油几乎不可避免地含有 FAME，甚至由于炼厂处理过程或混入含有 FAME 馏分的原料造成某些残渣燃料油可能含有 FAME。使用 FAME 与石油混合物燃料油或 100%FAME 燃料油，应该考虑有关安全的预防规范，以及在船舶发动机和其他在用设备方面，FAME 存在的潜在问题。

在使用含有 FAME 的船用燃料油时，应确保船舶的储存、装卸、处理、维修和机械系统，以及任何其他机械部件（如油水分离器系统），在材料和操作性能方面与含有 FAME 的船用燃料油具有一定兼容性。应避免将青铜、黄铜、铜、铅、锡和锌等材料与 FAME 直接接触，因为这些材料可能会氧化 FAME，从而产生沉积物。此外，FAME 稳定性较差，易氧化和易分解，在储存过程中会出现变质现象，产生脂肪酸，导致酸值变高，对发动机产生腐蚀；在燃油舱柜及系统产生沉积物等。它还具有吸湿性，会吸收周围环境，包括空气中的水分。常规燃料油中的水会随时间沉淀出来，但 FAME 会使水始终保持悬浮在燃料油中，使燃料油更容易受到微生物污染。微生物在适合的水分和空气环境下，以碳氢化合物为食物，污染正在使用中的燃料油，这部分污染将导致柴油机柱塞偶件咬死，油泵损坏等故障。

此外，当船舶接收含有 FAME 成分的燃料油时，应事先与供应商核对生物成分添加比例，同时也要咨询主机、辅机、锅炉、油水分离器和滤器等厂家，其设备是否适合使用生物燃料油。这类燃料油需要分析其酸值和氧化安定性两项指标，以及检测其是否存在微生物污染。储存这类生物燃料油的时间不宜超过 6 个月，以防止燃料油氧化和降解对机器设备造成损害。

ISO 8217：2012 规定船用燃料油中 FAME 含量不超过 0.1%，后因一些地区和港口的船用馏分油供应紧张且为满足硫含量小于 0.1% 燃料油的市场需求，船用燃料油供应市场也推出了混合 FAME 的船用馏分油。ISO 8217：2017 规定 DMX 等级燃料油不含有 FAME，DMA、DMZ、DMB 和 RM 等级燃料油中 FAME 含量不超过 0.5%，DF 等级燃料油中 FAME 含量不超过 7%。而现行 ISO 8217：2024 规定 DMX 等级燃料油不含有 FAME，DMA、DMZ、DMB 和 RM 等级燃料油中 FAME 含量不超过 0.5%，而对于 DF 和 RF 等级燃料油，应根据检测方法报告 FAME 含量。

⊃ 8.1.5 水分

石油产品水含量的测定对于石油产品的炼制、购销及运输非常重要。GB 17411—2015《船用燃料油》规定，船用馏分燃料油 DMB 和 RMA-10 船用残渣燃料油水分不应大于 0.30%（体积分数），其他船用残渣燃料油水分不应大于 0.50%（体积分数）。水分超过 0.50%（体积分数）应与需方协调并经用户认可，但最高不大于 1.0%（体积分数）。

倾点是船用燃料油低温流动性的指标，低温流动性在国外常用倾点表示，我国常用凝点表示。凝点是指油品在规定的条件下，冷却至液面不移动时的最高温度。燃料油的凝点与含水量有关，并且凝点会随含水量的增加而逐渐上升。凝点越高，油品在低温下使用时维持正常流动和顺利输送的能力越差。燃料油在使用的过程中要保证无晶体析出。燃料油的水含量过高，当温度降低时，水冷凝成冰，在燃料供应系统中冰被携带输送，会堵塞引擎燃料油的管道，导致发动机故障。

水分也会降低燃料油的热值。热值是在规定条件下，单位重量的油品完全燃烧时所放出的热量。热值分为总热值和净热值。在计算净热值时，要在总热值中修正水蒸气在氧弹中凝结放出的热量。水蒸气主要来自试样中的水和氢燃烧。燃烧废气的温度都较高，一般水都以气态排出，所以净热值是评价燃料油最终发热做功的指标。因此，若燃料油中水分含量过高，燃料油净热值小，船舶速度相同时，需要燃烧更多的燃料油才能达到主机所需的功率[15]。此外，水分会加快燃料油的氧化速度，也会使胶质的生成量增加。水的存在对发动机供油系统的危害很大，会造成锈蚀、磨损、卡死甚至恶化燃料油的燃烧过程。

8.2 船用燃料油中有害物质的检测方法

8.2.1 硫的检测方法

GB 17411—2015《船用燃料油》规定船用馏分燃料油和船用残渣燃料油均可采用 GB/T 387《深色石油产品硫含量测定法（管式炉法）》、GB/T 11140《石油产品硫含量的测定 波长色散 X 射线荧光光谱法》、GB/T 17040《石油和石油产品中硫含量的测定 能量色散 X 射线荧光光谱法》、SH/T 0172《石油产品硫含量测定法（高温法）》检测硫含量，当结果有争议时，以 GB/T 11140 为仲裁方法并采用各方认可的有证硫标准物质。而船用馏分燃料油还可采用 SH/T 0689《轻质烃及发动机燃料和其他油品的总硫含量测定法（紫外荧光法）》、NB/SH/T 0253《轻质石油产品中总硫含量的测定

（电量法）》和 NB/SH/T 0842《轻质液体燃料中硫含量的测定 单波长色散 X 射线荧光光谱法》检测硫含量。内河船用燃料油可采用 SH/T 0689、GB/T 11140、NB/SH/T 0253 及 NB/SH/T 0842 检测硫含量，并以 SH/T 0689 作为仲裁方法。

GB/T 11140《石油产品硫含量的测定 波长色散 X 射线荧光光谱法》描述了室温条件下液态的、适当加热呈液态的，或者可溶于烃类溶剂的石油和石油产品总硫含量的测定方法，将样品置于 X 射线光束中，测定 0.5373nm 波长下硫 K_α 谱线强度，扣除背景强度，与预先制定的校准曲线进行比较，从而获得硫含量，适用于测定柴油、喷气燃料、煤油、其他馏分油、石脑油、渣油、润滑油基础油、车用汽油、含醇汽油和生物柴油中的硫含量，具有所需样品量少、检测速度快及结果准确等优点。如果样品硫含量超过 4.6%，可以通过稀释样品，使硫含量达到适用于该方法的范围，但稀释后样品测定结果会比未稀释样品测定结果误差高。需要注意的是，当待测样品所含的元素（除硫外）与校准样品明显不同时，会导致测定结果出现误差。如果待测样品所含干扰元素的浓度超过允许的浓度时，应用无硫溶剂进行稀释，以降低干扰元素的浓度，减少干扰元素的影响。

GB/T 387《深色石油产品硫含量测定法（管式炉法）》描述了用管式炉测定深色石油产品中硫含量的方法，适用于硫含量大于 0.1% 的深色石油产品，如润滑油、重质石油产品、原油、石油焦、石蜡和含硫添加剂等，不适用于含有金属、磷和氯添加剂以及含有这类添加剂的润滑油。该方法通过让试样在空气流中燃烧，用过氧化氢和硫酸溶液将生成的亚硫酸酐吸收，生成的硫酸用氢氧化钠标准溶液进行滴定，采用混合指示剂溶液确定滴定终点，经计算得到试样中的硫含量。

GB/T 17040《石油和石油产品中硫含量的测定 能量色散 X 射线荧光光谱法》描述了用能量色散 X 射线荧光光谱法测定石油和石油产品中硫含量的试验方法，适用于测定常温下或适当加热下为液态或可以溶解于烃类溶剂中的石油和石油产品，包括车用汽油、乙醇汽油、柴油、生物柴油及其调合燃料、喷气燃料、煤油、其他馏分油、石脑油、渣油、原油、润滑油基础油、液压油以及类似的石油产品，硫含量的测定范围为 0.0017%~4.6%。该方法的使用前提为标准样品和待测样品的基体匹配或者已考虑到基体的不同。待测样品和标准样品的碳氢质量比不同或者其他杂原子的存在可导致基体不匹配。该方法通过将试样置于 X 射线光束中，测量激发出来能量为 2.3keV 的硫 K_α 特征 X 射线强度,并将累积计数与预先制备好的标准样品的计数进行对比,从而获得硫含量。

SH/T 0172《石油产品硫含量测定法(高温法)》描述了三种石油产品包括添加剂和含添加剂的润滑油中总硫含量的检测方法,适用于沸点高于 177℃,硫含量不低于 0.06% 的石油产品,也可以测定硫含量高达 8% 的石油焦。前两种方法是分别利用电感应型炉和电阻型炉进行高温分解,然后用碘酸盐测定。当试样在高温氧气流中燃烧,其中大约 97% 的硫转化为二氧化硫。将燃烧产物通入一个装有碘化钾和淀粉指示剂的酸性溶液的吸收器中,加入碘酸钾标准溶液,从燃烧过程中所消耗的碘酸钾标准溶液的总量来计算试样中的硫含量。对碘酸盐检测系统来说,氯含量低于 1% 时不会产生干扰,氮含量超过 0.1% 时可能产生干扰,干扰程度取决于氮化合物的类型和燃烧条件。第三种方法是利用电阻型炉进行高温分解后用红外检测系统进行检测。将称量后的试样装入特殊的瓷舟,将瓷舟推入具有氧气氛围的 1371℃ 的燃烧炉中,硫燃烧转化为二氧化硫。用捕集器除去湿气和粉尘后,用红外检测器进行检测。微处理器根据试样质量、检测信号值和预先测定的校正因子来计算试样中的硫含量。红外检测系统能够允许较高含量的氯存在,并且不受氮的影响。

NB/SH/T 0253《轻质石油产品中总硫含量的测定(电量法)》描述了沸点范围在 26~380℃ 的轻质石油产品中的总硫含量试验方法,如车用汽油、车用乙醇汽油、馏分油、柴油、生物柴油调合燃料、变性燃料乙醇等。总硫含量测定范围为 0.5~1000mg/kg。对于总硫含量高于 1000mg/kg 的样品可适当稀释使其达到规定浓度范围后再进行测定。同时,本方法适用于测定总卤素含量不大于总硫含量 10 倍,或总氮含量不大于总硫含量 1000 倍的样品,不适用于测定重金属(如 Ni、V、Pb 等)含量大于 500mg/kg 的样品。该方法是将液体试样送入温度保持在 900~1200℃ 的高温裂解管中,在反应气和载气的混合气流中裂解氧化,硫转化为二氧化硫,随气流一并进入滴定池,与电解液中的 I_3^- 发生 $I_3^- + SO_2 + H_2O \longrightarrow SO_3 + 3I^- + 2H^+$ 反应。滴定池中的 I_3^- 被消耗,浓度降低,指示 – 参比电极对指示出这一变化并和给定的偏压相比较,然后将此信号输入微库仑仪放大器,经放大后输入电压信号并将其加到电解电极对上,电解阳极处发生 $3I^- \longrightarrow I_3^- + 2e^-$ 反应,被消耗的 I_3^- 得到补充,消耗的电量就是电解电流对时间的积分,根据法拉第电解定律即可求出试样的总硫含量。

SH/T 0689《轻质烃及发动机燃料和其他油品的总硫含量测定法（紫外荧光法）》适用于测定沸点范围约为 25~400℃，室温下黏度范围约为 0.2~10mm²/s 以及卤素含量低于 0.35% 的液态烃中的总硫含量，也适用于总硫含量在 1.0~8000mg/kg 的石脑油、馏分油、发动机燃料油和其他油品。该方法是将烃类试样直接注入裂解管或进样舟中，由进样器将试样送至高温燃烧管，在富氧条件下，硫被氧化成二氧化硫。试样燃烧生成的气体在除去水后被紫外光照射，二氧化硫吸收紫外光的能量转变为激发态的二氧化硫（SO$_2^x$），当激发态的二氧化硫返回到稳定态的二氧化硫时发射荧光并由光电倍增管检测，由所得信号值计算出试样的硫含量。

NB/SH/T 0842《轻质液体燃料中硫含量的测定 单波长色散 X 射线荧光光谱法》描述了用单波长色散 X 射线荧光光谱法测定轻质液体燃料中硫含量的试验方法，适用于测定轻油、柴油、炼油厂用于调合汽油和柴油的不同馏分油、喷气燃料、煤油、生物柴油调合燃料和乙醇汽油中的总硫含量，测定硫含量的范围为 3.2~2822mg/kg。采用合适的溶剂稀释后，硫含量超过 2822mg/kg 的试样也可以用本方法分析，但没有考察稀释后样品中硫含量测定的精密度和偏差。与传统的波长色散 X 射线荧光分析技术中所用的多色激发相比，单色 X 射线管激发减少了背景，简化了基本校正，提高了信噪比。

GB 17411—2015《船用燃料油》规定采用 IP 570《燃料油中硫化氢的测定 快速液相萃取法》中步骤 A 检测船用馏分燃料油和船用残渣燃料油中硫化氢含量。GB/T 34101《燃料油中硫化氢含量的测定 快速液相萃取法》描述了采用快速液相萃取法测定燃料油在液相中的硫化氢含量的试验方法，与 IP 570 一致。GB/T 34101 适用于 50℃ 运动黏度大于 3000mm²/s 的燃料油，包括船用残渣燃料油、馏分燃料和石油调合组分油。该方法包括方法 A 和方法 B 两个试验步骤。方法 A 适用于带有过滤盒和气相处理器的仪器，将已知质量的试样注入含有稀释基础油的加热测试管内，将空气鼓泡通入试样油液，萃取其中的硫化氢气体。吹出的硫化氢连同空气一起通过一个冷却至 –20℃ 的过滤盒后进入检测器，测定空气中的硫化氢含量，从而计算出试样液相中的硫化氢含量。

目前测定原油、燃料油中硫化氢含量的方法还有电位滴定法、分光光度法、离子色谱法及气相色谱法等。上海海关工业品与原材料检测技术中心基于电化学传感器法，开发了采用液相萃取 – 电化学传感器法快速测定原油和燃料油中硫化氢含量的方法。该方法可直接测定硫化氢含量，省去了烦琐的样品前处理过程，具有操作简便、试验时间短及结果准确等优点[16]。

○ 8.2.2 无机元素的检测方法

目前油品中无机元素的测定方法主要有电感耦合等离子体原子发射光谱法（ICP–AES）、原子吸收光谱法（AAS）、电感耦合等离子体质谱法（ICP–MS）、化学滴定法、X 射线荧光光谱法（XRF）。其中，AAS 受吸光度的限制，线性范围相对较窄；ICP–MS 仪器价格昂贵，不适合部分含量较高元素的分析；化学滴定法检出限高，且仅适用于部分元素。ICP–AES 具有检出限低、线性范围宽、灵敏度高及稳定性好等优点，可同时测定多种元素的含量，广泛应用于油品中微量金属元素的分析[17~19]。船用残渣燃料油等重质油品黏稠且成分复杂，需将样品中的待测元素转化为仪器可测的形态，前处理过程对测定结果极其重要。目前，油品分析的前处理方法主要有干法灰化法、湿法灰化法、微波消解法、直接稀释进样法、萃取法及高压消解法等。干法灰化法就是通过高温灼烧的方式获得无机物质。湿法消解法则是加入强氧化剂（如浓硝酸、高氯酸、高锰酸钾等）并加热，使有机物质分解成水和二氧化碳等，而被测物质呈离子状态保存在溶液中。微波消解法是将试样放入微波消解内管，加入硝酸和过氧化氢溶液，按照微波消解程序溶解试样。干法灰化法和湿法消解法存在操作复杂、耗时长、污染环境及样品损失大等缺点。微波消解法具有溶样快速、基本不存在待测元素的挥发损失及试剂消耗量少等优点，但检测结果的重复性和准确性易受取样量少的影响。有机溶剂直接稀释进样 – 电感耦合等离子体原子发射光谱法、原子吸收光谱法虽然检测速度快，但不适于分析含有直径大于 10μm 颗粒的样品。

GB 17411—2015《船用燃料油》规定采用 IP 501《残渣燃料油中铝、硅、钒、镍、铁、钠、钙、锌和磷的测定 灰化、熔解和电感耦合等离子发射光谱法》检测铝、硅、钒、镍、铁、钠、钙、锌和磷的含量；钒含量的测定也可采用 GB/T 12575《液体燃料油钒含量测定法（无火焰原子吸收光谱法）》、SH/T 0715《原油和残渣燃料油中镍、钒、铁含量测定法（电感耦合等离子体发射光谱法）》或 ISO 14597《石油产品中钒和镍含量的测定（波长散射 X– 射线荧光光谱法）》，结果有争议时，以 IP 501 为仲裁方法；

271

铝硅含量的测定也可采用 SH/T 0706《燃料油中铝和硅含量测定法（电感耦合等离子体发射光谱及原子吸收光谱法）》，结果有争议时，以 IP 501 为仲裁方法。

IP 501 是将试样加热、点燃及燃烧后得到的碳质残余物经高温灼烧后得到灰分，再用四硼酸二锂－氟化锂助熔剂熔融，熔融混合物再用酒石酸－盐酸混合物溶解并稀释至一定体积，将得到的水溶液用电感耦合等离子体发射光谱仪进行测定。通过比较试样测试液与标准溶液的待测元素共振线的发射强度，得到待测元素的浓度，进而通过公式计算得到试样中各种元素的含量。铝、硅、钒、镍、铁、钠、钙、锌和磷的检测范围分别为 5~150mg/kg、10~250mg/kg、1~100mg/kg、1~400mg/kg、1~100mg/kg、2~60mg/kg、3~100mg/kg、1~70mg/kg 和 1~60mg/kg。

GB/T 12575 描述了用无火焰原子吸收光谱仪测定液体燃料油中钒含量的方法，适用于测定钒含量为 0.4~4.0mg/kg 的船用燃料油和重质燃料油。该方法是将试样在坩埚中燃烧后置于 600℃的高温炉中进行灰化，再用盐酸溶解灰渣，配制成试样溶液，然后用无火焰原子吸收光谱仪测定吸光度，最后根据公式计算钒含量。

SH/T 0715 描述了用电感耦合等离子体发射光谱仪（ICP-AES）测定原油和残渣燃料油中镍、钒、铁含量的方法。该标准的测试含量范围取决于仪器灵敏度、分析样品的取量和稀释体积。铁含量在 1~10mg/kg、镍含量在 10~100mg/kg、钒含量在 50~500mg/kg 具有精密度要求。该标准分为方法 A 和方法 B。方法 A 适用于油溶性金属颗粒的检测和定量分析，并不适用于非油溶性颗粒。该方法是用有机溶剂溶解试样，试样经雾化进入等离子炬，以顺序或同步方法测量分析物在特定波长处的发射强度，并通过校准曲线求得相关浓度。方法 B 用于分析可酸解的样品，增加了硫酸消解步骤，其他检测步骤与方法 A 一致。

ISO 14597 描述了液体石油产品中钒和镍的测定方法，也可用于经适度加热液化或完全溶解于特定有机溶剂混合物中的半固态和固态石油产品。本方法适用于含钒量在 5~11000mg/kg，含镍量在 5~100mg/kg 的产品，较高的含量可通过适当的稀释来测定，但精密度数据仅根据含钒量为 100mg/kg、含镍量为 60mg/kg 获得。浓度在 300mg/kg 以上的钡会干扰钒的测定，浓度在 500mg/kg 以上的铁会干扰镍的测定。其他元素在浓度超过 500mg/kg 时，由于光谱线重叠或吸收，可能会影响测量精度和准确性。该标准主要将试样和作为内标的锰溶液以一定的质量比混合，置于样品池中并暴露于X射线管的初次辐射中，采用波长色散X射线荧光光谱仪测定受激金属和标准物质的计数率。样品中钒和镍的含量根据构建的校准曲线获得。

SH/T 0706描述了用电感耦合等离子体发射光谱法和原子吸收光谱法测定燃料油中铝含量为5~150mg/kg和硅含量为10~250mg/kg的方法。该方法主要是将试样先灰化，用四硼酸二锂、氟化锂熔融，再用酒石酸－盐酸消解，最后用水稀释到一定体积，置于电感耦合等离子体发射光谱火炬中，测定铝/硅共振线的发射光，并与标准溶液发射光相比较；或者将被测溶液导入原子吸收光谱仪的火焰中，测定铝/硅共振线的吸收，并与标准溶液共振线的吸收相比较而得到铝含量和硅含量。

国内于2017年制定了GB/T 34099《残渣燃料油中铝、硅、钒、镍、铁、钠、钙、锌及磷含量的测定 电感耦合等离子体发射光谱法》，试验过程与IP 501相一致。

采用电感耦合等离子体发射光谱法和原子吸收光谱法测定燃料油中铝和硅的含量需要进行前处理。在灰化过程中，由于燃烧不完全等原因会造成分析元素的损失，而且灰化消解的操作步骤较多，同时烦琐的前处理也会引起误差，造成分析时间长，准确度低。

魏宇锋等[20]探讨了固体进样石墨炉技术测定船用燃料油中微量硅、铝元素含量。固体进样石墨炉技术是一种将固体或黏稠液体直接放在石墨舟上，然后采用石墨炉原子吸收法进行测定的技术。通过选择谱线和背景校正模式，优化石墨炉条件和程序升温条件，建立了固体进样石墨炉技术测定船用燃料油中微量硅、铝元素含量的检测方法，具有分析过程简单、分析时间短、取样量少及检测结果准确等优点，所测结果与IP 501方法测定结果基本一致。

刘慧琴等[21]探讨了采用微波消解－电感耦合等离子－质谱法测定船用燃料油中钒、铝、钙、锌、镍、钠、铁和硅的含量。采用硝酸及双氧水作为消解溶剂，在优化的微波条件下进行消解处理，后经ICP-MS测定，检测结果与ICP-AES检测结果的准确度相近。微波消解法结合电感耦合等离子－质谱法具有二次污染少、试剂消耗量少、分析速度快及检出限低等优点。

陈晓燕等[22]采用直接注入高效雾化器－电感耦合等离子体原子发射光谱法测定船用燃料油中金属元素。直接注入高效雾化器可将接近100%

的试样喷入等离子体，降低了试样消耗量，具有良好的稳定性。

通常碱熔的助熔剂由四硼酸二锂与氟化锂混合组成，因四硼酸二锂熔点为 930℃，在碱熔过程中，马弗炉的温度高达 1000℃。陈千钧[23]针对助熔剂探讨了采用无水偏硼酸锂作为助熔剂，其熔点为 845℃，可降低工作中的高温风险。样品处理中加入了无水偏硼酸锂后，锂和硼元素的存在会对硅、铝、钒、钠、钙、锌、磷元素的测定产生一定的干扰，使待测元素的谱线强度有所减弱。采用基体匹配法可消除对基体元素的干扰，即在标准溶液、空白溶液和样品溶液中加入等量的基体以消除干扰影响。测得各元素含量的相对标准偏差均小于 4%。但无水偏硼酸锂的广泛适用性还有待进一步考察。

⊃ 8.2.3　酸性化合物的检测方法

GB 17411—2015《船用燃料油》规定采用 GB/T 7304《石油产品酸值的测定 电位滴定法》测定船用馏分燃料油和船用残渣燃料油的酸值。酸值是指在指定溶剂中将试样滴定到指定终点时所使用的碱的量，以 KOH 计，单位为 mg/g。GB/T 7304 描述了采用电位滴定法测定石油产品、润滑剂、生物柴油以及生物柴油调合燃料酸值的两种测定方法。该方法主要将试样溶解在滴定溶剂中，以氢氧化钾异丙醇溶液为滴定剂进行电位滴定，所用的电极对为玻璃指示电极与参比电极或者复合电极，仪器自动绘制 mV 值对应滴定体积的电位滴定曲线并将明显的突跃点作为终点。如果没有明显突跃点，则以相应的新配水溶性酸或碱缓冲溶液的电位值作为滴定终点。在测定船用燃料油等组分较重且复杂的油品时，应清洗干净玻璃电极，并按照标准规定的试样量取样。若推荐的试样量可能会污染电极或者影响电极灵敏度时，可采用相对较小的取样量。

随着对油品中酚类化合物组成结构鉴定的不断深入研究，传统分析方法已经难以满足要求，需要更多地借助光谱法、色谱法及核磁共振法等分析技术。红外与紫外吸收光谱法在组分复杂的酚类混合物分析中存在一定困难。液相色谱法更适用于分析相对分子质量大、沸点高的混合酚，与 MS 或 FTIR 联用在酚类化合物的鉴定中可以发挥更大作用。核磁共振法具有制样简单、分析迅速的特点，随着在衍生化、谱图分析、数据处理等方面的不断发展，有助于解决酚类化合物分析的难题。GC-MS 法具有检出限低、信噪比高的优势，是目前能够定性分析出单体酚数量最多的方法，且在色谱柱类型、性能方面仍有改善空间。

ASTM D7845《多维气相色谱/质谱法测定船用燃料油中的化学物质》采用气质联用仪测定船用燃料油中的化学物质,该方法可检测的化学物质见表8.3。由表8.3可知,该方法可以检测苯酚、2-乙基苯酚及4-乙基苯酚等酚类物质。

表8.3 可检测物质

化合物名称	定量限 /(mg/kg)
正丁醇	10
环己醇	10
正丁基醚	10
苯乙烯	10
丙烯酸正丁酯	10
α-蒎烯	10
苯酚	20
α-甲基苯乙烯	10
β-蒎烯	10
4-甲基苯乙烯	10
反式 -β- 甲基苯乙烯	10
3-甲基苯乙烯	10
2-甲基苯乙烯	10
二环戊二烯	10
柠檬烯	10
茚	20
1-苯乙醇	20
对二甲基苯乙烯	20
2,5-二甲基苯乙烯	20
2,4-二甲基苯乙烯	20
2-苯乙醇	20
2-乙基苯酚	50
2,4-二甲基苯酚	20
4-乙基苯酚	20

低硫船用燃料油生产技术

化合物名称	定量限 /（mg/kg）
2-苯氧基-1-丙醇	50
2-苯氧乙醇	50
4-异丙基苯酚	50
1-苯氧基-2-丙醇	20
苯乙二醇	50

大连石油化工研究院用碱抽提法提取船用燃料油中的酚油，对碱液浓度、碱洗温度、碱洗方式进行考察，获得碱处理优化条件；采用 GC-MS对提取出的酚油进行组成分析，建立了气质联用法测定船用燃料油中酚类化合物的方法。该方法可鉴定低级酚单体和高级酚单体。低级酚单体主要有苯酚、甲基苯酚、二甲基苯酚及乙基苯酚。高级酚单体主要有三甲基苯酚、甲基乙基苯酚、丙基苯酚、甲基异丙基苯酚、二乙基苯酚、四甲基苯酚及甲基丙烯基苯酚，还有萘酚、茚醇、菲类、芴类及联苯等。该方法的建立为鉴别船用燃料油中酚类物质的种类及含量提供了有效手段。

图 8.1 是某船用残渣燃料油酸性组分中酚类化合物分析结果。从中可以看出，低级酚在该组分中的含量比较大，达 48.90%。其中含有 3.06% 的苯酚，16.08% 的甲基苯酚，20.60% 的二甲基苯酚和 9.16% 的乙基苯酚；$C_3 \sim C_4$ 烷基苯酚在组分中可达 28.73%，其中含有 7.15% 的三甲基苯酚和 9.26% 的甲基乙基苯酚；萘类物质共有 7.06%，其中含有 3.07% 的萘酚和 3.17% 的甲基萘酚；茚类物质主要有 3.25% 的茚醇和 3.44% 的甲基茚醇。酮类、醚类、烷烃类物质及其他未知物的质量分数之和为 6.85%。

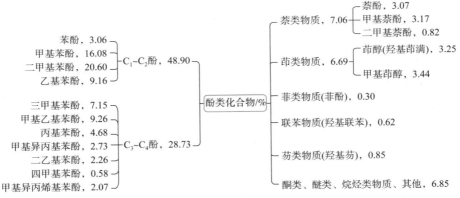

图 8.1 某船用残渣燃料油酸性组分中酚类化合物分析结果

⊃ 8.2.4 脂肪酸甲酯的检测方法

脂肪酸甲酯的检测方法有气相色谱法、质谱法等。但目前应用最普遍的是红外光谱法。红外光谱法具有特征性强、测定快速、不破坏试样、试样用量少、操作简便等优点。脂肪酸甲酯中酯基碳氧双键在红外光谱 $1745cm^{-1}$ 附近具有很强的吸收，而传统的烃类石油产品在该波数范围几乎无吸收，因此红外光谱法是测定脂肪酸甲酯含量的理想方法。目前采用红外光谱法测定脂肪酸甲酯含量的试验方法有 BS EN 14078《液体石油产品 中间馏分油中脂肪酸甲酯（FAME）含量的测定 红外光谱法》、ASTM D7371《中红外光谱法（FTIR-ATR-PLS）测定柴油中生物柴油（脂肪酸甲酯）含量》、ASTM D7963《傅里叶变换红外光谱流动分析法测定中间馏分油和残渣燃料油中脂肪酸甲酯含量》及 GB/T 23801《中间馏分油中脂肪酸甲酯含量的测定 红外光谱法》，采用气相色谱法测定脂肪酸甲酯含量的试验方法有 BS EN 14103《脂肪和油的衍生物 植物油甲酯 酯含量的测定》。

BS EN 14078 描述了采用红外光谱法测定柴油中 FAME 含量的试验方法，适用于测定 FAME 体积分数为 0.05%~50% 的试样。当试样中 FAME 体积分数超过 50% 时可稀释后再测定，但未考察精密度。

ASTM D7371 适用于测定柴油中浓度范围为 1.00%~20%（体积分数）的 FAME 含量。将柴油、生物柴油或生物柴油混合物的样品置于衰减全反射（ATR）样品池中，红外光被样品吸收后，发生强度衰减，通过测量光强度变化，可以得到样品的红外光谱信息。采用偏最小二乘法（PLS），将柴油中 FAME 含量相关性好的红外特征吸收峰强度信息与 FAME 含量建立关联模型，即可获得柴油中 FAME 含量。该方法对于含 FAME 的柴油和生物柴油的生产、运输以及储存过程中的质量监测具有重要意义。

ASTM D7963 适用于测定中间馏分油和残渣燃料油中浓度范围为 0.002%~0.1% 的 FAME 含量，试样在有效光程为 2mm 的流动样品池中连续流动，通过傅里叶变换红外光谱仪完成自动分析测试。试样流经装有吸附剂的吸附池后，样品中 FAME 被完全吸收。采用傅里叶变换红外光谱仪分别测试是否经过 FAME 吸附池的样品，将两次测定红外光谱吸收峰的差异结合 PLS，利用 $1749cm^{-1}$ 特征峰建立 FAME 含量测定模型。

GB/T 23801 描述了采用红外光谱法测定中间馏分油中 FAME 含量的方

法，适用于测定 FAME 体积分数为 0.05%~50% 的中间馏分油样品和符合 GB 25199 附录 C 要求的 FAME 样品。当试样中 FAME 体积分数超过 50% 时可稀释后再测定，但未考察精密度。如果含有酯类和含羰基化合物等干扰组分，测定结果可能偏高。测量试样的红外光谱，必要时将试样用不含 FAME 的溶剂稀释到合适的浓度，读取 1745cm^{-1} ± 5cm^{-1} 范围内酯基谱带的最大吸光度值，根据建立的校准曲线计算试样中 FAME 含量。不同试样 FAME 的浓度范围宜选择不同的测量范围及对应的稀释倍数，尽量选择不需稀释直接进样的测量方式。

BS EN 14103 描述了采用气相色谱法测定 FAME 中酯含量和亚麻酸甲酯含量的试验方法，其中 FAME 的测定范围大于 90%，亚麻酸甲酯含量的测定范围为 1%~15%。精密度是根据酯含量在 95%~100% 之间建立的，低于 95% 的脂肪酸甲酯也可以测定，但未给出精密度。

⊃ 8.2.5　水分的检测方法

GB 17411—2015《船用燃料油》中规定采用 GB/T 260《石油产品水含量的测定 蒸馏法》检测船用燃料油中的水分。该方法描述了采用蒸馏法测定石油产品中水含量，将称量好的被测试样和与水不相溶的溶剂共同加热回流，溶剂会将试样中的水携带出来，水沉积在带有刻度的接收器中计量，适用于测定水含量不大于 25%（体积分数）的石油产品、焦油及其衍生产品，也可测定水含量超过 25%（体积分数）的试样，但其精密度未被考察。如果试样中存在挥发性水溶性的物质，也将被作为水测出。

试验中溶剂必须无水，在使用前要脱水和过滤。试样和溶剂要混合均匀，确保形成稳定的混合物，迅速分离水分。溶剂的选择对样品中水分的抽提至关重要：其一，能够降低试样的黏度，以避免含水试样沸腾时发生冲击和起泡现象，便于水分蒸出；其二，蒸出的溶剂不断冷凝回流至烧瓶内，便于将水全部携带出来，同时也可以防止过热现象；其三，测定润滑脂时，溶剂能够起到溶解润滑脂的作用。被测试样的种类不同，使用的抽提溶剂也不同。焦油、焦油制品应使用芳烃溶剂作为抽提溶剂；燃料油、润滑油、石油磺酸盐、乳化油品应使用石油馏分溶剂作为抽提溶剂；润滑脂应使用石蜡基烃作为抽提溶剂。

此外，在船用燃料油的使用中，还需要注意是否存在其他一些原本不应该出现的物质，这些物质达到一定浓度后容易引起船舶机器故障，如有机氯化物、苯乙烯等化合物会影响船用燃料的使用，产生不良后果。借助 GC-MS 和 FTIR 等技术，可以检测出船用燃料油中可能存在的潜在有害有机物。ASTM D7845 提供了一种采用 GC-MS 技术测定船用燃料油中化合物的方法，给出了 29 种化合物的定量限，该方法扩展后还可用于检测脂肪酸甲酯、4- 枯基苯酚、有机氯化物等。顶空－气相色谱质谱联用技术（HS-GCMS）可用于检测燃料油中挥发性有机物，如有机氯化物、茚、苯乙烯、双环戊二烯等；结合固相微萃取技术，GC-MS 和 FTIR 可用于检测脂肪酸、甘油单酯、双酚 A、烷基间二苯酚等极性和高沸点化合物。

Maritec 一直借助 GC-MS 等技术对船用燃料油进行预防性测试或调查性测试工作。在测试的燃料油样品中，曾检测出存在爱沙尼亚页岩油、松树油、腰果壳油等生物、化工和石化行业的副产品，以及可能在生产、储存、运输过程中被无意混入燃料油中的非烃类化学物质。2022 年，Maritec 在船用燃料油中检测出有机氯化物（包括 1，2- 二氯乙烷和四氯乙烯等），含量高达到 7000mg/kg，80 多艘船舶受到涉事燃料油的影响而出现不同的燃料泵和发动机问题。国际内燃机协会（CIMAC）为此建议船用燃料油中有机氯化物含量限值为 50mg/kg，ISO 8217：2024 中也明确要求船用燃料油不应含有无机酸和有机氯化物，有机氯化物含量不应超过 50mg/kg。同样在 2022 年，Maritec 在来自 ARA 地区的燃料油中检测出 2- 羟基 -6- 烷基苯甲酸、腰果酚和强心酸以及脂肪酸、单甘酯、FAME、酚类、4- 枯基苯酚和高含量的钾。其中，2- 羟基 -6- 烷基苯甲酸含量达到 3500mg/kg，腰果酚和强心酸的含量都达到了 17000mg/kg，酚类含量达到 400mg/kg，这些物质均来自腰果加工过程的副产品腰果壳油，使用含有腰果壳油的燃料油的船舶发生喷油泵损坏，喷油器严重堵塞问题。Intertek Lintec 曾在一些船用燃料油中检测出被认为来自乙烯焦油的物质，含有 10000~30000mg/kg 的苯乙烯和双环戊二烯，船舶使用中出现过滤器堵塞等问题。Viswa Lab 曾在 6 批次的船用燃料油中检测出苯乙烯、茚、双环戊二烯、酚类和 4- 枯基苯酚等有害物质，其中苯乙烯最高含量达 4900mg/kg、茚达 7000mg/kg、双环戊二烯达 28500mg/kg、酚类达 6000mg/kg、4- 枯基苯酚达 2800mg/kg，这些高含量有害物质极易引发船舶过滤器堵塞、燃油泵堵塞等问题。

综上所述，加燃料油前了解供应商所提供的船用燃料油的质量情况，特别是关注燃料油中不能含有非正常成分至关重要。

参 考 文 献

［1］赵硕，郑婷.长城船用气缸油 5040 与船用低硫燃料油适配性研究
　　［J］.石油商技，2023，41（2）：48–52.

［2］郑丹.低硫令下的新航向［J］.中国石油石化，2018（24）：50–53.

［3］薛倩，王晓霖，李遵照，等.低硫船用燃料油脱硫技术展望［J］.炼
　　油技术与工程，2018，48（10）：1–4.

［4］Srivastava V C. An evaluation of desulfurization technologies for sulfur
　　removalfrom liquid fuels［J］. RSC Advances，2012，2（3）：759–783.

［5］Yasin G，Bhanger M I，Ansari T M，et al. Quality and chemistry of crude
　　oils［J］. Journal of Petroleum Technology and Alternative Fuels，2013，4
　　（3）：53–63.

［6］Jin W，Tian Y，Wang G，et al. Ultra–deep oxidative desulfurization of fuel
　　with H_2O_2 catalyzed by molybdenum oxide supported on alumina modified by
　　Ca^{2+}［J］. RSCAdvances，2017，7（76）：48208–48213.

［7］Tian Y，Wang G，Long J，et al. Ultra–deep oxidative desulfurization of
　　fuel with H_2O_2 catalyzed by phosphomolybdic acid supported on silica［J］.
　　Chinese Journalof Catalysis，2016，37（12）：2098–2105.

［8］Alper E. Petroleum refining：technology and economics［M］. New York：
　　ChemicalEngineering Science，1994：2714.

［9］张锁华.浅谈船用重质燃料油质量指标及其影响［J］.江苏船舶，
　　2010，27（3）：42–44.

［10］刘章勇，张玉贞.原油中钙的存在形态及脱除技术研究［J］.化学世
　　界，2009，50（8）：503–506.

［11］杨玉祥.DCC 油浆调合低硫船用燃料油的试验研究［J］.炼油技术与
　　工程，2021，51（11）：11–14.

［12］郑庆国.船舶使用低硫油产生的问题及应对［J］.航海技术，2020
　　（4）：68–70.

［13］朱晓亮，陈伟翔.劣质 VLSFO 引发设备故障风险与防范探讨［J］.
　　航海，2020（3）：38–43.

［14］邬蓓蕾，叶佳楣，王栋，等.ICP–AES 有机进样法测定燃料油中铝、硅、钙、钒、铁、镍含量［J］.化学试剂，2012，34（4）：342–345.

［15］柏金生.船用燃料油热值分析［J］.中国远洋航务，2015（12）：58–60.

［16］张继东，赵波，陈庆东，等.液相萃取 – 电化学传感器法快速测定原油和燃料油中硫化氢［J］.理化检验（化学分册），2020，56（7）：760–764.

［17］高孙慧，孙儒瑞，李正章，等.能量色散 X 射线荧光快速测定燃料油中铝、锌、钙、钒、铁和镍含量［J］.辽宁化工，2020，49（9）：1185–1187.

［18］马树侠，高明飞.微波消解 / 湿法灰化 – 电感耦合等离子体原子发射光谱法测定原油重油中 6 种金属元素的含量［J］.理化检验 – 化学分册，2022，58（4）：481–484.

［19］邬蓓蕾，王松青，王谦，等.X 射线荧光光谱法直接测定燃料油中铝、硅、硫、钒［J］.理化检验（化学分册），2008（10）：913–916.

［20］魏宇锋，费旭东，张继东.固体进样石墨炉原子吸收光谱法测定船用燃料油中硅、铝含量［J］.化学分析计量，2015，24（3）：17–21.

［21］刘慧琴，张文媚，钟少芳，等.微波消解 – 电感耦合等离子 – 质谱法测定船用燃料油中钒、铝、钙、锌、镍、钠、铁和硅［J］.光谱实验室，2010，27（5）：2056–2059.

［22］陈晓燕，赵彦，张世元，等.直接注入高效雾化器 – 电感耦合等离子体原子发射光谱法测定船用燃料油中 26 种元素［J］.理化检验（化学分册），2017，53（12）：1392–1397.

［23］陈千钧.偏硼酸锂熔融 –ICP 法测定船用燃料油中的金属元素含量［J］.安徽化工，2021，47（2）：116–119.

第9章

▼

船用替代燃料展望

2018 年 4 月，国际海事组织关于减少航运温室气体排放设定了关键的目标，即以 2008 年碳排放为基准，到 2030 年航运业碳排放强度降低 40%，2050 年航运业碳排放强度降低 70%（碳排放总量至少降低 50%），并努力在 21 世纪尽快实现航运的脱碳。近年来，随着国际组织及各国政府不断对航运业的低碳环保标准提出更高要求，船舶燃料动力已经逐渐向清洁化、低碳化、零碳化、多元化的趋势发展。甲醇、LNG、氨、氢等新型船用燃料的研究与应用越来越引起业界重视。

9.1 绿色甲醇船用燃料技术

⊃ 9.1.1 甲醇的燃料特性

甲醇是一种新型清洁能源，根据生产工艺的不同，分为黑色、灰色、蓝色和绿色甲醇四大类。黑色甲醇是以煤炭作为原料进行生产加工获得的；灰色甲醇的原料是天然气，通过转化、蒸馏合成等工艺进行生产；蓝色甲醇是从废水、工业副产品中提取生产的，是一种可再生甲醇；绿色甲醇则可通过多种方式生产，例如二氧化碳、可再生能源等，是一种实现减碳目标的理想燃料。甲醇的化学分子式为 CH_3OH，是一种无色、透明、易挥发的易燃液体。其理化性质与汽油类似，闪点为 12℃，是一种低闪点燃料，密度比重燃料油小，热值比重燃料油低，所以同等续航力下所需甲醇的储存舱容比重燃料油多。因为甲醇不含硫，甲醇燃油双燃料发动机在甲醇燃料模式下的硫氧化物（SO_x）排放量相比柴油发动机可降低 99%，其所含硫氧化物主要来自引燃油，由此可见，甲醇燃油双燃料发动机对 SO_x 排放量的要求低于国际海事组织的要求，同时与重油排放相比，绿色甲醇在全周期内可以达到零碳排放。

⊃ 9.1.2 船舶应用形式

现阶段，绿色甲醇在船舶上的应用形式主要是作为船舶发动机的燃料，少数作为燃料电池动力船舶的燃料或重整制氢的原料。面向船舶清洁能源的应用需求，综合考虑功率等级、转化效率、技术成熟度等因素，甲醇发动机和燃料电池都具备各自相应的优势。

（1）甲醇发动机

船舶发动机在输出功率范围广和能量转换效率高等方面具备综合优势，未来在船舶燃料低碳改造方面也将起到关键作用，甲醇低速二冲程发动机现已在甲醇运输船上投入商业使用。2013 年 MAN 公司初步完成了船用甲醇低速机的研发，标志着甲醇燃料开始真正进入船用领域。2015 年 MAN 公司完成了甲醇双燃料发动机的台架测试，2016 年在某项目试航时成功完成主机负荷试验。甲醇双燃料发动机与传统燃油发动机的主要区别是燃料喷射系统，除了保留原燃油喷射系统外，额外增加了一套甲醇喷射系统，主要包括甲醇喷嘴、液压油与密封油模块等。船上需要配置甲醇燃料储存、注入和输送、供给等相关的配套系统，还需考虑规范规则要求的应急切断和安保系统等。

（2）甲醇燃料电池

甲醇燃料电池（DMFC）属于一种以甲醇溶液作为燃料的低温燃料电池，采用了质子交换膜做固体电解质。DMFC 的基本工作原理为由阳极进入的甲醇溶液燃料在催化剂的作用下迅速分解为质子，并同时释放出电子，质子经由中间的质子交换层传送至阴极，然后再和阴极的氢气进行化学反应得到水。在此过程中所形成的电子通过外电路回到阴极，形成了传输电流并可以带动负载。与普通的化学电池不同，燃料电池不是能量存储装置，而是能量转换装置，只要不断地向其中输入甲醇燃料，就可以向外电路负载（如船舶用电系统）持续输出电能。

重组式甲醇燃料电池（RMFC）是以甲醇为燃料的一种高温质子交换膜燃料电池。甲醇在被投入燃料电池前，首先需要经过重整器进行甲醇的重组反应，产生的氢气经提纯过滤后提供给氢燃料电池堆。RMFC 的基本工作原理为甲醇和水按一定的比例混合后，经过汽化加热器形成混合蒸气，而后重整装置将蒸气中的甲醇转化为 H_2、CO_2 和少量的 CO，该反应在 250~300℃ 的温度下进行。反应后生成的混合气体在经过氢气提纯过滤器后，干净的氢气进入燃料电池堆，和空气中的氧气发生化学反应产生电能，可以供给船舶用电系统。

重组式甲醇燃料电池系统相比直接甲醇燃料电池系统更加有优势，其具有模组小、高效率、甲醇纯度要求较低及不需要水管理系统等特点。据国际船舶网消息，由德国 Freudenberg 公司开发的甲醇动力燃料电池系统已获得意大利船级社颁发的型式认可，这是全球首款获得船级社认证的甲醇动力燃料电池系统。该系统将高效燃料重整技术与模块化、可扩展系统单元的长寿命 PEM 燃料电池相结合，通过蒸汽重整产生氢气，然后与燃料电池中空气中的氧气反应，产生推进和船舶电气系统所需的电能[1-3]。

9.1.3 船用甲醇存在的问题

甲醇作为一种创新型低碳船用燃料，与其他液体燃料相比，碳氢比最低，因不含硫且不含碳碳键（产生颗粒物），燃烧后可以减少 90%~97% 的硫氧化物和 90% 颗粒物及 15% 二氧化碳的排放。与当下最热门的船用 LNG 燃料相比，其最大的优势在于不需要低温储存和绝热，所以燃料舱的设计和建造非常简单，船自身的改造成本非常低，具有良好的经济性。主要缺点是由于甲醇的热值较低，燃料消耗量大，因此需要设计更大的储存空间储存甲醇燃料。此外，甲醇燃料的毒性、对部分金属的腐蚀性等，都是甲醇燃料发动机研发设计中要重点考虑的因素。

国际海事组织制订了关于使用甲醇等燃料的安全使用等规范要求，以打破在甲醇运输与船舶利用等各过程中的障碍。为满足我国舰船上使用甲醇燃料需求，中国船级社编制了《船舶应用甲醇 / 乙醇燃料指南》，已于 2022 年 7 月生效。该指南结合国内外甲醇 / 乙醇燃料动力船舶的实际需求和最新国际规则研究成果，在对相关风险进行评估的基础上，针对甲醇储存、加注、供应及燃料发动机等方面制定了技术要求，为甲醇在船上的使用提供技术标准。

2022 年 6 月，我国自主研发的首艘 4.99 万 t 甲醇双燃料化学品 / 成品油船交付离厂，同年 9 月，中国石化燃料油公司为该船首航加注 90t 甲醇燃料，成为国内第一个开展甲醇燃料加注作业的船用燃料油供应企业。我国甲醇船舶燃料虽处于起步阶段，但在技术应用方面的障碍已不存在。不过，甲醇燃料能否实现大规模商业化推广，仅仅取决于技术是否成熟是不够的，还需要综合考虑甲醇燃料的经济性、燃料来源是否充足等因素。

9.2 LNG 船用燃料技术

9.2.1 LNG 的燃料特性

液化天然气（LNG）的主要成分是甲烷还有少量的乙烷和丙烷，被公认是地球上最干净的化石能源。LNG 无色、无味、无毒且无腐蚀性，其体积约为同量气态天然气体积的 1/625，LNG 的质量仅为同体积水的 45% 左右。

采用 LNG 作为船舶动力燃料，与传统船用燃料油相比，能够减少99% 硫氧化物排放量、约 90% 氮氧化物排放量、25% 二氧化碳排放量和99% 的颗粒物。所以，LNG 作为降低航运业污染物排放的燃料之一，有着非常显著的经济替代性。

● 9.2.2　LNG 船舶应用形式

目前，LNG 在客船、油轮、LNG 运输船、邮轮及集装箱船等船型上被广泛使用，被广泛认为首选的大规模清洁替代燃料。根据中国船舶集团数据，2022 年全球大型 LNG 运输船新造船市场呈现前所未有的"井喷"态势，2022 年全球范围内总共有 170 艘 LNG 运输船订单，相比2021 年总数增长 95%，创历史新高。我国 2022 年全年累计签约 49 艘大型 LNG 运输船，订单总量全球市场占有率从 2021 年的不足 7% 升至近 30%。

与燃油船舶不同，LNG 动力船舶的发动机类型多样，市面上有纯 LNG 气体发动机、LNG/ 柴油双燃料发动机和 LNG/ 电力发动机（通过 LNG 发电，由电力驱动船舶航行）。目前国际上的主流发动机为 LNG/ 柴油双燃料发动机，即通过 1% 的柴油引燃，带动天然气燃烧制动，最终实现 LNG 替代 99% 的柴油燃料。国内发动机技术相对落后，普遍采用 LNG/ 柴油双燃料混合燃烧动力，发动机稳定运行时，LNG 与柴油的混合比例（质量比）为 7：3，即仅能替代 70% 的柴油燃料，船舶减排效果受到一定影响[4, 5]。

● 9.2.3　LNG 动力燃料面临的难题

LNG 燃料在使用过程中存在以下问题。

（1）改造成本过高

LNG 燃料技术用于船体，相应的存储系统比较复杂，在布局上存在很大困难，安装 LNG 存储罐也会减少部分货物的运输及存储空间。燃油船舶想要改造成 LNG 船舶，就要对燃料舱进行改动，LNG 压力罐自身所需空间是柴油舱所需空间的 4 倍左右。这样一来，船体的改造成本要增加 8%~20%，相应的维护及保养成本也要增加。如果降低 LNG 船体的改造成本，就会导致整个船体的续航能力严重下降，无法满足长途航行的要求。

（2）配套设施不完善

从全世界范围来看，燃油船舶的供应系统及相应设施较为完善和普及，但全球的 LNG 接收站却只有 300 个左右，没有建立起相对完善的 LNG 供应网，在很多地区都没有对应加气的供给站。在船只长期的运行过程中可能会导致动力不足不能在指定的日期到达指定的地点等问题，并且 LNG 配套的基础设施需要较大投入，这是一个不得不考虑的问题。

（3）LNG 船体加气有难度

船舶在行驶过程中，每隔一段时间就需要加注 LNG，燃料加注过程中的操作十分危险并且复杂性很高，需要很高的技术水平。LNG 船体的加气问题，不仅是中国需要面对的，也是世界范围内的一个技术难题。

目前没有一个相对健全的管理体制和加气技术。我国关于 LNG 燃料在船舶中的使用还没有成体系的管理标准，在燃气的液化保存和装船中的相关规范及行业标准还在摸索阶段，在船用 LNG 燃料使用上存在很多的储存和管理等方面的困难。

我国政府部门严格禁止在内河及相应堤坝建造 LNG 储气站，这样就无法实现气体存储及配送的一体化流程建设。此外，我国内陆水域中的水位随着季节的变化会产生很大的落差，而 LNG 要使用低温管道进行具体运输，这种管道伸缩性和延展性都不是很强，所以在岸上设立加气站存在相应的管道连接问题[6]。

⊃ 9.2.4　LNG 动力燃料未来发展的建议

第一，发展相应的配套设备。船用 LNG 燃料的相关配套设备，主要包括燃料的存储、动力设备及安保设备等，这些设备都是 LNG 船舶内部的核心设备。国内要想大力发展 LNG 技术在船体上的运用，就要做好这些相关配套设施的建设，给 LNG 的使用提供便利条件。

第二，严格规范船体改造技术。燃油船舶在改造成 LNG 船舶的过程中，目前出现了多种改造技术，这就导致进气方式和具体进气压力有很大区别。我国要想让 LNG 燃料安全有序地发展下去，就要严格规范改造技术，避免出现安全隐患。

9.3 液氨船用燃料技术

⊃ 9.3.1 氨的燃料特性及来源

氨的分子式为 NH_3，沸点为 $-33.5℃$，热值为 18.6kJ/kg，在常压和 $-33.5℃$ 温度条件或 $8.6×10^5Pa$ 压强和 20℃ 温度条件下就能液化成液氨。氨仅由氮原子和氢原子组成，燃烧不可能产生 CO_2 和 SO_x，是理想的船用"零碳"燃料之一。

由于氢气是氨的主要生产原料，因此根据制氢过程中碳排放量的不同，氨可分为棕氨、蓝氨和绿氨。

棕氨是指由甲烷重整制氢（SMR）、重质燃料油制氢、煤制氢等工艺获得原料氢气及空气分离的氮气再通过传统哈伯法（Haber-Bosch）进行合成的氨产品。Haber-Bosch 是工业合成氨的主要方法，该 Haber-Bosch 工艺每年约消耗全球 1%~2% 的能源，以及 5% 的天然气，导致每年约 2.35 亿 t CO_2 排放，占据了全球 1.6% 的二氧化碳排放量，其中 80% 的二氧化碳排放量源自氢气的生产。该工艺已经沿用上百年，对环境造成了较大的影响。

蓝氨工艺与棕氨基本相同，但会对工艺流程中释放的二氧化碳进行捕集与封存（CCS）。

绿氨是通过太阳能、风能等可再生能源发电所产生的绿电电解水产生氢气，再与氮气在催化剂作用下合成的，即通过绿氢制备绿氨。绿氨的制备过程中只需空气、水和可再生能源，能在氨的全生命周期内实现真正的"零碳"排放[7]。

⊃ 9.3.2 氨的储运与供应

氨的工业生产早在 20 世纪初便已出现，并广泛应用于化工领域中，用以制造氨水、尿素和铵盐等。氨具有毒性，爆炸极限为 16%~25%，其储存对密封性的要求较高，具有刺激性气味，需在远未达到对人体有害的范围时进行预警。

然而，在将氨作为燃料使用过程中，其刺激性气味可通过特殊的方式弱化甚至消除，这就要求在储运液氨时，需对其闪蒸气进行逸散控制，如设置气体监测装置等。在船用氨燃料供气过程中，也可采用双壁管，以此保证氨在船上储运和供应过程中的安全性。

不仅如此，氨还具有腐蚀性等危险性质，会对碳锰钢和镍钢产生应力腐蚀，从而降低其强度。因此，在储运和供应氨气过程中应避免接触这些材料。

此外，由于液氨在体积能量密度方面相比低碳燃料并不占优势，因此在暂无有效途径可提高其能量密度之时，可采取船用液氨燃料加注作为缓解此劣势的一项重要措施，尤其是船对船加注方式，可在氨动力船舶航行过程中实现对燃料的便捷加注，从而减弱氨燃料自身缺点带来的不利影响，同时现有的液化石油气加气站只需稍微改动一些基础设施就可用作氨气加气站，这也为氨的发展提供了有利条件。

⊃ 9.3.3 氨的应用形式

船用氨燃料的一种应用方式是氨燃料发动机，早在 20 世纪中叶就有学者提出将氨作为燃料应用于发动机中，此后成功应用到了车辆中；进入 21 世纪，氨燃料发动机研究得到了快速发展。液氨的密度与汽油相近，但其热值约为汽油的 1/2，且氨具有较高的辛烷值，若采用较大压缩比，可提高氨燃料发动机的燃烧效率，加压之后的氨燃料发动机的热效率可达 50% 以上。作为发动机行业的领军企业之一，曼恩公司曾推出一种 ME-LGIP 主机，该型主机是其研发的性能最接近氨燃料发动机的主机，仅需将氨的进气压力提升至 6×10^7 Pa，并达到 1.3×10^8 Pa 的点火油喷油压力，该发动机即可采用氨作为燃料。

另外，由于氨的燃点较高，燃烧速度相对较慢，燃烧温度较低等，理想的氨燃料发动机是双燃料发动机，即采用不同于氨的引燃燃料。目前，对氨燃料发动机的探索主要集中在氨–LNG、氨–汽油、氨–柴油和氨–氢等双燃料发动机上。基于氨的抗爆性强，氨–汽油双燃料发动机适用于高负荷工况，若是该类发动机辅以乙醇作为乳化剂，则可提升输出性能；氨–LNG 混合燃料也能在一定程度上保持负载性能。由氨与其他燃料的性能特征对比可知，仅有氨–氢混合双燃料发动机能真正达到"零碳"排放，且因氢具有燃烧界限宽、燃烧温度高和火焰传播速度快等特点，氨与氢混合也能有效提升氨的燃烧速度。更为重要的是，氨在高温或催化剂的

作用下能裂解产生 H_2，因此在实际使用时，可直接在供气过程中先对氨进行裂解，产生 H_2 后再与氨气混合，共同进入发动机气缸中燃烧。这不仅能在一定程度上提升发动机的燃烧性能，而且能避免面对 H_2 的储存和运输问题[8]。

⊃ 9.3.4　船用氨面临的问题

氨作为船舶燃料是一种新兴的方式，是一种清洁的可再生燃料，既不含硫也不含碳，能实现船舶"零碳化"排放，同时具有能量密度高、易液化、成本低、储运安全等优势，是很有前景的氢能源载体和储存介质。氨是世界上产量最多的无机化合物之一，生产工艺成熟，储运、供给等各环节基础设施完善，产业链基础良好，是航运业脱碳的重要选择之一。

尽管氨作为船用燃料如此完美，但也存在不容忽视的缺点。氨在纯氧中完全燃烧的产物是氮气和水，但在实际应用过程中，氨燃料在内燃机中很难实现完全燃烧，因此会生成氮氧化物而污染环境。并且与常规碳氢燃料相比，氨的热值较低，燃烧速度非常慢，而且可燃极限范围较窄，点火需要的能量较高，使得纯氨的燃烧更加困难，往往需要引燃材料。从安全角度方面，氨具有毒性和腐蚀性，可能会导致船体腐蚀，这无疑会增加船舶设计的复杂性。

另外，由于氨燃烧的特殊性，目前仍存在法规标准不完善、关键配套设备不成熟等问题，尤其是在氨燃料发动机方面，需要开发先进的氨燃烧技术，以解决氨燃料在内燃机中火焰传播速度低、燃烧范围窄等问题。因此，如果将氨作为船用燃料并全面推广，不仅需要技术支撑，还需要制定详细的标准规范和监管框架。

9.4　船用氢燃料技术

⊃ 9.4.1　氢的燃料特性

氢作为理想的"零碳"船用燃料之一，被认为是全球未来可持续发展的必然趋势。但是，由于氢的能量密度较低，承载同等的能量所需的液态氢可能要比轻质柴油多 4 倍的空间或比 LNG 多 2 倍的空间，而且由于氢气

的液化温度为 $-253℃$ ，在考虑用于低温储存和其他结构布置的必要材料层或真空绝热层时，会占据更大的空间，这意味着必须有一个前所未有的巨大燃料舱，因此，其应用场景主要为近海和短距离运输，短期内应用到大型远洋船舶上的可能性不大。

9.4.2 氢燃料应用形式

目前，氢燃料应用主要有两个技术路线，氢内燃机和氢燃料电池。

（1）氢内燃机动力

使用氢内燃机作为船舶动力，可大幅减少船用发动机的碳排放。由于氢内燃机与柴油机之间有高达 80% 的部件可以通用，因此现有氢内燃机的研究多数是建立在柴油机的基础之上。使用氢内燃机作为船舶动力，具有对船体结构改变小、耐久性高、对氢气纯度要求低、不依赖稀有金属、制造产业链成熟、生产成本低、更易实现产业化等优点。与氢燃料电池相比，其技术难度和成本更有优势，但是氢内燃机中化学能到机械能的能量转换效率要比氢燃料电池中的化学能到电能再到机械能的能量转换效率低。

虽然对氢内燃机的研究已经有几十年了，但研究还是主要集中在车用氢内燃机上。相较于车用氢内燃机，船用氢内燃机的研发滞后，主要存在以下问题：一是船用内燃机缸径大，氢气的火焰传播距离远，缸内爆震问题难以解决；二是船用内燃机功率需求大，而氢气的体积密度低，内燃机功率降低较多，且对喷射系统要求较高。对于开发船用氢内燃机，要解决异常燃烧、缸内爆震问题，通常采用稀薄燃烧和 EGR 技术。

对于船用氢内燃机来说，其功率需求大，采用缸内直喷技术路线较为适宜。

实际上，氢内燃机并不能真正实现零排放，在燃烧过程中它仍会产生有害排放物 NO_x 。要真正达到清洁排放，还需加装 SCR 后处理装置。氢内燃机输出特性偏软，瞬态响应较慢，应用于船舶动力时并不适合单独作为主推进动力，更适合作为船舶电站的发电机组或用于与储能电池匹配的混合动力推进系统。

（2）氢燃料电池动力

氢燃料电池是一种将燃料化学能经电化学反应直接转化为电能的装置，不受卡诺循环限制，效率可达 50%~80%（船用内燃机的热效率仅为40% 左右），振动噪声低，生成物为水，可真正实现零排放。

氢燃料电池按电解质种类可分为以下五类：碱性燃料电池（AFC）、磷酸燃料电池（PAFC）、熔融碳酸盐燃料电池（MCFC）、固体氧化物燃料电池（SOFC）和质子膜燃料电池（PEMFC）。其中，SOFC 和 PEMFC 较适合作为船舶动力使用，主要依靠氢气与氧气在燃料电池中发生电化学反应，产生电能驱动。该技术相对成熟，但其制造成本高昂，而且需要整体更换船舶驱动系统。

目前，船用燃料电池在技术性能、使用寿命、环境适应性等方面还有较大提升空间。国际上燃料电池的使用寿命普遍不超过 5000h，这个数字对需要长时间运行的远洋船舶来说，差距还很大。

从使用寿命角度来说，氢燃料电池非常适合航行距离短和附加值高的内河船、轮渡和邮轮等客船。若船用燃料电池系统发展成熟，河流、湖泊和港口相关政府单位有望积极推动氢燃料电池在客船上的应用，以此来减少港口和内河的排放与污染[9-11]。

⊃ 9.4.3 船用氢燃料面临的问题

船用氢燃料在使用过程中存在以下问题。

（1）标准规范尚不完善

目前，国内氢燃料动力船总体技术发展缓慢。近几年，我国才在规范、整船和动力系统方面迎来了实质性突破。中国船级社于 2017 年发布了《船舶应用替代燃料指南》，根据氢燃料电池系统构成及各系统设备在船舶上的应用特点，提出了燃料电池船舶布置、系统管路设计、燃料储存、燃料加注等安全技术指标。但存在诸多不完善之处，如对船用燃料电池作为主电源及船用产品取证等相关要求尚未明确，亟须通过项目专项研究，完善设计、制造及检验的技术标准。

（2）氢气存储技术亟待突破

氢能在船舶动力上的应用趋势要从制氢、储氢和终端应用三个环节分析。无论哪种氢燃料动力船舶，都需要面对氢气的制储运问题。船用氢气存储和加注是制约氢燃料电池发展的主要瓶颈之一。

目前，高压气态储氢技术产业链较为成熟，已在车用燃料电池领域初步实现产业化。但由于储氢密度较低，只适合功率小、航程短的游览船和摆渡船，故使用场景有限。大部分船舶功率需求大、航程远，需要寻求高密度储氢方式，如以生物质富氢燃料储存重整制氢和液态储氢，尤其是液态

293

储氢更容易做到标准化、统一化管理，是未来船用氢能储存的必然趋势。

（3）船舶安全性及管理技术滞后

氢气具有易燃易爆的特点，氢燃料上船会给船舶安全管理、船员培训、应急防护处理和危险品监管等海事业务带来较大影响。目前与之相关的船员培训要求、操作规程、应急预案等配套管理办法都暂未出台。为推进零排放的燃料电池在我国船舶上的商业应用，填补我国燃料电池船舶应用领域的空白，需要对氢燃料电池动力船舶的管理技术进行研究，共同推进绿色航运的发展[12, 13]。

参 考 文 献

［1］李娜，张卓缘．绿色甲醇燃料的船用分析与展望［J］．中国水运，2023，750（5）：61-63.

［2］冯是全，胡以怀．甲醇燃料在船用发动机上的应用进展［J］．船舶工程，2015，37（10）：33-35.

［3］姚安仁，贾宝富，马宝东，等．甲醇燃料在船舶内燃机动力中的应用［J］．柴油机，2022，44（3）：2-8.

［4］吴珉颉，段兆芳．我国LNG动力船发展现状、问题及建议［J］．中国石油企业，2019，415（11）：73-76.

［5］马志超．船舶发动机天然气应用的关键技术研究［D］．武汉：武汉理工大学，2012.

［6］梁雪莲，陈庆玺，王壮．船用LNG市场发展现状及趋势［J］．煤气与热力，2021，41（10）：18-21.

［7］陈永珍，韩颖，宋文吉，等．绿氨能源化及氨燃料电池研究进展［J］．储能科学与技术，2023，12（1）：111-119.

［8］张运秋，杨倩倩．氨燃料在商船上的应用分析［J］．船舶与海洋工程，2023，39（1）：34-38.

［9］崔艳．氢燃料电池动力技术在船舶上的应用［J］．中国船检，2023，273（1）：64-68.

［10］裴宝浩，周娟，于蓬．氢燃料电池动力技术在船舶动力能效改进的应用［J］．舰船科学技术，2022，44（5）：97-100.

［11］张小玉.氢能源船舶动力技术发展现状［J］.中国远洋海运，2022
（5）：54–57.

［12］徐晓健，杨瑞，纪永波，等.氢燃料电池动力船舶关键技术综述
［J］.交通运输工程学报，2022，22（4）：47–67.

［13］黄河，徐文珊，李明敏.氢燃料电池船舶动力的发展与展望［J］.广
东造船，2021，40（4）：28–30.

附录 "低硫船用燃料油优化调合系统"
软件使用手册

目 录

1 运行主程序

2 登录

3 进入"油品调合优化计算"界面

4 点击"组分油管理"菜单进入组分油管理界面

5 点击"限值管理"菜单进入限值管理界面

6 点击"优化调合结果查询"下拉菜单中的"通用模型查询"菜单

7 点击"优化调合结果查询"下拉菜单中的"DvM 模型查询"菜单

8 点击"用户管理"菜单,进入用户管理界面

1　运行主程序

双击桌面图标"低硫船用燃料油优化调合系统"运行主程序，如下图所示。

2　登录

进入启动画面，如下图所示：选择用户名，输入密码，点击登录按钮进入操作界面。

低硫船用燃料油生产技术

3 进入"油品调合优化计算"界面

3.1 在图中红框 1 中选择参与计算的组分油。

3.2 在图中红框 2 处选择参与计算的各种限值条件

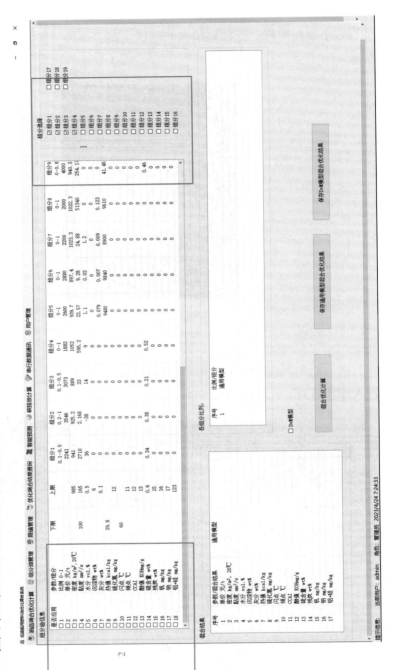

3.3 点击"混合优化计算"按钮开始计算，计算结果如下图所示，图中红框 1 显示计算后混合油的各种参数，红框 2 显示各种组分油的比例。

3.4 点击"保存通用模型混合优化结果"按钮，可以保存采用通用模型计算的结果。

3.5 点击"保存 DvM 模型混合优化结果"按钮，可以保存采用 DvM 模型计算的结果。

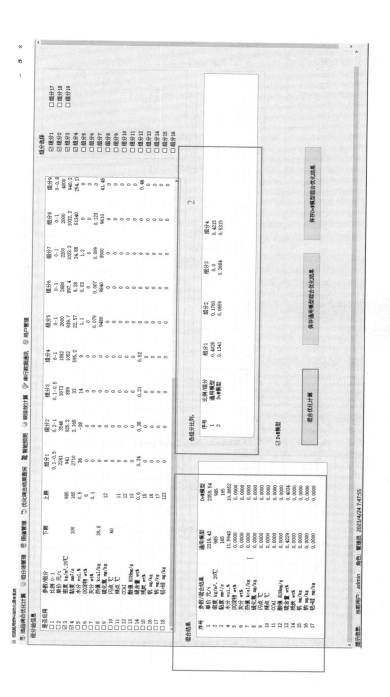

4 点击"组分油管理"菜单进入组分油管理界面

如下图所示，在该界面中可以浏览所有组分油的详细信息。同时可以添加新的组分油、修改选中已有的组分油的参数、删除选中的组分油。

油品调合优化计算系统

油品调合优化计算 | 组分油管理 | 限值管理 | 优化调合结果查询 | 成本查询 | 智能预测 | 碳排放预测 | 碳排放计算 | 串行数据通讯 | 用户管理

序号	名称	比例下限(0-1)	比例上限(0-1)	成本(元/吨)	密度(kg/m³,20℃)	黏度(mm²/s)	碳排放量(vol.%)	水分(vol.%)	总沉积物(wt%)	灰分 wt%	净热值 MJ/kg	酸化氢 mg/kg	闪点℃	倾点℃	CCAI %	酸值 100mg/g	误差量 wt%	残炭 wt%
0	添加原油	0	1	3000	939	10	0	0	0	0	0	0	0	0	0	0	0.04	0
1	澳口	0.63	1	3023	1000	400	0	0	0	0	0	0	0	0	0	0	0.38	0
2	高一线	0.046	1	2800	950	265	0	0	0	0	0	0	0	0	0	0	0.25	0
3	齐鲁焦渣	0	1	3500	893.9	2	0	0	0	0	0	0	0	0	0	0	0.413	0
4	齐博直流	0	1	3500	928.1	249	0	0	0	0	0	0	0	0	0	0	0.542	0
5	齐博渣油	0	1	2000	1110.6	573.28	0	0	0	0	0	0	0	0	0	0	0	0
6	金II焦…	0	1	1500	976.9	2.305	0	0	0	0	0	0	0	820	0	0	0.4	0
7	金2焦油	0	1	3000	930	120	0	0	0	0	0	0	0	985	0	0	0.4	0
8	金3减渣	0.05	1	4000	1015	696	0	0	0	0	0	0	0	811	0	0	0.6	0
9	金4焦柴	0	1	2000	988	8000	0	0	0	0	0	0	0	872	0	0	0.1	0
10	齐博380	0.1	1	3500	850	1	0	0	0	0	0	0	0	0	0	0	0	0
11	齐博460	0	0.25	4000	939.4	472.6	0	0	0	0	0	0	0	0	0	0	0.482	0
12	齐鲁焦渣2	0	1	3000	1120.4	736.2	0	0	0	0	0	0	0	0	0	0	0.512	0
13	齐鲁焦柴	0	1	1000	972.7	432.2	0	0	0	0	0	0	0	0	0	0	0.633	0
14	组分16	0.22	1	4000	921.5	25.62	0	0	0	0	0	0	0	0	0	0	0.147	0
15	组分17	0	1	4000	980.9	117.6	0	0	0	0	0	0	0	0	0	0	0	0
16	组分18	0	1	2000	994.9	815.54	0	0	0	0	0	0	0	0	0	0	0	0
17	组分19	0.1	1	1000	1136.6	39468	0	0	0	0	0	0	0	0	0	0	0	0

添加新组分油信息 | 修改选中的组分油信息 | 导出所有组分油信息 | 删除选中的组分油信息

4.1 点击"添加新组分油信息"按钮，进入添加新组分油界面，如下图所示，在该界面输入组分油的详细信息，并点击"保存添加新组分油"按钮将数据保存到数据库中。

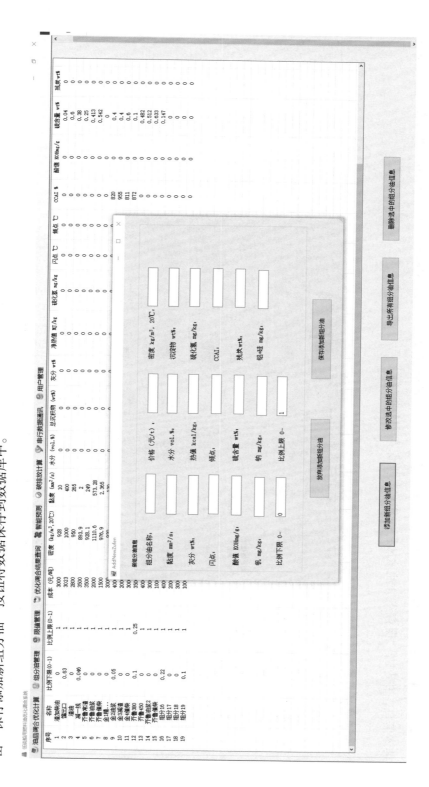

「低硫船用燃料油优化调合系统」软件使用手册

301

4.2 点击"修改选中的组分油信息"按钮，进入修改组分油信息界面，如下图所示，在该界面输入想要修改组分油的具体信息，并点击"保存组分油修改"按钮将数据保存到数据库中。

5 点击"限值管理"菜单进入限值管理界面

如下图所示，在该界面中可以浏览参与油品调合优化计算时采用的限值的详细信息。同时可以对某项限值进行修改。

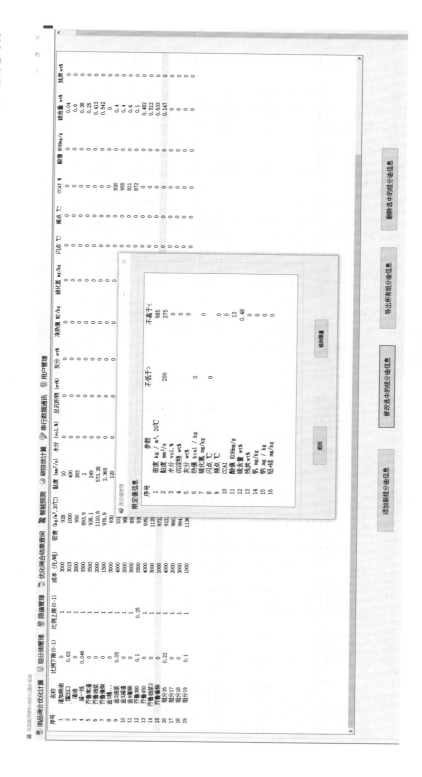

低硫船用燃料油生产技术

点击"修改限值"按钮进入限值修改界面，如下图所示，可以对某项限值进行修改，然后单击"保存修改"按钮进行保存。

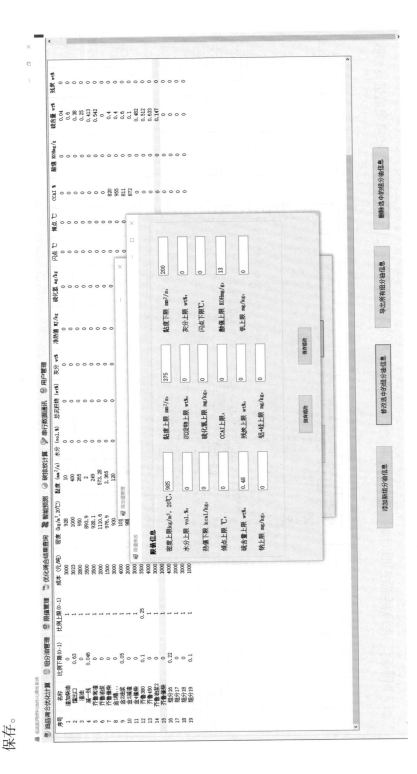

6 点击"优化调合结果查询"下拉菜单中的"通用模型查询"菜单

如下图所示，进入通用模型计算结果查询界面。

燃料油调合优化调合结果信息

序号	日期	成本 元/吨	密度 kg/m³,20℃	黏度 mm²/s	水分 vol.%	总沉积物	灰分 wt%	净热值 MJ/kg	硫化氢 mg/kg	闪点 ℃	倾点 ℃	CCAI	酸值 KOHmg/g	硫含量 wt%	残炭 wt%	钒 mg/kg	钠 mg...
1	2023/3/18 12:32:08	2379.07	1058.56	115	0	0	0	39.45	0	0	0	0	0	1.3623	0	0	0
2	2023/3/18 21:24:59	2379.07	1058.56	115	0	0	0	39.45	0	0	0	0	0	1.3623	0	0	0
3	2023/3/18 21:27:21	2379.07	1058.56	115	0	0	0	39.45	0	0	0	0	0	1.3623	0	0	0
4	2023/3/19 14:33:56	3683.92	952.12	105.88	0	0	0	40.74	0	0	0	0	0	0.5984	0	0	0
5	2023/3/24 10:25:35	3341.47	985	115	0	0	0	40.5477	0	0	0	0	0	0.8103	0	0	0
6	2023/3/24 14:54:12	2379.07	1058.56	115	0	0	0	39.45	0	0	0	0	0	1.3623	0	0	0
7	2023/3/24 16:59:54	3341.47	985	115	0	0	0	40.5477	0	0	0	0	0	0.8103	0	0	0
8	2023/3/25 8:30:46	2497.13	945.75	100.59	13.5222	0	0	0	0	0	0	0	0	0.3905	0	0	0
9	2023/3/31 11:51:34	2318.24	984.98	100.88	11.6845	0	0	0	0	0	0	0	0	0.3905	0	0	0
10	2023/3/31 14:02:06	2317.95	985	167	11.6855	0	0	0	0	0	0	0	0	0.4227	0	0	0
11	2023/4/6 15:27:48	2254.75	985	160.88	0	0	0	0	0	0	0	0	0	0.4228	0	0	0
12	2023/4/14 8:15:33	2364.58	985	151.49	0	0	0	0	0	0	0	0	0	0	0	0	0
13	2023/4/14 9:05:27	2364.58	985	151.49	0	0	0	0	0	0	0	0	0	0	0	0	0
14	2023/6/20 9:01:36	1890.94	0	1100	2	0	0	0	0	0	0	0	0	0	0	0	0

查看选中的调合结果详细信息　　删除选中的调合结果信息

低硫船用燃料油生产技术

点击"查看选中的调合结果详细信息"按钮，进入详细查看看某条记录的详细信息界面，如下图所示。

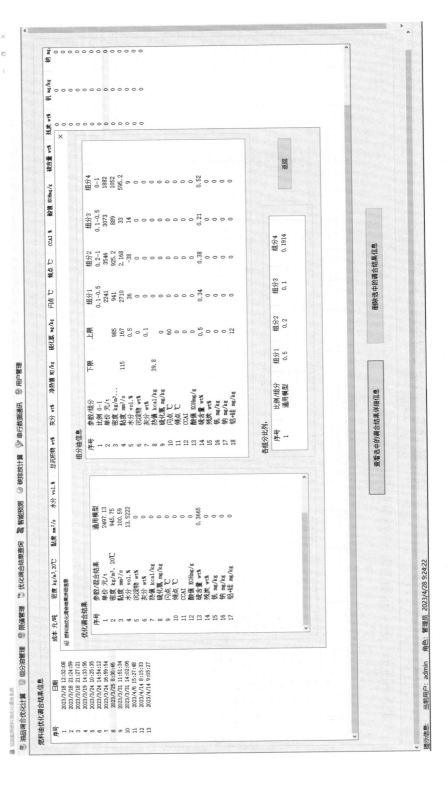

7 点击"优化调合结果查询"下拉菜单中的"DvM模型查询"菜单

如下图所示，进入DvM模型计算结果查询界面。

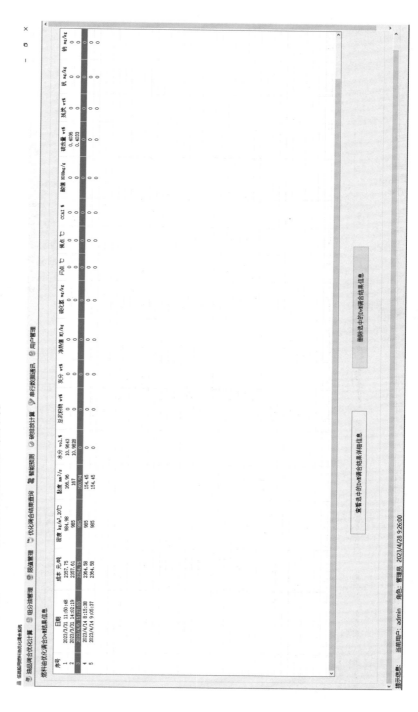

低硫船用燃料油优化调合系统「软件使用手册」

附录

点击"查看选中的 DvM 调合结果详细信息"按钮，进入详细查看某条记录的详细信息界面，如下图所示。

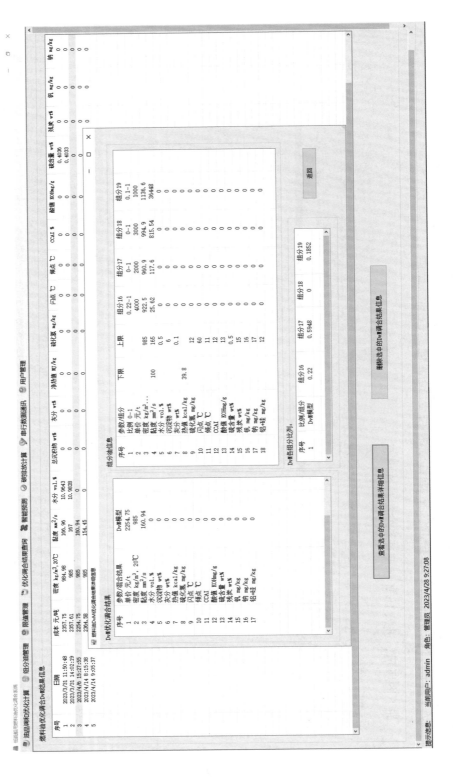

8 点击"用户管理"菜单，进入用户管理界面

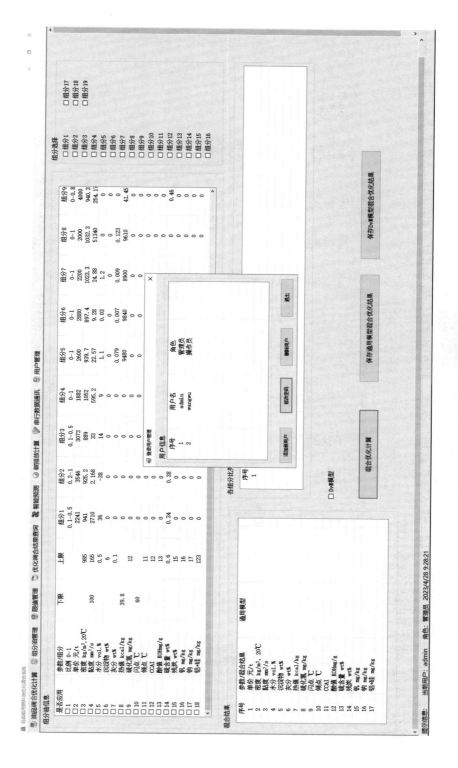

附录 「低硫船用燃料油优化调合系统」软件使用手册

低硫船用燃料油生产技术

8.1 点击"添加新用户"按钮，进入添加新用户界面，如下图所示。输入用户名和密码并选择该用户的角色，点击"保存"按钮，将该用户保存入数据库。

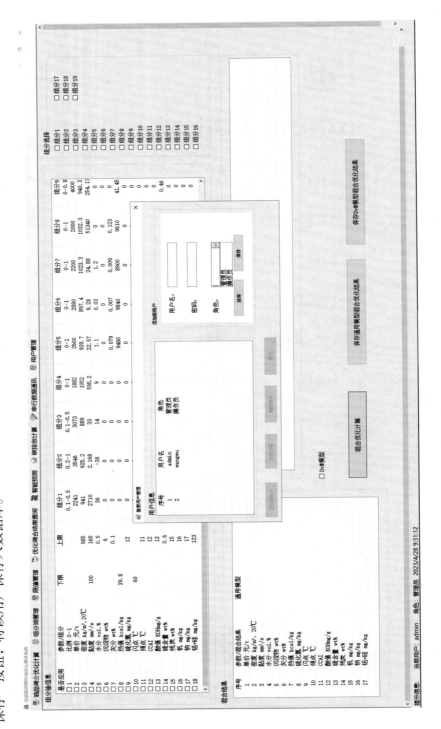

8.2 点击"修改密码"按钮，进入修改用户密码界面，如下图所示。输入新密码并再次输入新密码，点击"保存"按钮，将该用户保存入数据库。

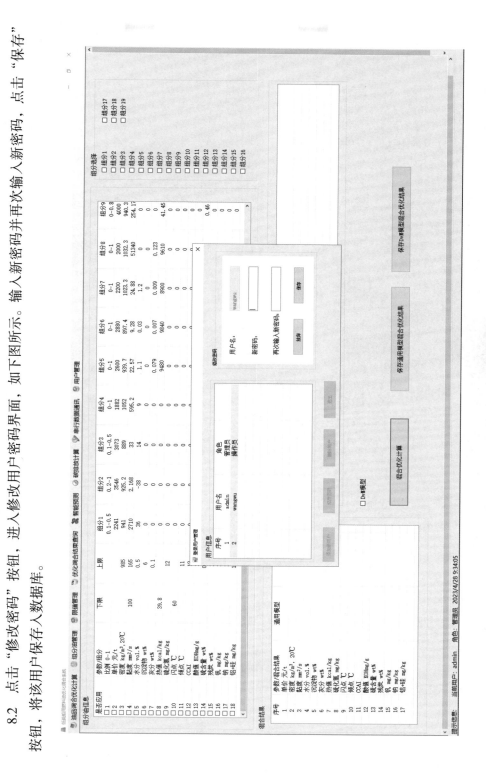